PHILIPPIKA
Altertumswissenschaftliche Abhandlungen
Contributions to the Study
of Ancient World Cultures

Herausgegeben von / Edited by
Joachim Hengstl, Elizabeth Irwin,
Andrea Jördens, Torsten Mattern,
Robert Rollinger, Kai Ruffing, Orell Witthuhn

131

2019
Harrassowitz Verlag · Wiesbaden

Alte Geschichte und Epigraphik

Werner Eck zum 75. Geburtstag

Herausgegeben von
Helmuth Schneider und Louisa Thomas

2019
Harrassowitz Verlag · Wiesbaden

Bis Band 60: Philippika. Marburger altertumskundliche Abhandlungen.

Bibliografische Information der Deutschen Nationalbibliothek
Die Deutsche Nationalbibliothek verzeichnet diese Publikation in der Deutschen Nationalbibliografie; detaillierte bibliografische Daten sind im Internet über http://dnb.dnb.de abrufbar.

Bibliographic information published by the Deutsche Nationalbibliothek
The Deutsche Nationalbibliothek lists this publication in the Deutsche Nationalbibliografie; detailed bibliographic data are available in the internet at http://dnb.dnb.de.

Informationen zum Verlagsprogramm finden Sie unter
http://www.harrassowitz-verlag.de

Gedruckt auf alterungsbeständigem Papier.
Druck und Verarbeitung: Rosch-Buch Druckerei GmbH
Printed in Germany

ISSN 1613-5628
ISBN 978-3-447-11295-6

Inhalt

Vorwort

Werner Eck zu Ehren

Der Nachsommer ist im menschlichen Leben jene Zeit, die nach dem Ende einer Karriere oder eines Berufslebens noch in glücklicher Weise erfüllt ist von Tätigkeit und Anteilnahme am Leben der Gegenwart, auch von der Offenheit neuen Fragen gegenüber, die als intellektuelle Herausforderung begriffen werden, und von dem Willen, Neues zu schaffen. Hinzu kommt die Bereitschaft, Pflichten zu erfüllen wie die, an bedeutenden Projekten mitzuwirken oder sich an der Herausgabe von Zeitschriften zu beteiligen; die Wahrnehmung solcher Pflichten mag ein mühseliges Geschäft sein, gehört aber zu einer Tätigkeit, die eben nicht allein auf Anerkennung und Exzellenz abzielt, sondern ihr Glück in sich selbst findet.

Es war Adalbert Stifter, der in seinem Roman ‚Nachsommer' (1857) das Bild eines auf diese Weise geglückten Alters gezeichnet hat. Obgleich ein Altertumswissenschaftler kaum des Trostes der Moderne bedarf – kennt er doch Ciceros ‚*Cato maior de senectute*' oder Senecas Schrift ‚*de brevitate vitae*' und ist sich gleichzeitig bewusst, dass das Hippokrates zugeschriebene Diktum, das prononciert eine Sammlung von Aphorismen einleitet, nämlich, „das Leben ist kurz, lang aber die téchne", ein für allemal die Relation zwischen Individuum und Wissenschaft klargestellt hat – soll hier dennoch kurz auf den paradigmatischen Roman Stifters verwiesen werden, um das Phänomen des Alterswerkes aus der Perspektive der Moderne zu begreifen. Im Mittelpunkt des Romans steht Freiherr von Riesach, der auf politischen Einfluss verzichtet, Wien verlässt und sich auf den Rosenhof, seinen Landsitz in Oberösterreich, zurückzieht. Dies bedeutet für ihn jedoch keineswegs den Verzicht auf ein tätiges Leben, Riesach gewinnt vielmehr die Freiheit der eigenen Entscheidung. Die Aufgaben, die er sich jetzt stellt, mögen auf den ersten Blick eher von geringer Bedeutung sein, aber sie entsprechen seinem Naturell, sind deswegen für ihn existentiell wichtig und erweisen sich letztlich als relevant für die Bewahrung der Kultur seines Landes, wie gerade die Bemühungen um die Erhaltung des Altars der Pfarrkirche von Kerberg – gemeint ist der kleine Ort Kefermarkt – zeigen.

Den von Stifter beschriebenen Nachsommer gibt es auch im Bereich der Wissenschaft; in dieser Phase seines Wirkens vermag ein Wissenschaftler – befreit von den Funktionen in bürokratischen Apparaten – nach wie vor vielfältig zum Erkenntnisfortschritt beizutragen und mit seinen Arbeiten der scientific community zu dienen. Dies gilt in besonderem Maße für Professor Dr. Dr. h.c. mult. Werner Eck, der am 17. Dezember 2014 sein fünfundsiebzigstes Lebensjahr vollendet hat und nach seiner Emeritierung zahlreiche Schriften publiziert hat, die allein schon für das gesamte Schriftenverzeichnis eines Geisteswissenschaftlers ausreichten. Dazu gehören Beiträge zur Epigraphik, zur Verwaltungsgeschichte, zur Heeresgeschichte und zur Sozialgeschichte des Imperium Romanum. Ein gewichtiger Band mit teils älteren, teils neueren Aufsätzen zu diesen Themen erschien im

Jahr 2010.[1] Hinzugekommen sind neue Forschungsbereiche, so vor allem die Geschichte Judäas in römischer Zeit.[2]

Im Jahr 2015 konnte unter der Leitung Werner Ecks mit der ‚*Prosopographia Imperii Romani*' ein Projekt abgeschlossen werden, dessen Anfänge bis in die letzten Jahrzehnte des 19. Jahrhunderts zurückreichen, ein wissenschaftliches Großprojekt, dem Werner Eck eine umfassende wissenschaftshistorische Studie gewidmet hat, in der er insbesondere die Leistung der beiden früheren Herausgeber, Edmund Groag und Arthur Stein, würdigt und ihr bedrückendes Schicksal der Entrechtung und Verfolgung durch das NS-Regime schildert.[3] Auch die schwierige Fortsetzung der Arbeit an der PIR in der Zeit zwischen 1947 und 1990 wird hier ausführlich dargestellt, die Leistung von Leiva Petersen (1912–1992), der es zu verdanken war, dass die PIR in der DDR weitergeführt werden konnte, hervorgehoben.[4] Werner Eck beteiligte sich daneben auch an anderen wichtigen Projekten der Althistorie. So verfasste er für das von Heinz Heinen herausgegebene ‚Handwörterbuch der antiken Sklaverei', dessen gedruckte Version 2017 erschien,[5] Artikel über Epigraphik, *Familia Caesaris*, Prosopographie, Verwaltung sowie über die Sklaven der Statilii Tauri und der Volusii Saturnini. Das unermüdliche Engagement Werner Ecks für die Lateinische Epigraphik fand seinen Ausdruck nicht nur in der Tätigkeit als Projektleiter des CIL an der Berlin-Brandenburgischen Akademie der Wissenschaften und als Herausgeber der ZPE, sondern auch in der Publikation der Akten des Internationalen Epigraphik-Kongresses in Berlin 2012.[6] Zu nennen ist in diesem Zusammenhang auch die eindrucksvolle Würdigung Géza Alföldys im Neuen Pauly.[7]

Am 17. Januar 2007 hat die Universität Kassel Werner Eck die Würde des Doctors philosophiae honoris causa verliehen;[8] seitdem besteht zwischen dem Fach Alte Geschichte an der Universität Kassel und Werner Eck eine enge Beziehung; so hielt Werner Eck den Winckelmannvortrag in Kassel am 3. Dezember 2010 über ‚Caesarea Maritima – Herodesstadt und Zentrum römischer Macht in Judäa'. Es war für die Althistoriker an der Universität Kassel daher eine angenehme und gern wahrgenommene Pflicht, aus Anlass des fünfundsiebzigsten Geburtstages von Werner Eck am 17.12. 2014 an der Universität Kassel am 12. und 13. März 2015 die Tagung ‚Epigraphik und Alte Geschichte' zu veranstalten.

Aus verschiedenen Gründen konnten nicht alle Vorträge in den nun vorliegenden Tagungsband aufgenommen werden. Die Althistoriker in Kassel, Professor Dr. Kai Ruffing und Dr. Kerstin Droß-Krüpe sowie die Herausgeberin und der Herausgeber des vorliegenden Bandes danken den Referentinnen und Referenten für ihre Mitwirkung an der Tagung und für die Beiträge zu dem Band. Es war eine besonders schöne Geste Werner

1 Eck 2011.
2 Eck 2007; Eck 2014.
3 Eck 2017, 1–94. Zu Edmund Groag und Arthur Stein vgl. S. 21–37.
4 Eck 2017, 45–70.
5 Heinen 2017.
6 Eck & Funke 2014.
7 Eck 2012.
8 Würdigung in den Kasseler Universitätsreden: Schneider 2007. In dieser Schrift findet sich auch ein Verzeichnis ausgewählter Publikationen W. Ecks sowie ein kurzer Lebenslauf: S. 47–56.

Ecks, auf der Tagung selbst neue Forschungsergebnisse zu römischen Ehreninschriften vorzustellen; der Text seines Vortrages steht hier an erster Stelle der Beiträge.

Der vorliegende Tagungsband hat das Ziel, an verschiedenen Beispielen die Bedeutung der Epigraphik für die Alte Geschichte herauszuarbeiten und das Potential epigraphischer Untersuchungen für die Kenntnis historischer Strukturen und Entwicklungen zu verdeutlichen. So vermag Werner Eck zu zeigen, dass eine Reihe von Ehreninschriften aus der Principatszeit, die eine ungewöhnliche Form besitzen, zu Reiterstatuen gehörten, die in den privaten Räumen der senatorischen und städtischen Elite aufgestellt waren; unsere Kenntnis über das Bestreben der Angehörigen imperialer oder lolaler Führungsschichten, ihre Dignität durch repräsentative Denkmäler zu betonen, wird damit erheblich erweitert. Gegenstand des Beitrags von Kai Ruffing sind solche Inschriften, die Informationen zu Preisen und vor allem zu der Rolle der öffentlichen Verwaltung bei der Festsetzung von Preisen sowohl in Notsituationen als auch bei der Regelung bestimmter öffentlicher Aufgaben liefern. Kerstin Droß-Krüpe interpretiert die Grabinschrift eines Webers und erörtert die ökonomische sowie soziale Stellung von Sklaven, die Textilien herstellten. Die Frage, wie Rom militärische Niederlagen politisch verarbeitete, steht im Zentrum des Beitrags von Oliver Stoll, der darauf hinweist, dass neben den literarischen Texten auch Inschriften wie etwa die Militärdiplome zur Klärung dieses Problems beitragen können. Ein außerordentlich wichtiges politisches Dokument, der inschriftlich überlieferte ‚Kaisereid von Gangra' aus dem Jahr 3 v. Chr., dient Christian Marek als Ausgangspunkt einer Analyse der politischen Verhältnisse in Kleinasien zur Zeit des Augustus. Der folgende Beitrag versucht, an einzelnen Beispielen die Relevanz der Epigraphik für wirtschaftshistorische Untersuchungen zu demonstrieren. Nadja Fichtner geht schließlich in einer wissenschaftshistorischen Studie auf Aufsätze des jungen Rostovtzeff zu einzelnen römischen Inschriften ein und stellt dabei fest, dass bereits in diesen frühen Arbeiten ein ausgeprägtes Interesse an der antiken Wirtschaftsgeschichte klar erkennbar ist.

Der Band enthält zum ersten Mal ein vollständiges Verzeichnis der Schriften Werner Ecks; die geradezu unfassbare Zahl von über achthundert Veröffentlichungen lässt freilich außer acht, dass in dieser Liste die zahlreichen Artikel, die Werner Eck auf dem Gebiet der kaiserzeitlichen Prosopographie etwa für die Realenzyklopädie oder für den Neuen Pauly verfasst hat, nicht einzeln aufgeführt sind, obwohl sie wichtige Personen des 1. und 2. Jahrhunderts n. Chr., übrigens ebenso Frauen wie Männer, zum Gegenstand haben.[9] Wir hoffen, dass dieses Schriftenverzeichnis all denjenigen Althistorikern, die auf dem Gebiet der Sozial-, Verwaltungs- und Heeresgeschichte des Imperium Romanum in der Zeit des Principats oder im Bereich der Lateinischen Epigraphik arbeiten, von Nutzen sein wird.

---

9 Vgl. neben den zahlreichen Artikeln zu Senatoren (vgl. etwa die Artikel zu den Calpurnii , insbesondere den Calpurnii Pisones: Eck 1997a) die Artikel zu den Kaisern des 1. und 2. Jahrhunderts n. Chr.: Eck 1996a; Eck 1997b; Eck 1997c; Eck 1997d; Eck 1997e; Eck 1998a; Eck 1998c; Eck 1999b; Eck 2000a; Eck 2000b; Eck 2000c; Eck 2002a; Eck 2002b; Eck 2002c; Eck 2002d; Eck 2002e. Vgl. ferner die Artikel zu den Frauen aus den Familien der Principes: Eck 1996b; Eck 1998b; Eck 1999a; Eck 1999c.

Herausgeberin und Herausgeber danken Kerstin Droß-Krüpe, Rebecca Frei, Philipp Lindenstruth, Jane Parsons-Sauer und Kai Ruffing für ihre unschätzbare Unterstützung bei der Vorbereitung und Durchführung der Tagung des Jahres 2015. Ebenso gilt unser Dank Kai Ruffing für die Aufnahme des Bandes in die Reihe Philippika, und Kerstin Droß-Krüpe sowie Rebecca Frei für Hilfe und wertvollen Rat bei der Vorbereitung der Drucklegung.

Kassel, im Juli 2019
Helmuth Schneider und Louisa Désirée Thomas

Bibliographie

Eck 1996a = Eck, W., s. v. Antoninus Pius, Der Neue Pauly 1 (1996), 803–805.
Eck 1996b = Eck, W., s. v. Agrippina [3], Der Neue Pauly 1 (1996), 298.
Eck 1997a = Eck, W., s. v. Calpurnius II. Kaiserzeit, Der Neue Pauly 2 (1997), 945–948.
Eck 1997b = Eck, W., s. v. Caligula, Der Neue Pauly 2 (1997), 937–939.
Eck 1997c = Eck, W., s. v. Claudius, Der Neue Pauly 3 (1997), 22–26.
Eck 1997d = Eck, W., s. v. Commodus, Der Neue Pauly 3 (1997), 103–105.
Eck 1997e = Eck, W., s. v. Domitianus, Der Neue Pauly 3 (1997), 746–780.
Eck 1998a = Eck, W., s. v. Galba, Der Neue Pauly 4 (1998), 746–747.
Eck 1998b = Eck, W., s. v. Faustina [3], Der Neue Pauly 4 (1998), 443–444
Eck 1998c = Eck, W., s. v. Hadrianus, Der Neue Pauly 5 (1998), 59–64.
Eck 1999a = Eck, W., s. v. Iulia [6], Der Neue Pauly 6 (1999), 2.
Eck 1999b = Eck, W., s. v. Marcus Aurelius, Der Neue Pauly 7 (1999), 870–875.
Eck 1999c = Eck, W., s. v. Marciana, Der Neue Pauly 7 (1999), 853–854.
Eck 2000a = Eck, W., s. v. Nero, Der Neue Pauly 8 (2000), 851–855.
Eck 2000b = Eck, W., s. v. Nerva, Der Neue Pauly 8 (2000), 856–858.
Eck 2000c = Eck, W., s. v. Otho, Der Neue Pauly 9, 2000,107–108.
Eck 2002a = Eck, W., s. v. Imp. Tiberius Caesar Augustus, Der Neue Pauly 12/1 (2002), 532–535.
Eck 2002b = Eck, W., , s. v. Imp. Caesar Titus Vespasianus Augustus, Der Neue Pauly 12/1 (2002), 633–634.
Eck 2002c = Eck, W., s. v. Traianus, Der Neue Pauly 12/1 (2002), 746–749.
Eck 2002d = Eck, W., s. v. Vespasianus, Der Neue Pauly 12/2 (2002), 125–130.
Eck 2002e = Eck, W., s. v. A. Vitellius [II 1], Der Neue Pauly 12/2 (2002), 260–261.
Eck 2007 = Eck, W., Rom und Judaea. Fünf Vorträge zur römischen Herrschaft in Palaestina, Tübingen 2007.
Eck 2011 = Eck, W., Monument und Inschrift. Gesammelte Aufsätze zur senatorischen Repräsentation in der Kaiserzeit, hg. von Ameling, W. & Heinrichs, J., Berlin 2011.
Eck 2012 = Eck, W., s. v. Alföldy, Géza, Der Neue Pauly Suppl. 6 (2012), 18–22.
Eck 2015 = Eck, W., Judäa – Syria Palästina. Die Auseinandersetzung einer Provinz mit römischer Politik und Kultur, Tübingen 2014 (Texts and Studies in Ancient Judaism 157).
Eck 2017 = Eck, W., Die PIR im Spiegel der beteiligten Personen. Geschichte eines Langzeitunternehmens an der Berliner Akademie 141 Jahre nach dessen Beginn, in: Eck, W. & Heil, M. (Hrsg.), Prosopographie des römischen Kaiserreichs. Ertrag und Perspektiven, Kolloquium aus Anlass der Vollendung der Prosopographie a Imperii Romani, Berlin Boston 2017, 1–94.
Eck & Funke 2014 = Eck, W. & Funke, P. (Hrsg.), Öffentlichkeit – Monument – Text. XIV Congressus Internationalis Epigraphiae Graecae et Latinae 27.–31. Augusti MMXII. Akten, Berlin 2014.
Heinen 2017 = Heinen, H. (Hrsg)., Handwörterbuch der antiken Sklaverei, 3 Bde., Stuttgart 2017.
Schneider 2007 = Schneider, H., Werner Eck und die Erforschung der römischen Wasserversorgung. Laudatio für Werner Eck, in: Werner Eck, Roms Wassermanagement im Osten. Staatliche Steuerung des öffentlichen Lebens in den römischen Provinzen?, Kassel 2007 (Kasseler Universitätsreden 17), 9–20.

Wie ehrt man Mitglieder der staatlich-städtischen Elite? Inschriftenbasen unerkannter Reiterdenkmäler

Werner Eck

Mit einer Bemerkung aus einer persönlichen Erfahrung soll hier begonnen werden. Während meines Studiums in Erlangen nahm ich im sechsten Semester an einem Seminar über die Spartokiden auf der Halbinsel Krim unter der Leitung von Helmut Berve teil. Ich reichte acht Tage vor der Seminarsitzung eine – damals noch manu mea geschriebene – Seminararbeit ein. Bei irgendeiner Forschungskontroverse schrieb ich jugendlich unbekümmert den Satz: „Ich aber meine, dass..." Als Helmut Berve mir unmittelbar vor dem Seminar, in der ich mein Thema vorstellen sollte, die Arbeit zurückgab, stand dort am Rand der Arbeit die Bemerkung: „Wer sind Sie denn?" Berve mochte das Wort Ich in einer wissenschaftlichen Arbeit überhaupt nicht. Die Sache und die Sachargumente sollten im Vordergrund stehen. Ich begriff das und versuchte deshalb in der Zukunft in meinen Arbeiten dieses Personalpronomen eher zu vermeiden. Wenn ich aber heute davon teilweise abweiche, dann bitte ich dies nicht als einen grundsätzlichen Widerruf dieser Einsicht anzusehen. Der Grund liegt vielmehr darin, dass mich Helmuth Schneider ermuntert hat, etwas aus meiner wissenschaftlichen Arbeit zu präsentieren, was auch mit meinen persönlichen Erfahrungen zu tun hat. So bitte ich zu entschuldigen, wenn dieses Personalpronomen im Folgenden öfter als üblich verwendet wird.[1]

Sie alle kennen die *Prosopographia Imperii Romani*, der Who is who für die ersten drei Jahrhunderte der Kaiserzeit. Seit 1994 hatte ich mit diesem Werk *ex officio* zu tun; die Berlin-Brandenburgische Akademie der Wissenschaften übertrug mir damals die Leitung dieses Projekts. Die PIR ist ein altehrwürdiges, traditionsreiches Unternehmen der Berliner Akademie. Den Antrag, ein solches Werk auszuarbeiten, hat Mommsen am 31. Mai 1874 an die Akademie gestellt.[2] Die Arbeit daran wurde somit begonnen, als die Akademie noch Königlich Preußische Akademie der Wissenschaften – *Academia scientiarum regia Borussica* – genannt wurde. Nach dem Ende des 1. Weltkrieges wurde sie als Preußische Akademie der Wissenschaften weitergeführt. Im Jahr 1972 folgte die Umbenennung in Akademie der Wissenschaften der DDR. Schließlich erhielt sie im Jahr 1992 – nach der

---

1 Einige Gedanken wie die hier vorgelegten finden sich schon in meiner Abhandlung: Der Senator und die Öffentlichkeit – oder: Eck 2005: 1ff. – Alle Photos stammen vom Verfasser.

2 Publikation des Antrags bei Eck 2003: 11ff. Zum Beginn der PIR siehe Eck 2018, zur Dauer Eck 2017.

Wiedervereinigung – den vorläufig letzten Namen: Berlin-Brandenburgische Akademie der Wissenschaften. Wie auch immer der Name der Akademie gelautet hat: Die PIR war, wie etwa auch das CIL oder die IG, sozusagen immer dabei.

Nach dem Antrag Mommsens zur Erstellung des Werkes im Jahr 1874 erschienen schließlich nach erheblicher Vorbereitungszeit die drei Bände der ersten Auflage in den Jahren 1897/1898 – also in schneller Folge. Seitdem aber hat es lange gedauert. Eine 2. Auflage wurde noch während des Ersten Weltkriegs geplant. Der erste Band, mit den Buchstaben A und B erschien im Jahr 1933, der zweite, allein dem Buchstaben C gewidmet, schon 1936, schließlich 1943 Band III für Namen, die mit den Buchstaben D bis F beginnen. Wie die beiden früheren war auch dieser dritte Band von Arthur Stein und Edmund Groag verfasst. Da beide jüdischer Herkunft waren, durften ihre Namen nicht mehr auf der Titelseite erscheinen. Immerhin, im lateinisch abgefassten Vorwort wurde beider Name dann doch angeführt. Nach Band III begann die „Langsamkeit der PIR" – bis heute, freilich in den verschiedenen Epochen aus unterschiedlichen Gründen. Immerhin ist jetzt das Werk abgeschlossen, da der letzte Band mit den Namen, die mit dem Buchstaben V–Z beginnen, im November 2015 erschienen ist. Rechnet man vom Beginn der Arbeit an der zweiten Auflage – nämlich noch während des 1. Weltkrieges unter der Leitung von Hermann Dessau – dann sind es mehr oder weniger 100 Jahre, die seitdem verflossen sind.

Dass ein solches Werk Traditionen entwickelt hat, braucht nicht zu verwundern. Der übliche Aufbau der Artikel in der PIR ist bekannt. Falls eine Person durch mehrere Inschriften, Papyri oder Münzen bezeugt ist, werden diese am Anfang eines Artikels nach dem Namen als Quellenangabe zitiert. So werden etwa, völlig willkürlich herausgegriffen, bei dem Senator Aulus Iulius Pompilius Piso Titus Quadratus Laevillus Berenicianus elf Inschriften jeweils mit dem Fundort angeführt:[3] Jede einzelne Inschrift ist durch die Sigle t.1, t.2, t.3 usw. leicht zitierbar gemacht, t.1 also für die an erster Stelle genannte Inschrift. Am Ende dieses Artikels[4] steht schließlich in der Auswertung der für diesen Senator überlieferten Daten: *Ei dedicantur a veteranis t(ituli)* 8.9.11,[5] *familiamque honorant Cuiculitani t(itulis)* 4–6. So wie es in dem Artikel formuliert ist, werden der Senator und ebenso seine Familienangehörigen also seine Ehefrau, sein Sohn und seine Tochter, mit Inschriften geehrt. Das ist im Grund eine irrige Aussage; denn in der römischen Kultur wird nie jemand durch eine Inschrift geehrt. Solche Ehrungen rein durch eine Inschrift, die zumeist kommemorativen Charakter hat, gibt es zahlreich in der Neuzeit; man denke nur an die Inschriften in vielen italienischen Städten, mit denen an einen Besuch Garibaldis erinnert wird oder auch noch in neuester Zeit an den Besuch eines Papstes in einer Stadt oder einer Kirche. In der klassischen römischen Zeit kannte man diese Form der Ehrung nicht. Eine Ehrung besteht vielmehr stets darin, dass etwas Sichtbares, im Allge-

3 PIR J 477. Die bisher gebräuchliche Angabe der zweiten Auflage, um diese von der ersten zu unterscheiden, ist jetzt nicht mehr nötig. Vielmehr ist es heute nötig, eigens darauf hinzuweisen, wenn man aus einem bestimmten Grund die erste Auflage zitieren will.

4 PIR J 477 auf S. 252.

5 Heute muss es nach Neulesungen in Wirklichkeit nur t.10 und 11 heißen.

meinen eine Statue einer Person, aufgestellt wird, zu der die Inschrift gehört. Der Text, der unter der Statue zu lesen war, ist das Sekundäre. Denn unmittelbar sichtbar war das Monument, erst dann ging vielleicht der Blick zur Inschrift, um sich zu vergewissern, wer hier geehrt wurde – und wer derjenige war, der die Ehrung veranlasst hatte. Denn nicht selten erscheint der Ehrende mindestens so prominent wie die geehrte Person. Zu formulieren: *Ei dedicantur a veteranis t(ituli)* 8.9.11, ist deshalb ein mehr als schwaches Abbild dessen, was in Lambaesis einst alle Bewohner sehen und mit dem Legaten der *legio III Augusta* verbinden konnten. Denn in Wirklichkeit haben Veteranen der *legio III Augusta* in Lambaesis zu Ehren von Aulus Iulius Pompilius Piso zwei recht monumentale Statuen errichtet[6] und die Bewohner von Cuicul haben dessen gesamte Familie durch eine Statuengruppe in ihrer Stadt präsent gemacht.[7] Unter diesen Statuen waren die Inschriften zu lesen, die uns bis heute Informationen über diese Personen geben. Doch die Mitwelt sah natürlich, um dies nochmals zu betonen, zunächst nicht die Inschriften, sondern die Statuen von Ehefrau, Tochter und Sohn. Dass neben den Statuen der Familienmitglieder auch die Statue des Vaters in Cuicul zu sehen war, darf man ohne Frage voraussetzen; die Basis, auf der die Ehrenstatue stand, ist mit der Inschrift verloren gegangen. Die gesamte senatorische Familie des Stadtpatrons war somit im urbanen Raum einer Gemeinde statuarisch präsent. Vermutlich waren diese Statuen aus Bronze gegossen.[8] Das, was jedenfalls die Bewohner von Cuicul in den späten 70er Jahren des 2. Jahrhunderts von der Familie wahrnahmen, war etwas ganz anderes, als der schlichte Ausdruck: *Cuiculitani titulis honorant familiam* vermuten lässt. Eine solche Formulierung erschließt nicht das, was wir von einer Person, eben dem senatorischen Statthalter von Numidien in diesen Jahren und seiner Familie, wissen können.

Noch ein zweites Beispiel soll zeigen, wie wichtig eine präzise Benennung eines Inschriftenträgers und dem, was einst mit einer Inschrift verbunden war, auch für die Charakterisierung einer Person ist: In der Provinz „Numidia", der im Jahr 39 n. Chr. faktisch von der prokonsularen Provinz Africa abgespaltenen Region, amtierte kurz vor dem Jahr 110 der Senator Aulus Larcius Priscus als Statthalter. Das wissen wir durch eine Inschrift aus dem nicht weit von Cuicul entfernten Timgad.[9] Von dieser Inschrift mit der Nennung des Larcius Priscus sagt der Eintrag in der PIR nur, es sei ein *titulus Tamugadensis*.[10] Das unterschlägt dem Leser einen ganz wesentlichen Teil dessen, was mit dieser Inschrift über den senatorischen Legaten ausgesagt werden kann. Die Inschrift steht nämlich auf der Front einer Basis, die 90 cm hoch und 188 cm breit ist. Noch wichtiger aber ist, dass sich die Basis 3,30 m in die Tiefe erstreckt.[11] Diese Maße zeigen, die Bürger von Tamugadi

6 CIL VIII 2744 = 18272; 2745 = AE 1980, 952.

7 AE 1911, 103; 1916, 30. 31

8 Dass das Material vieler Statuen Bronze war, ist wohl ein wesentlicher Grund dafür, dass so viele Statuen verschwunden sind, während die Basen, auf denen sie standen, wenigstens zum Teil erhalten geblieben sind. Metall war eben doch wertvoller als der Marmor oder Kalkstein, obwohl beide Materialien umfassend wiederverwendet wurden.

9 CIL VIII 17891 = ILS 1055.

10 PIR L 103.

11 Maße bei Wesch-Klein 1989: 71 Nr. T 4.

haben sich die Ehrung dieses Statthalters etwas kosten lassen. Denn sie bezahlten nicht nur eine „normale“ Statue, also eine sogenannte *statua pedestris*, wie sie tausendfach überall in römischen Städten zu sehen waren, natürlich auch auf dem Forum in Tamugadi, wie es die klassische Untersuchung von G. Zimmer gezeigt hat.[12] Sie errichteten vielmehr, wie man aus den Maßen ersehen kann, eine *biga*, auf deren Wagen, gezogen zwei Pferden, die Statue des Statthalters stand.[13] Der Senator war auf diese Weise mit einem auffallenden Ehrenmonument in der Stadt präsent und hob sich damit deutlich von vielen anderen, eben den üblichen *statuae pedestres* ab. Dies sagt historisch etwas über die Person und über die Gemeinde aus. Es kann sich bei ihm nicht nur um banale Verdienste gehandelt haben, die den Beschluss der Bürger der erst kurz vorher gegründeten traianischen Kolonie ausgelöst hatten. Doch im Eintrag der PIR zu Larcius Priscus steht davon nichts. Hätte man die Informationen, die sich aus CIL VIII 17891 (= ILS 1055) gewinnen lassen, angeführt und den Typus der Ehrung erklärt, dann hätte der Senator deutlich klareres Profil gewonnen.

Es hat, so muss ich gestehen, einige Zeit gedauert, bis ich selbst realisierte, dass die seit Beginn der der PIR in dieser Weise formulierten Einträge das Material nicht im möglichen Umfang verwendeten und so nicht wenige Informationen fehlen, die gegeben werden können und müssen. Deshalb sind die vorausgegangenen Bemerkungen auch nicht als Kritik an den früheren Bearbeitern der PIR zu sehen. Die Auswertung der Inschriften in der PIR stand in einer Tradition, die wesentlich auf Theodor Mommsen zurückging und von ihm geprägt war. Ihm ging es bei den Inschriften ganz entscheidend um den Text; der Inschriftenträger spielte bei ihm nie und nirgends eine Rolle.[14] Das Wort Archäologie kommt in seinem Antrag, das CIL zu erarbeiten, nicht ein einziges Mal vor. Von dieser Haltung waren viele geprägt, natürlich auch die Mitarbeiter an der Prosopographie. Es hat dann nochmals einige Zeit gedauert, bis ich diejenigen, die konkret an der PIR arbeiteten, überzeugen konnte, dass man die geheiligte Tradition des *titulum posuit* oder ähnlicher Formulierungen verlassen müsse und in solchen Fällen schon im Lemma einer Person von *statuae basis*, *statuae equestris basis* oder auch *titulus funebris*, also der Grabinschrift einer einzelnen Person, oder von einem *titulus mausolei*, der Stiftungsinschrift für einen Grabbau, sprechen müsse, damit der Benutzer von Anfang an darauf hingewiesen wird, womit eine Inschrift in der Realität der römischen Welt verbunden gewesen war, und was sich aus der Funktion einer Inschrift für die konkrete Person gewinnen ließ. Es musste nur deutlich formuliert werden. Eine normale Inschrift, in der eine Person, etwa ein Senator oder ein ritterlicher Prokurator, erscheint, kann eine ganze Reihe von Aussagen enthalten. Aber wenn man eine Inschrift als Grabinschrift charakterisieren kann, dann lässt sie im Allgemeinen noch weit konkretere Aussagen zu, vor allem

12 Zimmer 1989.

13 Dass es sich um keine Reiterstatue gehandelt haben kann, ersieht man an der Breite der Frontseite. Für eine Reiterstatue brauchte man höchstens eine Front von ca. 90–100 cm; hier aber war die Front 188 cm breit.

14 Siehe dazu Eck 1995a: 107ff.

über die Herkunft oder zumindest den Besitz einer Person in einer bestimmten Stadt oder Region.[15] In den letzten Bänden der PIR kann man den Wandel sehen.

Es gibt aber genügend Beispiele, dass die Bearbeiter der PIR überhaupt nicht sagen konnten, was ursprünglich der ganz reale Kontext einer Inschrift war, weil auch die Inschriftenpublikationen oft nicht die nötigen Angaben liefern oder zum Zeitpunkt der Publikation liefern konnten. Ein Beispiel aus Augusta Taurinorum, dem modernen Turin, mag das kurz zeigen. Im Band V des CIL sind unter den Nummern 6974–6987 zahlreiche Inschriften für den flavisch-traianischen Senator Quintus Glitius Atilius Agricola publiziert, der im Jahr 97 zum Konsulat gekommen ist. Es sind insgesamt vierzehn Inschriften, also eine stattliche Anzahl. Alle gehören zur Kategorie der sogenannten *tituli honorarii*, durch die eine Ehrung für die im Dativ angeführte Person erfolgt war; am Ende folgt fast immer der Name eines oder mehrerer Dedikanten. Alle diese *tituli* müssen einst mit einer statuarischen Ehrung verbunden gewesen sein. Denn bloße Ehreninschriften existierten, wie bereits betont, in der römischen Gesellschaft nicht. In der PIR wird aber zu diesen *tituli honorarii* des Glitius Atilius Agricola überhaupt nichts Weiteres gesagt, nicht einmal die simple Tatsache der Ehrung wird eigens benannt.[16] Sieht man ins CIL, dann liest man bei einigen dieser Inschriften in der Beschreibung des Trägers, dieser sei in der Form einer *lyra* gestaltet.[17] Als ich diese Beschreibung zum ersten Mal las, wusste ich damit nichts anzufangen wie vermutlich viele andere vor mir. Somit schrieb ich nach Turin, um durch Photos zu klären, wie denn die Inschriftenträger, die als *lyra*förmig bezeichnet wurden, aussähen. Tatsächlich erhielt ich nach einiger Zeit Abbildungen und war perplex, was dort zu sehen war. Denn die *lyra*förmigen Inschriftenträger hatten tatsächlich eine ungewöhnliche Form. Es handelte sich um Objekte, die man sonst in der Archäologie als Trapezophora, bezeichnet, also ausgearbeitete repräsentative Füße, die als Teile von Tischen angesehen wurden, die, wie man in der Forschung annahm, einer Person dediziert worden waren. Andere Inschriften, die zu dieser Gruppe von *tituli honorarii* des Turiner Senators gehörten, standen auf rechteckigen Platten. Nach einem Gespräch mit Henner von Hesberg beschlossen wir, gemeinsam alle die Trapezophora zu bearbeiten, auf denen Inschriften standen. Da in den Inschriften eine Person im Dativ genannt ist, haben diese Trapezophora einen dedikatorischen Charakter. Dabei gingen wir, wie das allgemein in der Wissenschaft angenommen wurde, zunächst davon aus, es handle sich um Ehrentische, die als Dank einzelnen Personen mit entsprechenden Inschriften dediziert worden seien. Diese Tische hätten in den Häusern der Geehrten gestanden. Darauf habe man vermutlich andere Geschenke abgestellt und so den Besuchern des Hauses präsentiert. Das war wie in der gesamten vorausgegangenen Forschung zunächst auch unsere Vorstellung.

In einem spätabendlichen Telefongespräch realisierten wir aber, dass diese Vorstellung sachlich falsch war. Bei den Trapezophora mit einer Dedikationsinschrift könne es sich keineswegs um Ehrentische handeln, diese seien vielmehr sozusagen die Füße von Statuenbasen – und zwar Statuenbasen nicht für die üblichen Ehrenstatuen, die schon genann-

15 Siehe dazu Andermahr 1998.

16 PIR G 181.

17 So etwa CIL V 6976. 6977. 6978. 6985.

Abb. 1a. b: Brescia Basis auf zwei Stützen.

ten *statuae pedestres*, sondern für *statuae equestres*. Im Gegensatz zu den massiven Statuenbasen der normalen Reiterstatuen, war, wie wir schließlich erkannten, in den Fällen, für die die Trapezophora verwendet wurden, die Basis so gestaltet, dass auf einer Bodenplatte die beiden Trapezophora standen, die ihrerseits eine Deckplatte trugen, auf der schließlich die Reiterstatue ihren Platz finden konnte. Dabei wurden die Beine des Pferdes so gesetzt, dass sie auf der Deckplatte direkt über den Trapezophora standen.[18] Als dies erst einmal klar geworden war, ließen sich auch die nötigen Beweise finden. In Brescia, dem römischen Brixia, ist eine solche Basis komplett erhalten: die Bodenplatte, die zwei Trapezophora oder Stützen und die Deckplatte. Dort sind auch noch die Einlassspuren zu sehen, wo einst die Pferdefüße fixiert waren (Abb. 1a und 1b).[19]

Damit zurück zu Quintus Glitius Atilius Agricola, dem Senator aus Augusta Taurinorum. Die Inschriften auf den *lyra*förmigen Steinen, aber auch die rechteckigen Platten stellten solche „Trapezophora" dar. Das aber heißt, dass für ihn, wie die zahlreichen Inschriften zeigen, in seiner Heimatstadt mindestens neun solcher Reiterdenkmäler errichtet worden waren, wohl innerhalb seines privaten Wohnbereichs, vermutlich im Park, der

18 Eck & Hesberg 2004 [2006]: 143ff.; Ebd.: 180ff. ein Katalog der entsprechenden Monumente mit den zugehörigen Inschriften.

19 CIL V 4441 = *Inscriptiones Italiae* X 5, 232; dazu Eck & Hesberg 2004 [2006]: 147ff.

sich an seine *domus* anschloss.[20] Die Dedikanten kamen aus verschiedenen Gegenden des Reiches, u.a. aus der Provinz Hispania *citerior*, aus Pannonien und auch aus einer griechisch sprachigen Provinz.[21] Auch Privatpersonen waren darunter. Da diese statuarische Form eher ungewöhnlich war und sich vom Mainstream abhob, muss man annehmen, dass diese auf einen deutlich geäußerten Wunsch des Senators zurückging, dem dann die Dedikanten folgten. Das zeigt im Übrigen weiterhin, dass solchen Statuenehrungen Verhandlungen vorausgegangen sein müssen, in denen über die Form des Denkmals gesprochen wurde, aber auch über den Text, der schließlich auf der Basis des Denkmals zu lesen war.[22] All diese notwendigen Schlussfolgerungen sagen etwas über die Person, ihre Vorstellungen und über ihr Umfeld aus, Hinweise darauf gehören damit notwendigerweise in prosopographische Erörterungen von Personen, die durch derartige Monumente bezeugt sind.

Als wir diese neue statuarische Form einmal erkannt hatten, war es nur eine Frage der Zeit, bis neue, bisher unerkannte Beispiele gefunden wurden. Auf das erste Beispiel, das ich vorführen möchte, stieß ich selbst bereits im September 1972, ohne damals allerdings schon zu verstehen, worum es sich wirklich handelte. Damals fuhr ich nach dem sechsten Epigraphikkongress in München nach Italien, um mir in Sirmione eine bis dahin unpublizierte Inschrift eines Senators mit seinem *cursus honorum* anzusehen. Brigitte und Hartmut Galsterer hatten mir berichtet, sie hätten diese im Untergeschoss eines der Stadttürme von Sirmione gesehen. Da ich eben damals die prosopographischen Artikel für RE Supplement 14 schrieb, wollte ich wissen, ob sich aus dieser Inschrift etwas Neues ergebe. Die Inschrift war tatsächlich noch dort, wo meine Freunde sie gesehen hatten. Der Text – und nur dieser interessierte mich damals – berichtete über die Laufbahn eines jungen Senators, die freilich nicht besonders aufregend ausgefallen war (Abb. 2). Der Text lautete:

> *C(aio) Herennio | C(ai) f(ilio) Pob(lilia) | Caeciliano | adlect(o) in senat(um) | ab Imp(eratore) Hadriano | Aug(usto), q(uaestori) prov(inciae) Narb(onensis), | trib(uno) pleb(is), IIIIviro i(ure) d(icundo) | Veronae, | patrono | d(ecreto) d(ecurionum).*

Immerhin konnte ich einen neuen Senator in die RE aufnehmen.[23] Die Inschrift wurde kurz darauf auch in einer regionalen Zeitschrift publiziert,[24] später auch von Géza Alf-

---

20 Eck & Hesberg 2004 [2006]: 186ff., 190ff.; dort als Basisverkleidung beschrieben, aber sie entsprechen vermutlich dem Typus, wie er durch die in Anm. 17 zitierte Inschrift und durch den im Folgenden beschriebenen Inschriftenträger aus Sirmione bezeugt ist.

21 CIL V 6985. 6986. 6987; 6984 wurde von einer Gemeinde aus einer griechisch sprechenden Provinz dediziert; zu dieser Inschrift siehe auch Battistoni 2009: 183ff.

22 Gerade bei den Inschriften des Glitius Atilius Agricola ist dies bemerkbar, da offensichtlich zu einem bestimmten Moment im *cursus honorum* des Senators an einer falschen Stelle eine Änderung eingetragen wurde, die sich in einigen Inschriften findet; später hat man den Lapsus bemerkt und korrigiert, was dann wiederum in weiteren Inschriften seinen Niederschlag fand, dazu Eck 1995b: 211ff.

23 RE Suppl. XIV 196–197.

24 Albertini 1973: 439ff.

Abb. 2. 3: Front- und Rückseite der vorderen Stütze einer Reiterstatue des Herennius Caecilianus (Museum Sirmione).

öldy in seiner Abhandlung über die Statuenbasen in Venetia et Histria behandelt.[25] Für mich ging die Geschichte mit dieser Inschrift dann erst im Jahr 2005 weiter, nachdem die schon genannte Untersuchung über die Trapezophora als „Tische als Statuenträger" erschienen war.[26] Im Juni 2005 reiste ich mit meiner Frau nach Oberitalien, u.a. nach Sirmione. Wir besuchten auch erneut den Stadtturm, aber die Inschrift war dort nicht mehr zu finden. Doch dann stießen wir auf sie in dem Museum, das mit la cosidetta villa di Catullo verbunden ist. Als ich sie damals wiedersah, verstand ich unmittelbar, was dieser Stein mit der Inschrift tatsächlich mitteilen konnte, was niemand bisher gesehen hatte, mich eingeschlossen. Dieses neue Verständnis habe ich bisher nicht publiziert, was hier geschehen soll.

Die Inschrift steht auf einem dicken Marmorblock, mit einer Höhe von 100, einer Breite von 59 und einer Dicke von 26,5 cm.[27] Die Vorderseite ist von einem Rahmen umge-

25 Alföldy 1984: 141 Nr. 253.

26 Siehe oben Anm. 18.

27 Siehe Alföldy1984. Albertini 1973 gibt 100 cm, in der Epigraphischen Datenbank Rom unter der Nr. 093835 wird die Höhe dagegen mit 112 cm angegeben. Ich vermute, dass dabei der moderne Sockel mitgemessen wurde.

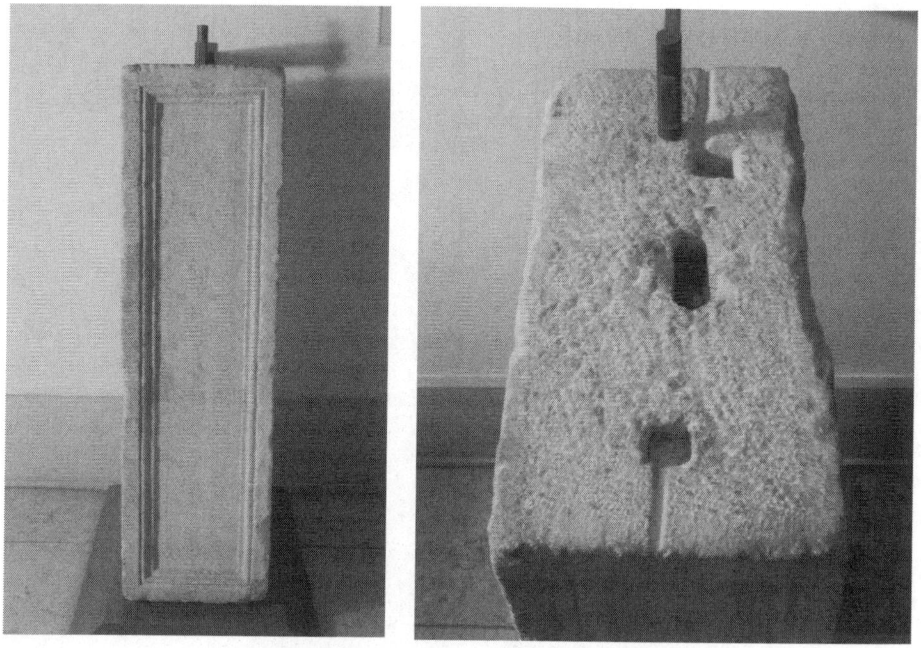

Abb. 4. 5: Seitenwange und Aufsicht der vorderen Stütze der Reiterstatue des Herennius Caecilianus (Museum Sirmione).

ben, der sich aber ebenso auf den beiden Seitenwangen findet und, was besonders wichtig ist, auf der Rückseite (Abb. 3,4,5). Alle vier Seiten sind somit auf Sicht gearbeitet. Die Platte kann also nicht, wie das bei nicht wenigen Inschriften der Fall ist, an einem weiteren Monument befestigt gewesen sein; denn dann hätte man den Rahmen zumindest der Rückseite nicht gesehen. Was man aber nicht sieht, lässt man auch nicht ausarbeiten. Man muss deshalb umgekehrt davon ausgehen, dass der Rahmen bewusst auch auf der Rückseite ausgearbeitet war, weil der Betrachter diese sehen konnte. Da der Stein nur eine Stärke von 26,5 cm aufweist, ist andererseits auch klar, dass auf dieser beschränkten Oberfläche allein keine Statue gestanden haben kann, die aber, wie der Dativ lehrt, vorhanden gewesen sein muss. Doch auf der Oberfläche, die nicht sonderlich geglättet war, sind drei Löcher eingemeißelt, von denen die zwei äußeren mit Gusskanälen verbunden sind. Dort waren also einst Metallteile eingelassen, die mit Blei befestigt waren, mit denen ein anderer darüber liegender Teil des Monuments mit der Basis, dem eben beschriebenen Block, verbunden wurde. Dieser darüber liegende Teil aber kann nur eine Platte gewesen sein, wie sie bei der schon erwähnten vollständig erhaltenen Basis für eine Reiterstatue aus Brescia zu sehen ist.[28] Damit ist klar, dass der Stein mit der Inschrift des Herennius

28 Siehe oben S. 6.

Abb. 6. 7: Front und Rückseite der vorderen Stütze einer Reiterstatue; die Inschrift auf der Front ist eradiert (Museum Brescia).

Caecilianus die Frontseite einer Basis darstellt, auf der einst eine Reiterstatue des Geehrten gestanden hat. Die Stiftung des Ehrenmonuments erfolgte durch den Dekurionenrat von Verona, wo Caecilianus zuvor *IIIIvir iure dicundo* gewesen war. Der Fundort der Inschrift zeigt aber auch, dass Verona den Senator, der sicherlich ihr Mitbürger gewesen war, nicht innerhalb des städtischen Zentrums geehrt hat, sondern außerhalb, ca. 40 km westlich des städtischen Zentrums, vermutlich auf einem Landgut des Senators, wo vielleicht auch eher der nötige Platz für die Reiterstatue vorhanden war. Dieselbe Situation kennen wir z.B. auch bei dem augusteisch-tiberischen Senator L. Cassius Longinus, dem in einer *villa suburbana* an der *via Ostiense* von den Sextani Arelatenses eine Reiterstatue diesen Typs, also auf einem „Tisch", der auf zwei Trapezophora ruhte, errichtet worden war.[29] Diese beiden Trapezophora sind heute im kapitolinischen Museum in Rom zu sehen.

Dieser Typ von Statue, mit der Herennius Caecilianus geehrt wurde, war aber in der Gegend von Verona ganz offensichtlich nicht singulär; ein solches Monument stand nicht nur auf dem Landgut des Senators. Eine vollständige Basis dieses Typs mit Standplatte, den beiden Stützen sowie der Deckplatte mit den Einlassungen für die Befestigung der

29 CIL VI 41045; Eck & Hesberg 2004 [2006]: 181–182.

Abb. 8. 9: Front und Wangenseite der rückwärtigen Stütze einer weiteren Reiterstatue (Museum Brescia).

Pferdebeine, wurde bereits erwähnt. Sie ist im Museum von Brescia zu sehen (oben Abb. 1a–b). Dieses Monument war nicht einer sozial hochgestellten Persönlichkeit gewidmet, vielmehr hat ein Vater sie für seinen etwas mehr als sechsjährigen verstorbenen Sohn errichtet, nachdem der Dekurionenrat die postume Ehrung beschlossen hatte.[30] Von Sirmione aus besuchten meine Frau und ich dieses Museum, und dabei zeigte es sich dann sogleich, dass es in der Region noch mehr solcher Reiterstatuen gegeben haben muss. Im Museum steht nicht nur diese vollständig erhaltene Basis des jung verstorbenen Bürgers aus dem römischen Brixia; im Museumsgarten befindet sich auch eine dicke Steinplatte, die 91 cm hoch, 67 cm breit und fast 30 cm dick ist.[31] (Abb. 6–7) Vorder- und Rückseite sind mit einem Rahmen versehen, beide sind also sichtbar gewesen. Auch die Schmalseiten links und rechts sind eingerahmt. Auf der Frontseite aber muss einst eine Inschrift gestanden haben, die

30 CIL V 4441 = *Inscriptiones Italiae* X 5, 232; Eck & Hesberg 2004 [2006]: Anm. 18, 147ff. Der Text lautet: *P(ublio) Matieno P(ubli) f(ilio) Fab(ia) Proculo Romanio Maxim(o), annor(um) VI mens(ium) II dier(um) V ordo Brixianor(um) funus publicum et statuam equestr(em) auratam decrevit. Matienus Exoratus pater infelix t(itulo) usus.*

31 Für die Mitteilung der genauen Maße danke ich dott.essa Francesca Morandini vom Museum in Brescia (mail vom 23. Juni 2005. Inventarnummer der Platte: MR 4834.

sehr sorgfältig eradiert wurde. Es kann keinen Zweifel geben, dass diese Platte einst ebenfalls funktional als „Trapezophoron", also als Träger für einen Tisch gedient hat, wenn auch in einer sehr reduzierten Form, bei der von den originären Füßen nur noch eine simple Platte übrig geblieben ist, nicht anders als bei der Ehrung des Herennius Caecilianus. Jedenfalls gehörte diese Platte. wie die einst vorhandene Inschrift zeigt, zu einer Ehrung mit einer Reiterstatue des beschriebenen Typs. Später wurde die Stütze wiederverwendet, weshalb man den Text ausgemeißelt hat.

Und auch eine weitere Platte, die im Museumsgarten von Brescia steht, darf man diesem Denkmaltypus zuweisen.[32] (Abb. 8–9) Sie zeigt alle wesentlichen Merkmale wie die zuvor beschriebene: Vorder- und Rückseite sowie die beiden Schmalseiten sind auf Sicht gearbeitet und sie sind eingerahmt. Der einzige Unterschied ist: Sie weist keinen Hinweis auf eine ursprüngliche Inschrift auf, d.h. hier handelt es sich nach aller Wahrscheinlichkeit um die hintere Stütze, die notwendigerweise keine Inschrift getragen hatte. Diese Platte kann allerdings nicht zu dem vorher beschriebenen Monument gehört haben, da die inschriftlose Platte 101 cm hoch ist, während die andere nur eine Höhe von 91 cm aufweist.

Eine systematische Suche nach Inschriften auf vergleichbaren Inschriftenträgern war mir bisher nicht möglich, vor allem weil wir für sehr viele Inschriften noch keine Photos und keine Maße haben. Aber es sollten sich wohl zahlreiche solcher Monumente finden lassen,[33] die bisher nur nicht erkannt wurden. In Verona nahe bei Sirmione kennt man eine ganze Reihe von Inschriften, die statuarische Ehren für Leute verschiedener sozio-politischer Stellung bezeugen. Ihnen allen ist gemeinsam, dass die Inschriften keine normalen Statuenbasen mit einer quadratischen Oberfläche gewesen sein können, weil die Dicke der Platten, auf denen die Inschrift steht, zu gering ist. Sie bewegt sich zwischen 18 und 30 cm; auf einem Stein solcher Dicke kann man, wie schon betont, keine Statue errichten; hier fehlt also etwas Wesentliches, was ursprünglich einmal vorhanden war, damit die Inschrift ihren Zweck erfüllen konnte. Zudem sind die Seitenwangen bei den meisten Platten der beschriebenen Dicke geglättet, ebenso, soweit erkennbar, die Rückseite.

Das gilt z.B. für die Ehrenstatue des jungen Senators Valerius Naso, wohl aus augusteischer Zeit, die von der *plebs universa* errichtet wurde.[34] Auch für einige Verwandte dieses jungen Mitglieds des *ordo senatorius* kennt man aus Verona ähnliche Inschriften. Der Text einer dieser Inschriften lautet:[35]

> *M(arco) Valerio M(arci) f(ilio) | Pob(lilia) Ciloni | P(ublius) Valerius M(arci) f(ilius) Pub(lilia) | Naso fratri.*

---

32 Inventarnummer der Platte: MR 4833.

33 Über die hinaus, die bei Eck & Hesberg 2004 [2006]: 180ff. in einem Katalog zusammengestellt wurden.

34 CIL V 3341; Alföldy 1984: 132 Nr. 213: die Rückseite ist dort nicht näher beschrieben, doch ist sie, wie mir Alfredo Buonopane freundlicherweise mitteilte, genauso geglättet wie die beiden Seitenwangen.

35 Ricci 1893: 7 Nr. 8 = Alföldy1984: 137 Nr. 239.

Der Name des Dedikanten P. Valerius Naso zeigt den verwandtschaftlichen Zusammenhang mit dem Senator, zu dem auch ein namensgleicher munizipaler Magistrat gehört,[36] der von Géza Alföldy als Vater des Senators angesehen wird.[37]

Auffällig ist, dass in allen drei Fällen die Inschrift auf einer Tafel steht, deren Maße folgende sind:

1. [-V]ale[rius] Naso (Senator): Höhe mindestens 80, Breite 59, Dicke 29 cm.
2. P. Valerius Naso (Magistrat in Verona): Höhe 85, Breite 59, Dicke 23 cm.
3. M. Valerius Cilo: Höhe 87.5, Breite 59, Dicke 30 cm.[38]

In allen drei Fällen sind auch die Schmalseiten geglättet, ebenso in einem Fall nachweislich auch die Rückseite.[39] Sicher ist, dass bei den Nummern 2 und 3 auf der schmalen Oberfläche der Tafel jeweils ein Loch vorhanden ist, was zeigt, dass durch einen dort befestigten Dübel ein darüber liegender Teil mit der Tafel fest verbunden war; bei Nr. 1 ist die Oberseite so zerstört, dass keine Aussage möglich ist. Doch die weitgehende Gleichartigkeit der Befunde weist darauf hin, dass die Monumente für alle drei Personen ziemlich gleich ausgesehen haben müssen. Da bei allen drei Monumenten nicht nur die beiden Seitenflächen auf Sicht gearbeitet sind, sondern auch die Rückseite, ist die Wahrscheinlichkeit sehr groß, dass alle drei Ehrenmonumente dem hier behandelten Typus entsprachen. Treffen diese Schlussfolgerungen zu, dann heißt dies, dass dieser Monumenttyp innerhalb dieses Familienverbandes bevorzugt wurde.[40] Vielleicht standen die drei Ehrenmonumente sogar als Gruppe zusammen, wofür zumindest die gleichartigen Maße sprechen können. Alle drei Beispiele sind in die frühe Kaiserzeit zu datieren.

Auf einen Monumenttyp, wie er für die drei Valerii erschlossen werden kann, verweist wohl auch eine Inschrift mit dem Namen des Graecinius Laco;[41] er hat im Jahr 37 als Präfekt der stadtrömischen Vigiles nach dem Tod des Tiberius eine wichtige Rolle gespielt; später hat ihm Claudius die *ornamenta consularia* verleihen lassen. In Rom war er im Jahr 44 mit einer Statue geehrt worden.[42] Das war sicher auch in Verona der Fall; von dort dürfte er stammen, wie seine *Tribus* nahe legt. Dass es sich dort um eine Reiterstatue ge-

36 Ricci 1893: 7 Nr. 7.

37 Alföldy 1984: 135 Nr. 226.

38 Alle Maße finden sich bei Alföldy 1984: 132, 135, 137.

39 Auch für die Rückseite der Inschrift des Munizipalmagistrats Valerius Naso hat Alfredo Buonopane dies bestätigt.

40 Selbst wenn man die erhaltenen Platten nicht als Trapezophora ansehen kann, weil in zwei Fällen vielleicht die Rückseiten nicht geglättet und damit nicht auf Sicht gearbeitet waren, ist es jedenfalls sicher, dass die Inschriften zu Reiterstatuen gehörten, was bisher nicht erkannt wurde. Denn es wäre völlig unökonomisch gewesen, Platten für die Inschrift zu verwenden, mit denen dann nochmals lediglich eine etwa gleich dicke Platte hätte hinzugefügt werden müssen, um eine Standfläche zu erhalten, auf der eine *statua pedestris* hätte gestellt werden können. Platten mit einer Dicke von 20–30 cm wurden, wenn die Rückseite nicht auf Sicht gearbeitet war, stets oder zumindest weitgehend nur bei Reiterstatuen verwendet: sie bildeten die Frontplatte, hinter der die eigentliche, dann meist gemauerte Basis folgte.

41 CIL V 3340 = ILS 1336.

42 Cassius Dio 60, 23, 3. Siehe PIR G 202.

handelt hat, ist sehr wahrscheinlich. Da sowohl die Seitenwangen als auch die Rückseite völlig geglättet sind, sollte es sich aber eher um den hier näher behandelten Typus einer Reiterstatue handeln. Die erhaltene Inschriftenplatte hat auch bei ihm eine Dicke von 28 cm,[43] was wiederum mit dem übereinstimmt, was aus Sirmione und Brescia bekannt ist. In PIR G 202, dem Artikel für Graecinius Laco, wird zwar von der statuarischen Ehrung in Rom berichtet, weil Cassius Dio darauf zu sprechen kommt. Dass in Verona eine ähnliche, vielleicht sogar aufwendigere Ehrung erfolgte, wird nicht erwähnt, weil es im Text der Inschrift nicht steht und so nicht unmittelbar erkennbar war. Erst die genaue Beschreibung des Inschriftenträgers[44] ließ die spezifische Funktion des epigraphischen Monuments erkennen.

Soweit man diesen Statuentypus bisher identifizieren konnte, deutet vieles darauf hin, dass in den meisten Fällen die Statuen nicht in der Öffentlichkeit standen, also nicht auf dem Forum oder auf anderen öffentlichen Plätzen, sondern meist in einem privaten Kontext. Zwei solcher „Tische" auf zwei Trapezophora, auf denen einst jeweils eine Reiterstatue des Senators P. Numicius Pica stand,[45] hat man in dessen Haus auf dem Viminal in Rom gefunden.[46] Gleiches darf man für die zahlreichen Monumente für Glitius Agricola in Turin und bei Herennius Caecilianus außerhalb Veronas auf seinem Landgut vermuten. Diese wahrscheinlich immer unterlebensgroß gestalteten Monumente eigneten sich weit eher als die üblichen gewaltigen Reiterdenkmäler für den privaten Lebensbereich. So konnten Geehrte die Anerkennung durch Gemeinden oder Privatleute in ihren täglichen Lebensbereich integrieren, ohne doch auf die besondere Ehre, die mit *statuae equestres* stets verbunden war, verzichten zu müssen. Dies könnte ein entscheidendes Motiv für diese Form der Ehrung gewesen sein. Sie war jedenfalls, so sieht es aus, häufiger als das bisher nachgewiesen werden kann.

Allerdings waren solche Reiterstatuen auf „*mensae*" nicht auf den privaten Bereich beschränkt. Ebenfalls in Verona wurde ein Artorius Histrianus, von dem in der zugehörigen Inschrift nur munizipale Ämter angeführt werden, in dieser Weise geehrt, in seinem Fall durch die *seviri* der Stadt, wobei der Dekurionenrat den Platz für die Aufstellung anwies.[47] Diese Statue stand somit im öffentlichen Raum, was aber auch sonst bezeugt ist. Dass es sich mit großer Wahrscheinlichkeit um diesen Statuentyp gehandelt hat, ersieht man auch hier wiederum daran, dass die „erhaltene rechte Schmalseite und die Rückseite ... mit Randleisten und polierten Feldern geschmückt" sind.[48] Auch die Maße, soweit sie kalkulierbar sind, entsprechen dem Typus: Höhe mindestens 63, Breite mindestens 56,5, Dicke 33 cm.

43 Die Maße und die Beschreibung bei Alföldy 1984: 130 Nr. 207.

44 Siehe die vorausgehende Anm.

45 Zwei Reiterstatuen des beschriebenen Typs darf man auch für einen Senator annehmen, der wohl das Cognomen Proculus trug und aus Urvinum Hortense stammt; siehe zuletzt Zuddas 2013: 154ff. Nr. 21 und 22.

46 CIL VI 31742f. = ILS 911.

47 Fogolari 1965: 45 und 48 = Alföldy 1984: 134 Nr. 222.

48 Alföldy 1984: 134.

Auf zwei inschriftliche Dokumente, die sicher bzw. sehr wahrscheinlich zu dem beschriebenen Monumenttyp gehören, sei hier noch hingewiesen. Im archäologischen Museum von Asti in Oberitalien ist eine Inschrift erhalten, die schon in CIL V unter der Nummer 7458 publiziert war, freilich ohne die nötige genaue Beschreibung, die erst Giovanni Menella geliefert hat.[49] Es handelt sich eine Platte mit den Maßen: Höhe 63, Breite 87 (an der Unterkante, der obere Teil ist schmaler), Dicke 20 cm. Die Seitenwangen sind geglättet, jede ist mit einer Rosette geschmückt; unten ist die Platte breiter und endet auf beiden Seiten mit einer Art kanneliertem Fuß. Die Rückseite ist geglättet, weshalb Menella das Monument zu Recht als Trapezophoron benennt, allerdings als einen neuen Untertypus, weil die epigraphische Fläche hier nicht wie etwa bei den Stücken des Glitius Atilius Agricola in Turin oben sich verbreitert, sondern unten, wodurch eine erweiterte Standfläche geschaffen wurde.

Der Text dieses Monuments lautet:

> *C(aio) Hirpidi[o] | C(ai) f(ilio) Memori, | praef(ecto) fabr(um), iud(ici) ex | V dec(uriis), tr(ibuno) mil(itum) leg(ionis) III Aug(ustae), | praef(ecto) i(ure) d(icundo) imper(atoris) Nervae | Traiani Caes(aris) Aug(usti) Ger(manici) Dac(ici), | flam(ini) perpet(uo) | [divi Vesp]asiani, divi Nervae, | [divi] Traiani | [---pa]tr(ono)* oder *[pa]tr(i).*

Obwohl am Ende derjenige fehlt, der die Errichtung des Monuments in Auftrag gegeben hat, ist es sicher, dass es sich um eine Ehrung mittels einer Reiterstatue handelt. Der Geehrte gehörte zwar dem *equester ordo* an, wie der Tribunat bei der *legio III Augusta* zeigt. Doch das Leben des Hirpidius Memor spielte sich im öffentlichen Raum seiner Heimat ab wie auch bei manchen der schon genannten Bürger von Verona. Auf der Reichsebene war er nicht engagiert.

Am Ende aber sei noch auf ein weiteres Dokument, diesmal aus Aquileia, verwiesen. Der Inschriftenträger ist ebenfalls ein Trapezophoron (oder ein plattenförmiger Tischfuß), dessen „Schmalseiten S-förmig geschwungen sind“ sowie Kanneluren und ein Gorgoneion aufweisen. Die Maße entsprechen in etwa dem, was auch bei anderen Stücken dieses Typs bekannt ist: Höhe 69, Breite 83, Dicke 17 cm.[50] Auf der Oberseite sind zwei Löcher sichtbar, in denen vermutlich Metallstifte befestigt waren, die ihrerseits eine aufliegende Platte fixierten. Doch im Unterschied zu den anderen Denkmälern, auf die hier verwiesen wurde, steht auf diesem Stück nur der Name des Dedikanten im Nominativ: T. Cassius Firmus.[51] Es gibt also keine Person, zu deren Ehren etwa eine Statue auf dem „Tisch“ errichtet worden wäre. Was aber kann mit diesem „Fuß“ verbunden gewesen sein? Natürlich könnte man annehmen, dass T. Cassius Firmus, *centurio* und *IIIIvir iure*

49 Menella 2009: 299ff.: „Le facce laterali decorate, le generose dimensioni complessive, la sommità perfettamente spianata ma non lavorata, il retro liscio e la massiccia consistenza dell'insieme sono elementi già di per sé sufficienti a inserire il monumento fra i trapezofori...“

50 So nach den Angaben in der Datenbank „Ubi erat lupa“ Nr. 16104. Dort auch Detailaufnahmen für die Ausgestaltung der äußeren Wangen.

51 CIL V 906 = I. Aquileiae II 2763.

dicundo in Aquileia, für eine andere Person eine Statue aufgestellt hat. Doch ohne Nennung einer Person im Dativ scheint dies kaum glaublich. Eine andere Lösung ist wohl wahrscheinlicher. Da Cassius Firmus nichts darüber sagt, für wen oder wofür der von ihm dedizierte Gegenstand bestimmt ist, muss sich dies aus dem Aufstellungsort ergeben. Dann aber spricht manches dafür, dass der Fuß Teil eines Weihegeschenks an eine Gottheit war, das im Bereich eines Heiligtums aufgestellt wurde. Jeder konnte sehen, für wen das Monument, das auf Trapezophora ruhte, bestimmt war. Was dann in diesem Fall ihre genaue Funktion war, ob darauf auch eine entsprechende Reiterstatue oder eine Statuengruppe stand, das lässt sich noch nicht erkennen.

Es lohnt sich in jedem Fall, weiter nach solchen Monumenten zu suchen, nachdem sie als spezieller Statuentyp erkannt sind. Wichtig wäre vor allem zu überprüfen, ob solche Monumente auch in den Provinzen nachgeahmt wurden; denn bisher sind sie, wenn man von Alesia auf Korsika absieht,[52] allein in Italien nachweisbar. Fast alle stammen zudem aus dem 1. Jahrhundert n. Chr. Die Suche nach ihnen lohnt sich, weil sie unsere Vorstellungen über die Ausgestaltung speziell der privaten Räume der senatorischen und städtischen Elite erweitern und weil sie etwas Spezifisches über die Dedikanten und die Geehrten aussagen können.[53] Deshalb sind die Aussage, die sich aus ihnen ablesen lässt, notwendigerweise auch ein Element prosopographischer Forschung.

Bibliographie

Albertini 1973 = Albertini, A., Un patrono di Verona del secondo secolo d.C.: G. Erennio Ceciliano, in: Il territorio veronese in età romana, Atti del Convegno, Verona 1973, 439–459.

Alföldy 1984 = Alföldy, G., Römische Statuen in Venetia et Histria. Epigraphische Quellen, Heidelberg 1984.

Andermahr 1998 = Andermahr, A.M., Totus in praediis. Senatorischer Grundbesitz in Italien in der frühen und hohen Kaiserzeit, Bonn 1998.

Battistoni 2009 = Battistoni, F., Missing Relative?, ZPE 169 (2009), 183–187.

Eck 1995a = Eck, W., Mommsen e il metodo epigrafico, in: Croce de Villa, P. & Mastrocinque, A. (Hrsg.), Concordia e la X Regio. Giornate di Studio in onore di Dario Bertolini, Padua 1995, 107–112.

Eck 1995b = Eck, W., „Tituli honorarii“, curriculum vitae und Selbstdarstellung in der Hohen Kaiserzeit, in: Solin, H. et al. (Hrsg.), Acta colloquii epigraphici Latini, Helsinki 1995, 211–237.

Eck 2003 = Eck, W., The Prosopographia Imperii Romani and the prosopographical method, in: Cameron, A. (ed.), Fifty Years of Prosopography. The Later Roman Empire, Byzantium and Beyond, Oxford 2003, 11–22.

52 Espérandieu 1908: 446f. Nr. 1686; Eck & Hesberg 2004 [2006]: 185 Nr. A 11.

53 Aus Verona kennt man noch weitere Inschriften, die Kennzeichen aufweisen, wie sie oben für die Familie der Valerii beschrieben wurden. Sie sind alle von Alföldy 1984: Anm. 25 in seinen Katalog aufgenommen worden. Es sind die Nummern: 205. 215. 216. 218. 220. 229.

Eck & Hesberg 2004 [2006] = Eck, W. & von Hesberg, H., Tische als Statuenträger, Mitteilungen des Deutschen Archäologischen Instituts. Römische Abteilung 111, 2004 [2006], 143–192.

Eck 2005 = Eck, W., Der Senator und die Öffentlichkeit – oder: Wie beeindruckt man das Publikum? in: Eck, W. & Heil, M. (Hrsg.), Senatores populi Romani. Realität und mediale Präsentation einer Führungsschicht, Stuttgart 2005, 1–18.

Eck 2017 = Eck, W., Die PIR im Spiegel der beteiligten Personen. Geschichte eines Langzeitunternehmens an der Berliner Akademie 141 Jahre nach dessen Beginn, in: Eck, W. & Heil, M. (Hrsg.), Prosopographie des Römischen Kaiserreichs – Ertrag und Perspektiven. Kolloquium aus Anlass der Vollendung der Prosopographia Imperii Romani, Berlin 2017, 1–94.

Eck 2018 = Eck, W., Mit Inschriften Geschichte schreiben. Die Geburt der PIR aus dem CIL, Hermes 146 (2018), 500–511.

Espérandieu 1908 = Espérandieu, E., Recueil général des bas-reliefs statues et bustes de la Gaule romaine II, Paris 1908.

Fogolari 1965 = Fogolari,G., Verona. Ritrovamenti archeologici nell'ultimo decennio, NSc 19s (1965), 35–53.

Mennella 2009 = Mennella, G., Contributo alla classificazione dei trapezofori: CIL V 7458 (Hasta) in: Angeli Bertinelli, M.G. & Donati, A. (Hrsg.), Opinione pubbblica e forme di comunicazione a Roma: Il linguaggio dell'epigrafia, Faenza 2009.

Ricci 1893 = Ricci, S., VERONA – Recenti scoperte epigrafiche e archeologiche, Notizie degli Scavi (1893), 3–19.

Wesch-Klein 1989 = Wesch-Klein, G., Katalog der Inschriften, in: Zimmer, G. (Hrsg.), Locus datus decreto decurionum. Zur Statuenaufstellung zweier Forumsanlagen im römischen Africa, München 1989.

Zimmer 1989 = Zimmer, G., Locus datus decreto decurionum. Zur Statuenaufstellung zweier Forumsanlagen im römischen Afrika, mit epigraphischen Beiträgen von G. Wesch-Klein, München 1989.

Zuddas 2013 = Zuddas, E., Urvinum Hortense, Supplementa Italica 27 (2013), 95–200.

Preise und der römische Staat

Kai Ruffing

In der aktuellen Forschung herrscht eine weitgehende Einigkeit in der Charakterisierung der reichsrömischen Wirtschaft als Marktwirtschaft, in der dementsprechend Preise und Preisbildung wesentlich über Angebot und Nachfrage bestimmt sind.[1] So bildeten Preise und Löhne im Imperium Romanum in der wirtschaftsgeschichtlichen Forschung einen Untersuchungsgegenstand, dem ein vergleichsweise großes Interesse entgegengebracht wurde.[2] Dabei sind es abgesehen von den literarischen Quellen gerade die papyrologischen und epigraphischen Quellen, die nicht nur einen im Gegensatz zur literarischen Überlieferung ungefilterten Blick auf einschlägige Preisangaben erlauben, sondern auch der Forschung immer wieder neue antike Preise zur Verfügung stellen. Hinsichtlich der epigraphischen Quellen sei hier insbesondere an die einschlägigen Texte aus der Britannia erinnert,[3] etwa ein Prozeßprotokoll, in dem sich eine dezidierte Preisangabe für ein Grundstück findet (AE 1994, 1093). Einzigartige Einblicke liefern auch Graffiti, wie beispielsweise die Preisangaben aus den Hanghäusern in Ephesos oder die Texte insbesondere aus dem Haus der Archive in Dura Europos zeigen.[4]

Auch wenn die Menge der aus dem *Imperium Romanum* überlieferten Preisangaben im Vergleich zu aus anderen Epochen überlieferten Preisen als vergleichsweise überschaubar zu gelten hat, gaben sie dennoch in der Forschung Anlaß zu intensiven Diskussionen, was wiederum insbesondere für die Kontroverse um die Inflation des dritten nachchristlichen Jahrhunderts gilt.[5]

1 Vgl. nur Graßl 2004: bes. 359; Holleran 2012: 263 mit Bezug auf die Warenversorgung Roms. Auch von einem wirtschaftswissenschaftlichen Erkenntnisinteresse geleitete Untersuchungen kommen zu diesem Ergebnis: vgl. Temin 2001; Temin 2013. – Vgl. für die Spätantike Carrié 2012, der die spätantike Wirtschaft im Grundsatz gleichfalls als Marktwirtschaft betrachtet, dabei aber Einschränkungen macht.

2 Zu Preisen in der römischen Kaiserzeit vgl. grundlegend Sperber 1974; Mrozek 1975; Duncan-Jones 1982; Drexhage 1991; Duncan-Jones 1994; Rathbone 1997. – Eine Sammlung der in literarischen Quellen bezeugten Preise haben Szaivert & Wolters 2005 vorgelegt. Santamato 2014; Temin 2014..

3 Vgl. Drexhage 1997.

4 Ephesos: SEG XLIX 1481–1485. Zu den Preisen aus dem Haus der Archive in Dura Europos vgl. Ruffing 2002: 30–34.

5 Vgl. insbesondere Strobel 1989; Rathbone 1996: 322–325; Strobel 2002; Verboven 2007; Ehling 2008; Lo Cascio 2008, 887–894; Haklai-Rotenberg 2011.

Einen gewissen Schwerpunkt wirtschaftsgeschichtlicher Forschung hinsichtlich der Rolle des Staates im Preisgefüge der römischen Ökonomie bildeten staatliche Eingriffe in den Markt bzw. das Ausschalten des freien Spiels der Kräfte in Gestalt der Formulierung von Höchstpreisen.

Das bekannteste, in der Forschung sicherlich am intensivsten diskutierte diesbezügliche Beispiel bildet das *Edictum Diocletiani de pretiis rerum venalium*.[6] Zumindest ein Teil der Forschung unterstellt den dort getroffenen Setzungen von Preisen eine Nähe zu Marktpreisen.[7] Ein bezeichnendes Beispiel für die Neigung der römischen Staatlichkeit in der Kaiserzeit, im Falle von Notlagen auch regional durch beherzte Eingriffe den Markt außer Kraft zu setzen, bildet das Edikt des *legatus Augusti pro praetore* Lucius Antistius Rusticus aus dem Jahr 92 oder 93 n. Chr.,[8] an den die *IIviri* und Dekurionen von Antiocheia in Pisidien herangetreten waren, als es durch die Strenge des Winters bedingt zu einer Nahrungsmittelknappheit zu kommen drohte (AE 1925, 126b). Die letzteren hatten an den kaiserlichen Legaten eine Eingabe gerichtet, um gegenüber der offenkundig schon grassierenden Teuerung Abhilfe zu schaffen und der *plebs* der Stadt die Möglichkeit zu geben, Getreide zu kaufen. Antistius Rusticus reagierte nun mit drei Maßnahmen. In einem ersten Schritt wurden Bürger und Bewohner der Kolonie aufgefordert, das vorhandene Getreide innerhalb von 30 Tagen nach Veröffentlichung seines Dekrets zu deklarieren. Im Rahmen dieser Deklaration sollte nun jeder bei den *IIviri* angegeben, wieviel Getreide er an welchem Ort hatte und wieviel jeder für die Aussaat bzw. für den Jahresunterhalt der eigenen *familia* abzog.[9] Im zweiten Schritt ordnete er an, jeder solle den Käufern der Kolonie Antiocheia die Möglichkeit geben, das Getreide zu verkaufen; als Termin für diesen Verkauf wurden die Kalenden des August festgesetzt.[10] In einem dritten Schritt setzte der Legat dann einen Höchstpreis in Höhe von einem Denar pro Modius fest, da man ihm versichert habe, vor dem Andauern des harschen Winters habe der Preis acht oder neun As pro Modius betragen.[11]

Bemerkenswert ist die Maßnahme, den Höchstpreis so zu formulieren, daß er das Doppelte bzw. nahezu das Doppelte des unter Normalbedingungen üblichen Marktpreises betrug. Das Edikt zeigt damit ohne jeden Zweifel, daß der kaiserliche Legat auf

6 Zu diesem Edikt vgl. etwa Meißner 2000; Kuhoff 2001: 543–564; Brandt 2004; Allen 2009; Wagner 2013.

7 Vgl. Ermatinger 1996: 103–104 gegen Demandt 1989: 56–57 und Brandt 2004: 47.

8 Zur Datierung vgl. Wiemer 1997: 202.

9 *...omnes qui Ant(iochensis) col(oniae) aut | coloni aut incolae sunt | profiteantur apud IIviros col(oniae) | Antiochensis intra tri|censimum diem quam | hoc edictum meum pro|positum fuerit quantum | quisque et quo loco fru|menti habeat et quan|tum in semen aut in | cibaria annua familiae | suae deducat...*

10 *...et reliqui | omnis frumenti copiam | emptoribus col(oniae) Antiochens(is) | faciat vendendi. Au{i}<t>em | tempus cons{i}<t>ituo in K(alendas) Aug(ustas)...*

11 *Cum | autem adfirmatur mihi ante | hanc hibernae asperitatis per|severantiam octonis et | novenis assibus modium fru|menti in colonia fuisse | et iniquissimum sit famem | civium suorum praedae cui|quam esse excedere sing(ulos) | (denarius) sing(ulos) modios pretium | frumenti veto.* – Zum Edikt vgl. Wiemer 1997 mit einer detaillierten Erörterung desselben; Jördens 2009: 131 mit Anm. 176. – Zum Aussetzen des Mechanismus von Angebot und Nachfrage durch staatliche Eingriffe vgl. auch Graßl 2004: 399.

der Grundlage von lokalen Preisinformationen handelte. Auch wenn etwa im Falle des *edictum Diocletiani* in der Forschung umstritten ist, ob und inwieweit die Höchstpreise auf der Grundlage von Marktpreisen gesetzt wurden,[12] demonstriert das Edikt des Lucius Antistius Rusticus deutlich, daß man auf Seiten römischer Amtsträger Marktpreise ins Kalkül zog und einschlägige Kenntnisse in der Tat vorhanden waren. Hinzu tritt noch ein weiterer Punkt. Die Formulierung eines am Markt orientierten Höchstpreises diente nicht zuletzt auch dem Schutz der lokalen Oberschichten, in deren Händen schließlich ein Großteil des Getreides gelegen haben dürfte. Dieser Schutz war spätestens seit Mark Aurel und Lucius Verus erklärtes Ziel kaiserlichen Handelns. In den Digesten findet sich ein Reskript der beiden Kaiser, das den Verkauf von Getreide unter Marktpreis seitens der Dekurionen für Unrecht erklärte.[13] Gleichzeitig scheinen sie dekretiert zu haben, daß die Dekurionen nicht gezwungen werden dürfen, Getreide unter Marktpreis zu verkaufen.[14] Der Nachsatz, auch andere Kaiser hätten solches schon festgesetzt, zeigt deutlich, daß solcherlei Regelungen schon früher getroffen worden waren und die beiden Imperatoren sich hier im üblichen Rahmen kaiserlichen Handelns bewegten. Dafür spricht auch, daß sich das erste Reskript in den Digesten unter der Kapitelüberschrift *de lege Iulia de annona* findet (Dig. 48,12). Offenkundig war man also bestrebt, übermäßige Preistreibereien beim Grundnahrungsmittel Getreide durch Höchstpreise zu verhindern und gleichzeitig dennoch in Zeiten der Knappheit den lokalen Eliten ihre erheblichen Verdienstmöglichkeiten nicht zu sehr zu beschneiden.

Während das Ausschalten des freien Spiels der Kräfte des Marktes durch die Festlegung von Preisen in bis zu doppelter Höhe des üblichen Marktpreises im Verbund mit einer Anordnung der Deklaration der Warenbestände und dem Zwang, dieselben zu einem bestimmten Zeitpunkt zum Verkauf zu bringen, in Zeiten der Not ohne jeden Zweifel eine geeignete Maßnahme darstellte, die Versorgung der Bevölkerung im Falle einer Nahrungsmittelknappheit auf lokaler Ebene zu gewährleisten,[15] werden im Fokus der folgenden kurzen Darlegungen Preissetzungen durch staatliche oder städtische Institutionen stehen, die nicht einer existenzbedrohenden Notlage geschuldet sind, sondern denen andere Motive zugrunde lagen. Diese divergierenden Beweggründe führten freilich, wie zu zeigen sein wird, nichtsdestoweniger zu einer Ausschaltung des freien Spiels von Angebot und Nachfrage bei der Preisbildung. Im Zentrum werden dabei einige Fälle stehen, die durch epigraphische Zeugnisse überliefert sind, ohne daß hier Vollständigkeit auch nur angestrebt oder erreicht werden kann. Ein Augenmerk wird in diesem Kontext darauf zu richten sein, inwieweit der Kaiser selbst oder öffentliche Amtsträger im römischen Reich

---

12 Vgl. oben Anm. 7.

13 Dig. 48,12,3,pr.–1: *Imperatores Antoninus et Verus Augusti in haec verba rescripserunt: ‚Minime aequum est decuriones civibus suis frumentum vilius quam annona exigit vendere.'*

14 Dig. 50,1,8: *Non debere cogi decuriones vilius praestare frumentum civibus suis, quam annona exigit, divi fratres rescripserunt, et aliis quoque constitutionibus principalibus id cautum est.*

15 Die Nahrungsmittelknappheit ist dabei im Sinne Peter Garnseys als eine kurzzeitige Reduktion der Menge an verfügbaren Nahrungsmitteln bei steigenden Preisen, öffentlicher Unzufriedenheit und Hunger zu verstehen. Vgl. dazu Garnsey 1988: 6.

sich der aus der Empirie gewonnenen Kenntnis von Preisen bedienten, um zur Setzung von Preisen bzw. Höchstpreisen zu gelangen.

Zunächst seien dementsprechend einige Bemerkungen zur Kenntnis von Preisen auf Seiten der öffentlichen Hand im Imperium Romanum gemacht. In der Tat lassen sich auch der literarischen und der juristischen Überlieferung eindeutige Hinweise auf die Kenntnis der Preise oder doch zumindest von Preisniveaus erkennen. Eher allgemein formulierte dies der Jurist Gaius: „...wir wissen, wie unterschiedlich die Preise der Dinge in den einzelnen Städten und Regionen sind, insbesondere die des Weines, des Öls und des Getreides." (Dig. 13,4,3). Diese Äußerung zeigt schon die Kenntnis unterschiedlicher Preisniveaus auf regionaler Ebene. Es ist wenig überraschend, daß Gaius dies an den Grundnahrungsmitteln Wein, Öl und Getreide exemplifiziert, ist doch insbesondere das letztere bekanntermaßen anfällig für preisliche Volatilitäten gewesen.[16] Auch der ältere Plinius weist in seiner *naturalis historia* ein größeres Interesse für Wert- und Preisangaben auf, eine Neigung, die angesichts des Durchlaufens einer prokuratorischen Laufbahn, die ihn unter anderem auch in direkten Kontakt mit dem Rechnungswesen und als *procurator* in der Belgica mit der Finanzverwaltung auf Reichsebene brachte, nicht weiter verwundert.[17] Darüber hinaus verrät aber auch er die dezidierte Kenntnis lokal verschiedener bzw. sich verändernder Preisniveaus, indem er folgendes ausführt: „Wir wissen sehr genau, daß die Preise der Dinge, die wir bisher dargelegt haben, an anderen Orten andere sind und sich beinahe in jedem Jahr ändern..."; danach legt Plinius weiter dar, die Preisbildung hinge von der Seefahrt, der Beschaffenheit des Marktes oder auch – im Falle von Getreide – von spekulativen Eingriffen in den Markt ab (Plin. nat. 33,164).

Die Kenntnis üblicher Marktpreise seitens der öffentlichen Autoritäten taucht an eher unerwarteter Stelle auf, nämlich in den Metamorphosen des Apuleius. In diesen begibt sich der Ich-Erzähler in in Hypata, einer Kleinstadt Thessaliens zum Forum, um einige Lebensmittel zu kaufen. Dort angekommen erblickte er Fische in der Auslage. Auf seine Frage, wieviel dieselben kosten sollten, erfährt er, der Fisch sei für 100 Münzen (*nummi*) zu haben; nach einigem Feilschen hätte er dieselben für 20 Denare erstanden. Hierauf sei er fortgegangen und hätte einen Freund getroffen, der wiederum das Amt des Ädilen in der Stadt ausgeübt hätte. Jener hätte sich nun nach dem Preis für die Fische erkundigt und sei, nachdem er denselben erfahren hätte, zornig geworden. Gemeinsam hätten sie sich wiederum zum Forum begeben, wo der Ich-Erzähler den Verkäufer namhaft zu machen gehabt hätte. Jener, in den Worten des Apuleius ein kleiner alter Mann (*seniculus*), sei nun zuerst beschimpft worden, weil er einen so hohen Preis für wertlose Fische verlangt hätte, und dann bestraft worden, indem die erworbenen Fische auf die Straße geschüttet worden wären und der Amtsdiener (*officialis*) geheißen worden wäre, diese auf der Straße zu zerstampfen. Der Ich-Erzähler wiederum ist durch die Handlungsweise seines Freun-

16 Vgl. Duncan-Jones 1976: 244–245; Drexhage 1988: 2–4. Zu Getreidepreisen vgl. auch Heichelheim 1930: 51–52, 57–69, 72–77; Reger 1994: 122–126; van der Spek 2014; v. Reden 2014; . Rathbone 2014a; Rathbone 2014b.

17 Zu Plinius' Karriere vgl. PIR2 VI P Nr. 493 sowie Syme 1979.

des einigermaßen konsterniert gewesen, ist er doch sowohl um sein Geld als auch um die erworbene Ware und damit sein Abendessen gebracht worden (Apul. met. 1,24–25).

Auch wenn man der Apuleius kolportierten Geschichte hinsichtlich der Realität des Berichteten keine Bedeutung zusprechen sollte, wirkt die beabsichtigte Komik doch nur, wenn die strukturellen Hintergründe in den Realien verankert sind. Im Schluß würde dies bedeuten, daß die Ädilen im Rahmen ihrer Funktionen übliche Marktpreise zumindest aus eigener Erfahrung kannten und von Amts wegen in der Lage waren, gegen Überteuerungen einzuschreiten.[18] Selbiges ist im Falle spekulativer Eingriffe in den Getreidemarkt schon in der republikanischen Zeit belegt.[19] Freilich bleibt auch hier letztlich im Dunkeln, auf welcher empirischen Grundlage ein Ädil eine Entscheidung für ein Einschreiten gegen Wucherpreise von Getreide traf.[20] Jedenfalls wird man unterstellen können, daß auch in der Kaiserzeit die Ädilen in den Städten des Westens und die ἀγορανόμοι in denen des Ostens mit großer Sensibilität Lebensmittelpreise registrierten und außergewöhnlichen Teuerungen mit administrativen Maßnahmen begegneten. Hierfür spricht auch, daß sich in den Agoranomen-Inschriften aus Ephesos regelmäßig Angaben zum Brotpreis während der Amtszeit des betreffenden Herrn finden.[21]

Ist damit also eine allgemeinere Kenntnis über die Verschiedenartigkeit der Preise und ihre Marktabhängigkeit sowie die Kenntnis lokaler Amtsträger über Üblichkeiten von Preisen auf dem heimischen Markt erkennbar, stellt sich doch mit einer gewissen Dringlichkeit die Frage, wie es um die grundlegenden Kenntnisse des römischen Staates bzw. öffentlicher Funktionsträger bei der Setzung von Höchstpreisen steht. Einen deutlicheren Einblick gewähren hier lediglich die Inschriften und die Papyrusurkunden. In den letzteren wird in Notsituationen seitens der Verwaltung ein ähnliches Verhalten wie das eingangs im Falle des Antistius Rusticus beobachtete deutlich: Getreidevorräte waren zu deklarieren und auf den Markt zu bringen.[22] In einem Falle wurde vom *praefectus* Aegypti am 21. Phamenoth des Jahres 246 n. Chr. ein Höchstpreis von sechs *denarii* festgesetzt; explizit wird in der Urkunde darauf abgestellt, daß die Deklaranten keinen Schaden erleiden sollten und die genannte Preisfestsetzung eben hiermit begründet (P.Oxy. XLII 3048,5–6).[23] Wie im Falle des pisidischen Antiocheia wird offenbar, daß die römische Ver-

18 In diesem Sinne versteht auch Langhammer 1973: 150 die Stelle, obgleich er dieselbe viel wörtlicher nimmt.

19 Vgl. Herz 1988: 30.

20 Vgl. Herz 1988: 38–39.

21 Vgl. dazu Herz 1988: 39; Schwarz 2001: 309–313. Zu den Agoranomen und ihrer Rolle bei der städtischen Getreideversorgung vgl. auch Quaß 1993: 260–264, bes. 264 zu Ephesos.

22 P.Oxy. XLVII 3339 (191 n. Chr.); P.Oxy. XLII 3048 (246 n. Chr.).

23 Zu beiden Urkunden vgl. Drexhage 1991: 22–24; Wiemer 1997: 201–202; Jördens 2009: 129–130. – Angemerkt sei, daß mit P.Laur. I 11 A ein Dokument vorliegt, das aus dem Jahr 248 oder 258 n. Chr. stammt, somit zeitlich P.Oxy. XLII 3048 unter Umständen nahesteht und einen Getreidepreis von 12 dr. pro Artabe nennt (vgl. Drexhage 1991: 16), mithin die Hälfte dessen, was durch den Präfekten festgesetzt wurde. Man könnte sich somit der Vermutung hingeben, daß man auch hier an eine Verdoppelung des Marktpreises gedacht hatte, ohne daß das genannte Zeugnis freilich in letzter Konsequenz belastbar ist.

waltung der angespannten Angebots- und Nachfragesituation Rechnung trägt und für den Verkauf offenkundig deutlich über das übliche Niveau hinausgehende Preise festlegt. Auch hier zeigt sich somit, daß der praefectus Aegypti offensichtlich über gewisse Kenntnisse hinsichtlich Preisniveaus verfügte, während Antistius Rusticus sich auf die diesbezüglichen Einlassungen der an ihn gegangenen Gesandtschaft verließ (AE 1925, 126b). Freilich zeigt die Entscheidung des letzteren, daß man auch Preissteigerungen um 100% bei solchen Setzungen in Kauf nahm. Was das etwa in der Provinz Aegyptus für die einfache Bevölkerung bedeutete, wird offenkundig, wenn man die durchschnittlichen Tageslöhne in derselben Zeit zum Vergleich heranzieht. Letzterer betrug um 250 n. Chr. zwei Drachmen, so daß allein für eine Artabe Weizen, die für den monatlichen Lebensunterhalt nicht ausreichte, zwölf komplette Löhne aufgewandt werden mußten, wenn der Preis einer Artabe in der Tat 6 den. oder damit 24 dr. betrug.[24] Hierdurch wird eine grundsätzliche Haltung offenbar, bezog sich doch in diesem Lichte die Einlassung des Präfekten, niemand solle Schaden nehmen, auf diejenigen, die das Getreide auf den Markt brachten, und nicht auf jene, die durch den Erwerb desselben in die Lage versetzt wurden, ihren Lebensunterhalt zu fristen.

Wie dem auch sei, jedenfalls zeigt sich deutlich, daß die Statthalter sich an den Marktüblichkeiten orientierten. Damit ist freilich noch nicht die Frage beantwortet, woher sie ihre Kenntnisse nahmen. Eine Aufzeichnung von Preisen von Grundnahrungsmitteln von den Amtsträgern, die für die Marktaufsicht zuständig waren, erscheint in dieser Hinsicht nicht ausgeschlossen. Hierfür spräche zumindest die bereits erwähnte Usance der ephesischen Agoranomen, in den sogenannten Agoranomeninschriften den Brotpreis in ihrer Amtszeit zu nennen.[25] In Caere wiederum ist ein *aedilis annonae* belegt, was die oben genannten Vermutung jedenfalls bestärkt (CIL XI 4347). In der *lex Irnitana* wird es in der Rubrik XIX als Aufgabe der Ädilen definiert, sich um die *annona* zu kümmern;[26] die Wichtigkeit, die man dieser Funktion zumaß, zeigt sich daran, daß die *annona* innerhalb der Aufgaben als erste aufgeführt wird. Damit nicht genug, gehörte auch das *macellum*, also der Lebensmittelmarkt für gehobene Bedürfnisse, zu ihrem Aufgabenbereich (AE 1986, 333).[27] Dies erscheint ohne ein Wissen über Preisniveaus und möglicherweise sogar ohne die Aufzeichnung der Preise eine äußerst schwierige Aufgabe zu sein. Auf jeden Fall fanden die Preise für Getreide aber Eingang in die öffentlichen Abrechnungen in dem Moment, in dem eine Stadt sich zum Ankauf von Getreide aus öffentlichen Mitteln entschloß. Daß für diesen Zweck Rückstellungen bzw. Fonds existierten, demonstriert ein Abschnitt in den Digesten, in dem es um *frumentaria pecunia* geht (Dig. 50,8,2,4–6).[28] Im Osten des Reiches gab es in den Städten in Gestalt der σιτῶναι bekanntlich eigene

24 Zu diesen Angaben vgl. die tabellarische Aufstellung bei Drexhage 1991: 444.

25 Vgl. oben Anm. 19.

26 Zu dieser Regelung vgl. Galsterer 1988: 85. – Zu diesem Stadtrecht allgemein vgl. Galsterer 1988; Gonzáles 2009; Wolf 2011: 20–35.

27 Zur Funktion des macellum vgl. Holleran 2012: 160–181.

28 Vgl. González & Crawford 1986: 201.

Funktionsträger, die sich um die Beschaffung von Getreide zu kümmern hatten.[29] Insgesamt wird man also annehmen können, daß es bei den Amtsträgern, deren Funktion die Lebensmittelversorgung beinhaltete, Preisaufzeichnungen gab.

Griff der römische Staat in finanzielle Belange ein, so lag mit diesen Aufzeichnungen auf der lokalen Ebene Zahlenmaterial vor, auf dessen Grundlage Entscheidungen getroffen werden konnten und getroffen wurden. Selbiges fand hinsichtlich kaiserlicher Entscheidungen seinen Eingang in die epigraphische Überlieferung. Als erstes Beispiel ist in diesem Kontext eine Entscheidung Hadrians zu nennen, die in einer im Jahr 2006 von Georg Petzl und Elmar Schwertheim veröffentlichten Inschrift aus Alexandria Troas überliefert ist. Die Inschrift enthält ein Dossier von drei Schreiben, mit denen Hadrian auf Eingaben der Dionysischen Techniten reagiert (SEG LVI 1359).[30] Im ersten dieser Schreiben geht der Imperator unter anderem auf eine Klage über das Verhalten der Korinther ein, die einigen Hieroniken offenkundig Zahlungen vorenthalten oder in nicht genügender Höhe geleistet hatten.[31] Hadrian bescheidet die Dionysischen Techniten nun folgendermaßen:

> SEG LVI 1359, 32–34
>
> τοὺς Κορινθίων λογισμοὺς τῷ ἀθυνπάτῳ ἔπεμψα γράψας ὡς τάχιστα ἐξ̣ετάσαι τὰ ἐν αὐτοῖς καὶ πρὸς δύνα|μιν τῶν δημοσίων πόρων ἀποφήνασθαι, πότερον δύο μέρη προσήκει λαμβάνειν τοὺς ἱερονείκας ἢ τὸ ἥμισυ· μέχρι δὲ οἱ Κο|ρίνθιοι διδάσκουσιν περὶ τῶν λόγων, τὰ δύο μέρη διδότωσαν.
>
> Die Berechnungen der Korinther habe ich dem Prokonsul geschickt, daß er so schnell wie möglich ihren Inhalt überprüfen und nach Maßgabe der öffentlichen Einkünfte darlegen soll, ob es angemessen ist, daß die Hieroniken zwei Drittel erhalten oder die Hälfte. Bis aber die Korinther über ihre Gründe Auskunft erteilen, sollen sie zwei Drittel geben. (Übers. Petzl & Schwertheim 2006: 47)

Die Editoren der *editio princeps* haben demnach das in Zeile 34 auftauchende λογών als Grund verstanden, den die Korinther für ihre Handlungen anführen sollen. Möglich erscheint freilich auch ein anderes Verständnis der Passage. Der in Zeile 32 zu findende Begriff λογισμός ist ein *terminus technicus* für Kalkulationen, obgleich auch ein generischer Gebrauch des Wortes nachzuweisen ist.[32] Das Wortfeld λόγος ist freilich extrem breit, in der Urkundensprache ist aber seine Bedeutung als Abrechnung, Rechnungslegung usw. gleichfalls breit bezeugt.[33] Da es an der besagten Stelle nun um die Finanzen geht, scheint ein Verständnis von λόγος als ‚Abrechnung, Rechnung' an dieser Stelle, wenn nicht nahe-

29 Vgl. Strubbe 1987; Strubbe 1989; Quaß 1993: 267–268.
30 Siehe die ed. pr. Petzl & Schwertheim 2006.
31 Vgl. Petzl & Schwertheim 2006: 47–48.
32 Vgl. LSJ, s. v., 1056.
33 Siehe nur Preisigke, WB 2, s. v., 31–35; LSJ, s. v., 1057.

liegend, so doch unterstellbar zu sein. Dementsprechend könnte man den besagten Passus folgendermaßen verstehen:

> „Die Kalkulationen der Korinther habe ich dem Prokonsul geschickt, daß er so schnell wie möglich ihren Inhalt überprüfen und nach Maßgabe der öffentlichen Einkünfte darlegen soll, ob es angemessen ist, daß die Hieroniken zwei Drittel erhalten oder die Hälfte. Bis aber die Korinther über ihre Abrechnungen Auskunft erteilen, sollen sie zwei Drittel geben."[34]

Dementsprechend würde man sich den Gang der Dinge folgendermaßen vorstellen können: Zwischen den Korinthern und den Hieroniken hatte es Unstimmigkeiten über die Höhe von zu leistenden Zahlungen gegeben. Offenkundig wurden beide Parteien beim Kaiser vorstellig, wobei die Korinther ihre Zahlungsunwilligkeit offenkundig mit eigens angestellten Kalkulationen (λογισμούς) zu begründen suchten. Hadrian wischte diese nicht vom Tisch, schickte sie aber an den Prokonsul weiter, der diese Kalkulationen und die öffentlichen Einnahmen der Stadt Korinth zu überprüfen hatte. Selbiges wiederum war nur durch die Offenlegung der Abrechnungen der Stadt möglich, weswegen Hadrian eine Entscheidung vorbehaltlich eben dieser Offenlegung der Bücher (λόγων) fällte.

Solche „Buchprüfungen" seitens staatlicher Funktionsträger sind zumindest in der Aegyptus gut bezeugt, man denke nur an die dortige Praxis, die Einnahmen der ägyptischen Tempel zu überprüfen.[35] Bemerkenswert ist auch die Prüfung der Abrechnung des Betriebs einer Wasserleitung in der Gaumetropole Ptolemais Euergetis, die Einblick in die Arbeit eines solchen Rechnungsprüfers gibt (P.Lond. III 1177 ed. Habermann 2000). Als Bezeichnung für einen solchen Rechnungsprüfer findet sich in den Papyrusurkunden ἐξεταστής, mithin das Substantiv zum in der hadrianischen Inschrift verwendeten Verbum ἐξετάζειν.[36] Auch dies ein Argument dafür, daß Hadrian dem Prokonsul mit der in der Inschrift getroffenen Formulierung eine intensive Prüfung der Abrechnungen Korinths ans Herz legte.

Schließlich existiert noch ein absolut eindeutiger Beleg, daß die Kaiser öffentliche – und in dem gleich zu nennenden Falle auch private – Abrechnungen konsultierten, um bei offensichtlich als reichsweit gültig intendierten Preissetzungen unterschiedlichen Preisniveaus im Reich gerecht zu werden. Es handelt sich um den von Theodor Mommsen als *Senatus consultum de sumptibus ludorum gladiatoriorum minuendis* titulierten,[37] in der Forschung auch unter dem Namen SC *de pretiis gladiatorum minuendis* laufenden Senatsbeschluß aus dem Jahr 177 n. Chr.,[38] den Mark Aurel und Commodus gemeinsam

34 So verstehen auch Jones 2007: 154 Anm. 32, Slater 2008: 611 und Strasser 2010: 600 den betreffenden Passus.

35 Vgl. Ruffing 2008: 577–578.

36 Zur Rechnungsprüfung in Ägypten vgl. Habermann 2000: 103–111.

37 Vgl. Mommsen 1913 (1890).

38 Das SC wird so bezeichnet bei Oliver & Palmer 1955: 320 bzw. bei Carter 2003.

herbeigeführt hatten (ILS 9340 und 5163).[39] Das SC wurde offenkundig im gesamten Imperium verbreitet, stammen die Textzeugen doch aus dem hispanischen Italica (CIL II 6278) und dem kleinasiatischen Sardeis (Sardeis VII.1 Nr. 16 = CIL III 7106). Durch den von Mark Aurel und Commodus herbeigeführten Beschluß wurden Höchstpreise für Gladiatorenspiele festgesetzt sowie eine Reihe von anderen Verfügungen getroffen, die die provinzialen Eliten letztlich in die Lage versetzen sollten, die *munera* ohne allzu große Belastung durchzuführen.[40] Der Text, der im wesentlichen durch das *aes Italicense* überliefert ist, beinhaltet die Rede eines Senators, der sich auf den kaiserlichen Antrag bezieht. Hier wiederum werden auch die folgenden Ausführungen zu unterschiedlichen Preisniveaus sowie zur Art und Weise, wie diese ermittelt werden sollten, gemacht:

CIL II 6278 = ILS 5163 = Oliver & Palmer 1955: 333, 46–55

De pretis autem gladiatorum opservari paulo ante censui secundum praescrip|tum divinae orationis, sed ut ea pretia ad eas civitates pertinea<n>t in quibus ampliora gladiatorum pretia flagrabant. Quod si quibus civitatibus | res publica tenuior est non eadem serventur quae ap[ut] fortiores civitates scripta sunt; nec supra modum virium onerent sed hactenus in eundem; | ut qu<a>e in publicis privatisque rationib[u]s repperientur pretia summa ac media ac postrema si q[ui]dem provinciarum eae civitates sunt ab eo | qui praesidebit provinciae opserventur, ceterarum autem iuridico vel curatore {pro}v{inc}iae vel classis praetoriae praefecto vel procuratori | maxumorum principum vel cuiusque civitatis potestas qu<a>e ibi prima erit. Atque ita rationibus decem retroversum annorum inspectis, exemplis | munerum in quaque civitate edito<rum> {erunt} [41] *consideratis consti[tua]ntur ab eo cuius arbitratus erit de tribus pretis, vel, si melius ei videbitur, | ex eo modo quem peraequ[e] fi[er]i li<cebi>t trifariam pretia diducantur eaque forma etiam in posterum servetur; sciantque v(iri) c(larissimi), qui procon|sules paulo ante profecti sunt, intra suum quisque annum it negotium exsequi se oportere <e>t ii etiam qui non sortito provincias | regunt intra annum.*

Daß in Bezug auf die Preise für Gladiatoren gemäß der Vorschrift der kaiserlichen Rede gehandelt wird, habe ich kurz zuvor beantragt, (ich beantrage) aber (auch),

39 Der Text ist in der Edition von Oliver & Palmer 1955 zu benutzen.

40 Zu den Einzelheiten vgl. Carter 2003; Dunkle 2008: 59–65.

41 Z. 52 *edito<rum> {erunt}*: Auf diese Weise hat schon Mommsen 1913 (1890): 504 den Text rekonstruiert. Oliver, Palmer 1955, 333 stellen den ablativus absolutus in Z. 51–52 folgendermaßen her: *exemplis | munerum in quaque civitate editor<es> erunt consideratis*; sie bieten ebd. 343 folgende Übersetzung: „...upon consideration of the spectacles which have been precedents in whatever city there will be donors...“. Freis 1994, 194 schließt sich diesem Textverständnis an: „Nach [...] Überprüfung der Akten von Spielen in jeder Stadt wird es Spieleveranstalter geben.“ Sieht man einmal von der erheblichen Störung der Sperrung des ablativus absolutus ab, hängen der Nominativ Plural und das Prädikat grammatikalisch in der Luft. Auch der Sinn der Passage bleibt bei dieser *reconstructio textus* letztlich kryptisch. – Will man das erunt im Text halten, böte sich folgende Wiederherstellung an: *exemplis | munerum <quae> in quaque civitate edit<a>{or} erunt consideratis.*

daß diese Preise für die Städte Geltung haben, in denen allzu hohe Preise für Gladiatoren verlangt wurden. Wenn aber in irgendwelchen Städten die Stadtkasse weniger leistungsfähig ist, sollen nicht dieselben (Preise) angewandt werden, die bei leistungsfähigeren Städten schriftlich niedergelegt worden sind; und sie sollen nicht über ihre Kräfte hinaus belastet werden, sondern bloß in demselben Maß; (ich beantrage), daß die Preise, die man in den öffentlichen und privaten Abrechnungen als höchste und mittlere und geringste (Preise) findet, von dem, der der Provinz vorsteht, als Richtschnur genommen werden, wenn es denn wirklich Städte der jeweiligen Provinz sind, im Falle der übrigen aber der Iuridicus oder der curator viae oder der Praefekt einer prätorischen Flotte oder ein Procurator der allerhöchsten Prinicipes oder der Inhaber einer Amtsgewalt in jeder Stadt, die dort die oberste ist; und daß sie so nach Inaugenscheinnahme der Abrechnungen der zurückliegenden 10 Jahre und nach Erwägung der schriftlichen Aufzeichnungen der in einer jeden Stadt gegebenen Spiele von dem festgesetzt werden, dessen Vollmacht es sein wird, oder daß die Preise, wenn es ihm besser erscheinen wird, auf eine solche Weise, nach der es sehr gerecht vonstatten gehen kann, auf drei Niveaus verteilt werden und daß diese Norm in Zukunft bewahrt wird; und daß die viri clarissimi, die als Prokonsuln vor kurzem aufgebrochen sind, wissen sollen, daß ein jeder innerhalb seines Jahres diese Aufgabe erledigen muß, und auch die, die, ohne daß die Provinzen verlost worden sind, diese innerhalb eines Jahres regieren.

Der Text dieses zeigt deutlich das Vorgehen, daß seitens der kaiserlichen Zentrale gewünscht wurde. Die Höchstpreise, die weiter oben im Text für verschiedene Bereiche der *munera* festgesetzt worden waren, sollten nach wirtschaftlicher Leistungsfähigkeit der einzelnen Gemeinwesen modifiziert werden. Zu diesem Behufe sollten die Rechnungsbücher der öffentlichen Kassen sowie auch die Rechnungsbücher von Privatleuten kontrolliert werden und auf dieser Grundlage entweder ein Höchstpreis oder drei verschiedene Preisniveaus von den jeweiligen Amtsträgern formuliert werden. Damit demonstriert das SC nicht nur das Vorhandensein eines ausgeprägten Bewußtseins für verschiedene Preisniveaus im Reich seitens der kaiserlichen Zentrale, sondern auch die zumindest gegebene und in diesem Fall auch angewandte Möglichkeit, sich über diese unterschiedlichen Preisniveaus mittels Einblick in private und öffentliche Abrechnungen Gewißheit zu verschaffen.

Das hier nur kurz betrachtete *senatus consultum* zeigt aber noch ein weiteres mit aller Deutlichkeit: Der römische Staat war nicht nur im Falle von Nahrungsmittelengpässen bereit die, das freie Spiel der Kräfte auf dem Markt außer Kraft zu setzen, wenn es denn seinen Intentionen entgegenkam. Im vorliegenden Fall waren die Nutznießer die lokalen und provinzialen Eliten, zu deren Aufgabe die Durchführung von Gladiatorenspielen gehörten, im Falle des SC vor allem also die Priester des Kaiserkults in Gallien, auf deren Klagen über die finanziellen Belastungen die Kaiser reagiert hatten (CIL II 6278 = ILS 5163 = Oliver & Palmer 1955: 331, 14–18).[42]

42 Zu den hier formulierten Preisen vgl. Ruffing 2017: 233–241.

Mochte die Reaktion eben deswegen eine prompte gewesen sein, weil mit dem Kaiserkult ein wesentlicher Bereich der Herrschaftssicherung angesprochen war, zeigt sich die Neigung des römischen Staates das freie Spiel der Kräfte auszusetzen, wenn es ihm denn finanziell nützte, noch an anderer Stelle.

Kurz hingewiesen sei nur auf die sogenannten Zwangskäufe von Getreide, bei denen der Staat den Marktpreis in der Regel um ein Viertel bis ein Drittel unterschritt. Jedenfalls zeigen die Papyrusdokumente aus dem römischen Ägypten, daß man unbeschadet der sonstigen Preisentwicklung an einem Ankauf von Weizen zu 8 dr./Art. festhielt,[43] ein Preis, der nach den Erkenntnissen der neueren Forschung um ein Viertel bis ein Drittel unter den Marktpreisen in der Nilprovinz selbst gelegen haben dürfte.[44] Wie Andrea Jördens schlüssig gezeigt hat, sind die besagten Zwangskäufe von Weizen mit insbesondere im zweiten nachchristlichen Jahrhundert belegten kaiserlichen *beneficia* in Gestalt der Erlaubnis, in Ägypten Getreide aus staatlichen Speichern anzukaufen, die auf diesem Wege wieder aufgefüllt wurden, in Verbindung zu bringen.[45] Auch wenn beispielsweise Städte, denen es erlaubt wurde, in Ägypten Getreide aufzukaufen, einen höheren Preis als die besagten 8 dr./Art. zu zahlen gehabt hätten, wären die kaiserlichen *beneficia* jedenfalls das geeignete Mittel gewesen, durch diese genehmigten Ankäufe den Markt zu beruhigen.[46] Dies wird schon offenkundig, wenn man die oben erwähnte Preisfestsetzung des Antistius Rusticus zur Richtschnur nimmt, der einen Preis von 1 den./modius festsetzte, denn hier wird die Dimension der Unterschiede des Preises, der in Alexandria an den öffentlichen Getreidespeichern entrichtet worden sein wird, zu den kleinasiatischen Marktpreisen offenbar. Während der Staat 8 dr. oder 8 HS für die Artabe Getreide zu zahlen hatte, deren Fassungsvermögen drei- bis fünfmal größer war als das des Modius,[47] betrug der genannte Höchstpreis desselben 4 HS. Mit der doppelten Summe hätte man also die drei- bis fünffache Menge Getreide erwerben können, wenn der Staat das Getreide zum Einkaufspreis abgegeben hätte. Geht man mit Richard Duncan-Jones davon aus, daß der Staat diesen Preis stets für die Artabe zu 48 Choiniken zugrundelegte,[48] sind weitere Kalkulationen möglich. Rechnet man im Falle der Artabe zu 48 Choinikes mit einem Fassungsvermögen derselben von 38,78 l,[49] würde dies bedeuten, daß man mit einer

---

43 Vgl. dazu Drexhage 1991: 22; Jördens 2009: 181–210, bes. 182–183 und 205–206.

44 Vgl. Jördens 2009: 205–206 mit der entsprechenden Literatur, bes. 206 Anm. 150, wo sie mit großem Recht auf die Problematik der Ermittlung dieser Werte vor dem Hintergrund der unterschiedlichen Preisniveaus in Ägypten hinweist.

45 Vgl. Jördens 2009: 194–209. S.a. Quaß 1993: 257.

46 Vgl. Jördens 2009: 206.

47 Vgl. die Übersicht über die Möglichkeiten der Berechnung der Artabe bei Pommerening 2005, 168–169 mit der älteren Literatur. Vgl. insbesondere Duncan-Jones 1979 zu den verschiedenen Getreidemaßen, die in Ägypten in Gebrauch waren. Zur Artabe in römischer Zeit vgl. Duncan-Jones 1976a: 257–260 sowie Duncan-Jones 1976b: 47 u. 50.

48 Vgl. Duncan-Jones 1976a: 258; Duncan-Jones 1976b: 51.

49 Dies hängt wiederum davon ab, zu welchem Volumen man die Choinix rechnet. Duncan-Jones ist hier eher konservativ, in der Forschung wurden auch deutlich größere Volumina formuliert (47,23l bzw. 51,74l): Pommerening 2005, 169.

Drachme bzw. einem Sesterz 4,84 l Weizen erwarb, während man bei dem im pisidischen Antiocheia belegten Höchstpreis von 1 den. oder 4 HS/*modius* zu 8,62 l mit 1 HS gerade einmal 2,15 l Weizen erwerben konnte.[50] Damit wäre also die Kaufkraft des Gegenwertes 1 HS unter Zugrundelegung des staatlichen Abnahmepreises in Ägypten doppelt so hoch gewesen, wenn der Staat keine Kosten für Transport usw. einpreiste.[51] Welche Dimensionen dieses *beneficium* erreichen konnte, zeigt eine Ehreninschrift aus Tralleis, der zufolge der Geehrte die kaiserliche Erlaubnis für den Erwerb von 60.000 *modii* Getreide hatte und diese auf eigene Kosten erworben und nach Tralleis verschifft hatte (I. Tralleis 80). Diese Menge Weizen hätte gereicht, um 12.000 arbeitende Männer einen Monat lang zu ernähren, legt man einen Bedarf von 5 *modii* pro Mann und Monat zugrunde.[52] Ob sich betreffende Euergeten selbst Zurückhaltung auferlegten und das durch kaiserliche Genehmigung erhaltene Getreide zum Selbstkostenpreis abgaben, sei einmal dahingestellt.

Jedenfalls ist das kaiserliche *beneficium* in der Tat auch als ein für den Staat mehr oder minder kostenneutrales Mittel anzusehen, beruhigend auf die Volatilität von Preisen einzuwirken. Auch mit diesem Mittel wurde also das freie Spiel der Kräfte auf dem Markt zumindest beschränkt.

Es finden sich auch mehrere Beispiele, wiederum insbesondere, aber nicht nur in der epigraphischen Überlieferung, die zeigen, daß der römische Staat bzw. die öffentliche Hand sich nicht scheute, den Mechanismus von Angebot und Nachfrage gänzlich außer Kraft zu setzen, wenn es denn den eigenen Bedürfnissen diente oder man Gewinn aus einer solchen Handlungsweise ziehen konnte. Dabei griff man vor allem zum Mittel der Monopolbildung, die von der Festsetzung von Preisen begleitet werden konnte. Deutlich wird dies etwa in der *lex metalli Vipascensis* (CIL II 5181 = ILS 6891 = Flach 1979: 407–410).[53] Nach Auskunft derselben wurde das Recht der Durchführung von Auktionen verpachtet. Der Pächter hatte einen Auktionator zu stellen, war aber in der Festlegung der Preise für die einzelnen Dienstleistungen keineswegs frei, sondern dieselben bildeten einen Bestandteil der zu treffenden Pachtvereinbarungen. Trat der Auktionator bei einem Warenwert von 50 den. oder weniger in Aktion, so durfte er zwei Prozent für seine Mühen verlangen, bei einem Warenwert von mehr als 100 den. ein Prozent. Auch nach Maßgabe verschiedener Waren wurden Preise für die Dienstleistungen des *praeco* festgelegt, so bei Sklaven, bei denen die Anzahl der verkauften Personen für die zu erhebende Gebühr maßgeblich war. Hinzu kamen bestimmte Gebühren für den Verkauf von Maultieren, Eseln und Pferden sowie anderes mehr. Auch der Betrieb des Bades wurde verpachtet, wobei die Eintrittspreise – ein halbes As für Männer, ein As für Frauen – neben anderen Regelungen festgeschrieben wurden. Gleichfalls monopolisiert wurden für die jeweiligen Pächter die Betätigung als Schuster, Friseur und Wäscher, ohne daß

50 Zu diesem Volumen – genauer 8,6185 l – des modius vgl. Duncan-Jones 1976b: 51–52; vgl. ferner Pommerening 2005: 168 zu anderen zugrunde gelegten Volumina.

51 Dafür spricht sich jedenfalls Jördens 2009: 206 mit guten Argumenten aus.

52 Vgl. Prell 1997: 189 zu dieser Menge als Bedarf für einen arbeitenden Mann.

53 Zu den Bergwerksbezirken im allgemeinen sowie zu Vipasca im besonderen vgl. Hirt 2010: bes. 48–51.

in diesem Kontext freilich Preise festgelegt worden wären.[54] Durch die Verpachtung der Konzessionen wurde also eine vorteilhafte Situation sowohl für den Staat als auch für die Pächter erreicht. Der Staat bezog Einkünfte und konnte gleichzeitig ohne eigenes Personal das Vorhandensein und Funktionieren benötigter Dienstleistungen sicherstellen. Für die Pächter lag der Vorteil im Ausschalten jeglicher Konkurrenz,[55] so daß sie die Preise diktieren konnten, sofern diese nicht wie im Falle des Versteigerungswesens und der Bäder durch das Pachtverhältnis ebenfalls fixiert wurden. So wird in diesem Falle die freie Preisbildung durch den Staat im Bergwerksbezirk gleich zweifach außer Kraft gesetzt, nämlich zum einen durch die Ausschaltung der Konkurrenz für die Akteure bei gleichzeitiger Festsetzung von Preisen.

Daß sich ein solches Vorgehen auch auf lokaler Ebene findet, zeigt eine letzte, wiederum äußerst bemerkenswerte Inschrift aus Puteoli. Es handelt um die *lex Libitina Puteolana*, in der die Einzelheiten der Verpachtung und der Ausführung der Leichenbesorgung sowie der Durchführung von Hinrichtungen detailliert geregelt werden (AE 1971, 88).[56] In der leider nur fragmentarisch erhaltenen Kolumne I werden Preise für verschiedene Dienstleistungen im Rahmen des Begräbniswesens aufgeführt (AE 1971, 88 ed. Libtina 2004, col. I 1–29). Offenkundig waren bestimmte Verrichtungen gratis zu erbringen. Die Summen, die ansonsten für andere Dienstleistungen an den Pächter oder seine Beauftragten zu zahlen waren, bewegen sich zwischen 4 und 55 HS. Für die Bezahlung von Arbeitskräften werden die Beträge auch in Assen ausgedrückt (col. I 13). Im Falle eines bestimmen Vergehens – Hinard und Dumont denken bei ihrer *reconstructio textus* an das Hinwerfen eines Leichnams –[57] sollen der Pächter bzw. seine Beauftragten eine Strafzahlung empfangen (col. I 32–II 2). Daran anschließend finden sich Regelungen zu den Arbeitskräften, von denen der Pächter mindestens 32 zu beschäftigen hatte (col. II 3–7). Hernach werden Einzelheiten für den Vollzug von Todesurteilen angeführt. Wenn Privatleute Sklaven hinrichten wollten, hatte der Pächter Materialien zu stellen; für die bei der Hinrichtung zum Einsatz kommenden Arbeitskräfte, namentlich die Träger des *patibulum*, die Geißler und den Scharfrichter, waren 4 HS zu berappen. Wenn ein Magistrat eine Hinrichtung durchführte, hatten der Pächter oder seine Beauftragten die benötigten Materialien gratis zu stellen und gleichermaßen die Leichname zu entsorgen (col. II 8–14). Im Anschluß werden Verfahrensweisen für das Erbringen der Dienstleistungen bzw. die Prioritäten, in denen sie abgearbeitet werden sollten, geregelt (col. II 15–34); ferner werden

54 Zu diesen Regelungen vgl. Flach 1979: 433–438.

55 Zum für die antike Wirtschaft nur in geringem Umfang erforschten Phänomen der Konkurrenz vgl. Kudlien 1994 sowie auch Wacke 1982.

56 Ed.pr. Bove 1966: 210–217. Die Standardedition wurde von Hinard & Dumont 2003 vorgelegt. Verbesserungen zum Text finden sich darüber hinaus bei Bodel 1994: 76–80. Zu dieser Inschrift vgl. ferner Hinard 1995 und allgemein die in Libitina 2004 versammelten Beiträge, insbesondere Libitina 2004: 47–51 mit einem in vielerlei Hinsicht verbesserten Text.

57 Vgl. Hinard & Dumont 2003, die col. I 32 folgendermaßen herstellen: *[lacuna 68 Si quis cadaver proiceri]t, tum is mancipi* |...

Rechtsmittel festgelegt (col. III 1–16) und die wechselseitigen Verpflichtungen der Stadt und des Pächters einer Regelung zugeführt (col. III 17–25).[58]

Für die hier betrachteten Zusammenhänge ist nun der ökonomische Effekt der getroffenen Regulierungen von Bedeutung. Der Unternehmer, der die Leichenbesorgung und die Hinrichtungen von der Stadt pachtete, wurde jeder Konkurrenz enthoben. Dafür hatte er öffentliche Aufgaben gratis zu erledigen. Bei seinen Dienstleistungen für Privatpersonen mußte er sich nach einem vorher formulierten Preiskatalog richten. Also wurde der Mechanismus der Preisbildung durch den Markt auch in diesem Falle durch die öffentliche Hand außer Kraft gesetzt; im Gegenzug wurde die Durchführung einer wichtigen öffentlichen Aufgabe garantiert.[59] Das Setzen von Preisen demonstriert wiederum die Kenntnis des Preisgefüges vor Ort seitens der lokalen Autoritäten. Gleichwohl bedeuteten die gleichzeitige Formulierung von Festpreisen, die offenkundig die Monopolstellung des Unternehmers konterkarieren sollte, und eben das Ausschalten jeglicher Konkurrenz eine gänzliche Abwesenheit von Marktmechanismen, deren Existenz bestenfalls bei der Aushandlung der Bedingungen zwischen der Stadt und dem Unternehmer oder aber der Vergabe der Konzession, sollten mehrere Bieter vorhanden gewesen sein, gegeben war. Freilich war man auf diese Weise wohl in der Lage, zu einem vergleichsweise günstigen Preis – 40 bzw. 30 HS –[60] Begräbnisse für die ärmere Bevölkerung zu garantieren, was sich gegenüber den Summen von Personen, die ökonomisch besser gestellt waren und sich beispielsweise Begräbniskosten in Höhe von 200.000 HS leisten konnten, äußerst gering ausnimmt.[61] Auch gegenüber eher günstigen Begräbnissen in Rom nimmt sich ein Preis von 40 bzw. 30 HS gering aus, kostete der Platz in einem *columbarium* an der via Latina für zwei Personen nicht weniger als 80 den.; hinzu kam hier noch der Preis für ein *ossuarium*, das mit nicht weniger als 175 den. zu Buche schlug (AE 1980, 150a). Vergleicht man die genannte Summe von 40 bzw. 30 HS freilich mit Einkommensmöglichkeiten der ärmeren Bevölkerung, soweit diese überliefert sind, kommt man unter Zugrundelegung eines durchschnittlichen Tageslohnes von drei bis vier Sesterzen in der frühen Kaiserzeit zu dem Ergebnis,[62] daß in Puteoli für ein Begräbnis mindestens zehn Tageslöhne aufzuwenden waren, was als vergleichsweise günstig gelten darf, zumal wenn man den erwähnten stadtrömischen Preis gegenüberstellt, wo – nimmt man die Preise in der erwähnten Inschrift zur Grundlage – allein der Platz für eine Person in der oben erwähnten Inschrift

58 Vgl. auch die Übersicht bei Bodel 2004: 150–152.

59 Ähnliche Regelungen fanden sich offenbar auch in einer ähnlichen *lex* in Cumae: AE 1971, 89 = Libitina 2004: 52–54.

60 Vgl. Bodel 2004: 160: 40 HS; Hinard & Dumont 2003, 72: 30 HS.

61 Vgl. dazu Bodel 2004: 160, der gleichzeitig davon ausgeht, daß in Kampanien die durchschnittlichen Kosten für ein Begräbnis bei 100 HS lagen, da die Strafgebühren für ein Begräbnis, das von einer anderen Person als dem Unternehmer durchgeführt wurde, bei eben dieser Höhe lag. Die Schätzungen von Bodel werden auch durch die Evidenz aus Cremona bestätigt, wo eine Beerdigung mit Gedenktafel mit 120 HS zu Buche schlug: vgl. Duncan-Jones 1974: 171, Nr. 636 (CIL V 4100 = ILS 2795). – Zu Begräbniskosten vgl. ferner Duncan-Jones 1974: 127–131 sowie die tabellarische Aufstellung der Preise 166–171; Prell 1997: 184–185.

62 Zu diesem Ergebnis kommt Prell 1997: 177.

mit 40 den. oder 160 HS und damit bei einem Tageslohn von 4 HS mit 40 Tageslöhnen zu Buche schlug. Insofern erscheint die Strafklausel für eine wilde Leichenentsorgung deutlich auf Realitäten des Alltagslebens in Puteoli hinzuweisen. Für den Unternehmer muß sich die Pacht der Leichenbesorgung gleichfalls ökonomisch gelohnt haben. John Bodel hält Einkünfte in Höhe von 60.000 bis 80.000 HS pro Jahr möglich, wobei freilich die Gewinnspanne unbekannt bleibt.[63] François Hinard und Jean Christian Dumont rechnen unter Zugrundelegung einer Bevölkerung von 60.000 Individuen und 2.400 Toten pro Jahr bei einem Mindestpreis von 30 HS pro Begräbnis mit jährlichen Einkünften in Höhe von 72.000 HS. Jedenfalls erscheint es nicht unwahrscheinlich, daß diejenigen, die das Metier des *libitinarius* betrieben, genügend Reichtum akkumulieren konnten, um zur lokalen Oberschicht zu gehören.[64] Dementsprechend wurde insgesamt durch die Außerkraftsetzung der Mechanismen der Preisbildung und der Konkurrenz verschiedener Anbieter untereinander eine Win-win-Situation sowohl für den präsumptiven Unternehmer als auch die öffentliche Hand in Gestalt der Stadt Puteoli erreicht: Die Stadt stellte die Durchführung eines fundamentalen Anliegens ohne eigenes Personal sicher und der *libitinarius* konnte nach dem gegenwärtigen Kenntnisstand einen nicht unerheblichen Verdienst in einem sicheren Geschäftszweig erwarten.

Die hier nur kurz beleuchteten Einzelfälle zeigen mehrere Sachverhalte deutlich: Offenkundig existierte bei den Entscheidungsträgern im Imperium Romanum auf verschiedenen Ebenen eine nicht geringe Kenntnis über Preisüblichkeiten und Mechanismen, die Preissteigerungen hervorrufen konnten. Die Kenntnis üblicher Preise wurde im Falle weitreichender Entscheidungen – wie eine Festsetzung von Preisen, die nicht mehr zurückgenommen werden sollte – auch auf eine empirische Grundlage gestellt, indem Amtsträger auf verschiedenen Ebenen öffentliche und auch private Abrechnungen kontrollierten. Zumindest bei Getreideteuerungen wurde eben diese Teuerung in die Setzung des Höchstpreises miteinbezogen. Höchstpreissetzungen wurden aber nicht nur im Falle von Engpässen in der Nahrungsmittelversorgung vorgenommen, sondern gehörten offensichtlich zum üblichen Inventar administrativen Handelns. Dies galt um so mehr in Bereichen, in denen die öffentliche Hand Dienstleistungen vorhalten mußte und wollte. Hier griff man zum Mittel der Konzessionierung, schaltete jegliche Konkurrenz für den Inhaber derselben aus und versah bestimmte Dienstleistungen mit Festpreisen. Auf der Grundlage der hier betrachteten Beispiele reichte das Spektrum von der Festsetzung des Preises für den Eintritt in das Bad bis hin zu derjenigen einer privat veranlaßten Hinrichtung eines Sklaven. Offenkundig existierten im Imperium Romanum größere Bereiche, in denen das freie Spiel der Kräfte durch den Staat außer Kraft gesetzt wurde.[65] Das bedeutet

63 Vgl. Bodel 2004: 161. – Zu den ökonomischen Belangen der lex vgl. auch Hinard & Dumont 2003: 69–74.

64 Vgl. Hinard & Dumont 2003: 72–73.

65 Insofern wäre die Frage nach der Rolle von Monopolen bei der Schöpfung von öffentlichen Einkünften noch einmal aufzurollen, zumal dieselbe in der jüngeren Forschung wenig Beachtung fand. Zu den Monopolen in römischer Zeit vgl. Heichelheim 1933: 192–198. Es ist freilich eine communis opinio der Forschung, daß die Monopole im Reich unter römischer Herrschaft gelockert wurden. Vgl. Heichelheim 1933: 192; Rostovtzeff 1931: 147 sowie insbesondere 281, wo Rostovtzeff diesbe-

nicht, daß man der Wirtschaft des Imperium Romanum den Charakter einer Marktwirtschaft oder doch einer Wirtschaft der Märkte abzusprechen hätte. Die Haltung des Staates bzw. der Kaiser und der mit administrativen Aufgaben befaßten Personen gegenüber wirtschaftlichen Abläufen dürften alles andere als die eines totalen laisser-faire gewesen sein. Dort, wo es die Verhältnisse erforderten oder wo man das Funktionieren bestimmter Dienstleistungen bei gleichzeitigen Einnahmen für die öffentliche Hand gewährleisten wollte, griff man beherzt ein und setzte den Markt auch gänzlich außer Kraft, indem man Monopole schuf und Festpreise formulierte. Auch noch weitergehende Eingriffe sind in Gestalt des Verbotes bestimmter Geschäftstypen belegt. Man denke in diesem Kontext nur an das von Claudius erwirkte senatus consultum, das den Erwerb von Gebäuden zum Abriß schlicht unter Strafe stellte (CIL X 1401 = ILS 6043). Offenkundig galt bei diesen Interventionen das Augenmerk der Kaiser auch, möglicherweise sogar gerade der wirtschaftlichen Situation lokaler Eliten, deren ökonomische Grundlage man jedenfalls nicht beeinträchtigen wollte.

In der Tat erscheint es nicht nur vor dem Hintergrund der *quaestio vexata* der Existenz oder Nichtexistenz einer kaiserlichen Wirtschaftspolitik, sondern auch vor dem Hintergrund von Markttypen, Mechanismen der Preisbildung und Grenzen des freien Marktes in der römischen Kaiserzeit als eine lohnende Aufgabe zukünftiger Forschungen, sich des Bereiches staatlicher Eingriffe in den Markt v.a. auf der Grundlage der epigraphischen Überlieferung anzunehmen.

Bibliographie

Allen 2009 = Allen, R., How Prosperous were the Romans? Evidence from Diocletian's Price Edict (AD 301), in: Bowman, A. & Wilson, A. (eds.), Quantifying the Roman Economy. Methods and Problems, Oxford 2009, 327–345.

Brandt 2004 = Brandt, H., Erneute Überlegungen zum Preisedikt Diokletians, in: Demandt, A. et al. (Hrsg.), Diokletian und die Tetrarchie. Aspekte einer Zeitenwende, Berlin – New York 2004 (Millennium-Studien 1), 47–55.

Bodel 1994 = Bodel, B., Graveyards and Groves. A Study of the *Lex Lucerina*, Cambridge 1994 (= AJAH 11 [1986]).

Bodel 2004 = Bodel, J., The Organization of the Funerary Trade at Puteoli and Cumae, in: Libitina e dintorni. Libitina e i luci sepolcrali. Le leges libitinariae campane. Iura sepulcrorum: vecchie e nuove iscrizioni. Atti dell' XI Recontre franco-italienne sur l'épigraphie, Roma 2004 (Libitina 3), 147–172.

Bove 1966 = Bove, L., Due nuove iscrizioni di Pozzuoli e Cuma, RAAN 41 (1966), 207–239.

Carrié 2012 = Carrié, J.-M., Were Late Roman and Byzantine Economies Market Economies? A Comparative Look at Historiography, in: Morrisson, C. (ed.), Trade and Markets in Byzantium, Dumbarton Oaks 2012, 13–26.

züglich einen Unterschied zwischen dem „normativistischen" hellenistischen und dem „liberalen" römischen Sinn ausmacht. – Zum Salzmonopol, das in der Kaiserzeit offenkundig weiterbestanden hat, vgl. Rostowzew 1902: 413–414; s.a. Carusi 2008: 200–202 sowie bes. 235–242.

Carter 2003 = Carter, M., Gladitorial Ranking and the *SC de pretiis gladiatorum minuendis* (CIL II 6278 = ILS 5163), Phoenix 57 (2003), 83–111.

Carusi 2008 = Carusi, C., Il sale nel mondo greco (VI a.C.–III d.C.). Luoghi di produzione, circolazione commerciale, regimi di sfruttamento nel cotesto del Mediterraneo antico, Bari 2008 (Pragmateiai 15).

Demandt 1989 = Demandt, A., Die Spätantike. Römische Geschichte von Diocletian bis Justinian 284–565 n. Chr., München 1989 (HdAW III.6).

Drexhage 1988 = Drexhage, H.-J., *...scimus, quam varia sint pretia rerum per singulas civitates regionesque,...* Zu den Preisvariationen im römischen Ägypten, MBAH VII.2 (1988), 1–11.

Drexhage 1991 = Drexhage, H.-J., Preise, Mieten/Pachten, Kosten und Löhne im römischen Ägypten bis zum Regierungsantritt Diokletians, St. Katharinen 1991.

Drexhage 1997 = Drexhage, H.-J., Preise im römischen Britannien (1.–3. Jh. n. Chr.), in: Ruffing, K. & Tenger, B. (Hrsg.), *Miscellanea oeconomica*. Studien zur antiken Wirtschaftsgeschichte, St. Katharinen 1997 (Pharos IX), 13–25.

Duncan-Jones 1974 = Duncan-Jones, R.P., The Economy of the Roman Empire. Quantitative Studies, Cambridge 1974.

Duncan-Jones 1976a = Duncan-Jones, R.P., The Price of Wheat in Roman Egypt under the Principate, Chiron 6 (1976), 241–262.

Duncan-Jones 1976b = Duncan-Jones, R.P., The Choinix, the Artaba and the Modius, ZPE 21 (1976), 43–52.

Duncan-Jones 1979 = Duncan-Jones, R.P., Variation in Egyptian Grain-measure, Chiron 9 (1979), 347–375.

Duncan-Jones 1982 = Duncan-Jones, R.P., The Economy of the Roman Empire. Quantitative Studies, Cambridge ²1982.

Duncan-Jones 1994 = Duncan-Jones, R.P., Money and Government in the Roman Empire, Cambridge 1994.

Dunkle 2008 = Dunkle, R., Gladiators. Violence and Spectacle in Ancient Rome, London u.a. 2008.

Ehling 2008 = Ehling, K., Das Münzwesen, in: Johne, K.-P. et al. (Hrsg.), Die Zeit der Soldatenkaiser. Krise und Transformation des Römischen Reiches im 3. Jahrhundert n. Chr. (235–284), Berlin 2008, 843–860.

Ermatinger 1996 = Ermatinger, J.W., The Economic Reforms of Diocletian, St. Katharinen 1996 (Pharos 7).

Flach 1979 = Flach, D., Die Bergwerksordnungen von Vipasca, Chiron 9 (1979), 399–448.

Freis 1994 = Freis, H., Historische Inschriften zur Römischen Kaiserzeit von Augustus bis Konstantin, Darmstadt 21994 (Texte zur Forschung 49).

Galsterer 1988 = Galsterer, H., Municipium Flavium Irnitanum: A Latin Town in Spain, JRS 78 (1988), 78–90.

Garnsey 1988 = Garnsey, P., Famine and Food Supply in the Graeco-Roman World. Responses to Risk and Crisis, Cambridge 1988.

González 2009 = González, J., La *lex Irnitana* e la formazione dei *municipi flavi* in Spagna, in: Coarelli, F. (cur.), *Divus Vespasianus*. Il bimillenario dei Flavi, Roma 2009, 368–371.

González & Crawford 1986 = González, J. & Crawford, M.H., The *Lex Irnitana*: A New Copy of the Flavian Municipal Law, JRS 76 (1986), 147–243.

Graßl 2004 = Graßl, H., Marktorganisation und Preisbildung in der römischen Kaiserzeit, in: Rollinger, R. & Ulf, Ch. (eds.), Commerce and Monetary Systems in the Ancient World: Means of Transmission and Cultural Interaction. Proceedings of the Fifth Annual Symposium of the Assyrian and Baylonian Intellectual Heritage Project Held in Innsbruck, Austria, October 3rd–8th 2002, Stuttgart 2004 (Melammu Symposia V), 352–365.

Habermann 2000 = Habermann, W., Zur Wasserversorgung einer Metropole im kaiserzeitlichen Ägypten. Neuedition von P. Lond. III 1177. Text – Übersetzung – Kommentar, München 2000 (Vestigia 53).

Haklai-Rotenberg 2011 = Haklai-Rotenberg, M., Aurelian's Monetary Reform: Between Debasement and Public Trust, Chiron 41 (2011), 1–39.

Herz 1988 = Herz, P., Studien zur römischen Wirtschaftsgesetzgebung. Die Lebensmittelversorgung, Stuttgart 1988 (Hist.-E. 55).

Heichelheim 1930 = Heichelheim, F., Wirtschaftliche Schwankungen der Zeit Alexander bis Augustus, Jena 1930 (Beiträge zur Erforschung der wirtschaftlichen Wechsellagen Aufschwung, Krise, Stockung 3).

Heichelheim 1933 = Heichelheim, F., s. v. Monopole, RE XVI 1 (1933), 147–199.

Hinard 1995 = Hinard, F., La «Loi de Pouzzoles» et les pompes funèbres, in: Hinard, F. & Lambert, M.-F. (éds.), La mort au quotidien dans le monde romain. Actes du colloque organisé par l'Université de Paris IV (Paris – Sorbonne 7–9 octobre 1993), Paris 1995, 205–212.

Hinard & Dumont 2003 = Hinard, F. & Dumont, J.Ch., Libitina. Pompes funèbre et supplices en Campanie à l'époque d'Auguste. Édition, traduction et commentaire de la *Lex Libitinae Puteolana*, Paris 2003.

Hirt 2010 = Hirt, A.M., Imperial Mines and Quarries in the Roman World. Organizational Aspects 27 BC–AD 235, Oxford 2010.

Holleran 2012 = Holleran, C., Shopping in Ancient Rome. The Retail Trade in the Late Republic and the Principate, Oxford 2012.

Jones 2007 = Jones, Ch.P., Three New Letters of the Emperor Hadrian, ZPE 161 (2007), 145–156.

Jördens 2009 = Jördens, A., Statthalterliche Verwaltung in der römischen Kaiserzeit. Studien zum *praefectus Aegypti*, Stuttgart 2009 (Hist.-E. 175).

Kudlien 1994 = Kudlien, F., Die Rolle der Konkurrenz im antiken Geschäftsleben, MBAH XIII 1 (1994), 1–39.

Kuhoff 2001 = Kuhoff, W., Diokletian und die Epoche der Tetrarchie. Das römische Reich zwischen Krisenbewältigung und Neuaufbau (284–313 n. Chr.), Frankfurt a.M. u.a. 2001.

Langhammer 1973 = Langhammer, W., Die rechtliche und soziale Stellung der *Magistratus Municipales* und der *Decuriones* in der Übergangsphase der Städte von sich selbstverwaltenden Gemeinden zu Vollzugsorganen des spätantiken Zwangsstaates (2.–4. Jahrhundert der römischen Kaiserzeit), Wiesbaden 1973.

Libitina 2004 = Libitina e dintorni. Libitina e i luci sepolcrali. Le *leges libitinariae campane. Iura sepulcrorum*: vecchie e nuove iscrizioni. Atti dell' XI Recontre franco-italienne sur l'épigraphie, Rom 2004 (Libitina 3).

Lo Cascio 2008 = Lo Cascio, E., La dimensione finanziaria e monetaria della crisi del III secolo d.C., Studi Storici 49 (2008), 877–894.

Meißner 2000 = Meißner, B., Über Zweck und Anlass von Diokletians Preisedikt, Historia 49 (2000), 79–100.

Mommsen 1913 (1890) = Mommsen, Th., *Senatus Consultum de sumptibus ludorum gladiatoriorum minuendis factum* a.p.c. 176/177, in: Mommsen, Th., Gesammelte Schriften Bd. 8. Epigraphische und numismatische Schriften Bd. 1, Berlin 1913, 499–531 (= Eph. epigr. VII (1890), 388–428).

Mrozek 1975 = Mrozek, S., Prix et rémunération dans l'occident romain (31 av. n.è – 250 de n.è.), Gdansk 1975.

Oliver & Palmer 1955 = Oliver, J.H. & Palmer, R.E.A., Minutes of an Act of the Roman Senate, Hesperia 24 (1955), 320–349.

Petzl & Schwertheim 2006 = Petzl, G. & Schwertheim, E., Hadrian und die dionysischen Künstler. Drei in Alexandria Troas neugefundene Briefe des Kaisers an die Künstler-Vereinigung, Bonn 2006 (Asia Minor Studien 58).

Pommerening 2005 = Pommerening, T., Die ägyptischen Hohlmaße, Hamburg 2005 (BSAK 10).

Prell 1997 = Prell, M., Sozialökonomische Untersuchungen zur Armut im antiken Rom. Von den Gracchen bis Kaiser Diocletian, Stuttgart 1997 (Beiträge zur Wirtschafts- und Sozialgeschichte Bd. 77).

Quaß 1993 = Quaß, F., Die Honoratiorenschicht in den Städten des griechischen Ostens. Untersuchungen zur politischen und sozialen Entwicklung in hellenistischer und römischer Zeit, Stuttgart 1993.

Rathbone 1996 = Rathbone, D.W., Monetisation, Not Price-Inflation in Third-Century A.D. Egypt, in: King, C.E. & Wigg, D.G. (eds.), Coin Finds and Coin Use in the Roman World. The Thirteenth Oxford Symposium on Coinage and Coinage History, Berlin 1996 (Studien zu Fundmünzen der Antike 10), 321–339.

Rathbone 1997 = Rathbone, D.W., Prices and Price Formation in Roman Egypt, in: Andreau, J. et al. (éds.), Prix et formation des prix dans les économies antiques. Entretiens d'archéologie et d'histoire, Saint-Bertrand-de-Comminges 1997 (EAHSBC 3), 183–244.

Rathbone 2014a = Rathbone, D., Mediterranean Grain Prices c. 300 to 31 BC: the Impact of Rome, in: Baker, H.D. & Jursa, M. (Hrsg.), Documentary Sources in Ancient Near Eastern and Greco-Roman Economic History. Methodology and Practice, Oxford – Philadelphia 2014, 289–312.

Rathbone 2014b = Rathbone, D., Mediterranean and Near Eastern Grain Prices c. 300 to 31 BC: Some Prelimenary Conclusions, in: Baker, H.D. & Jursa, M. (Hrsg.), Documentary Sources in Ancient Near Eastern and Greco-Roman Economic History. Methodology and Practice, Oxford – Philadelphia 2014, 313–322.

v. Reden 2014 = von Reden, S., Wheat Prices in Ptolemaic Egypt, in: Baker, H.D. & Jursa, M. (Hrsg.), Documentary Sources in Ancient Near Eastern and Greco-Roman Economic History. Methodology and Practice, Oxford – Philadelphia 2014, 260–288.

Reger 1994 = Reger, G., Regionalism and Change in the Economy of Independent Delos, 314–167 B.C., Berkeley u.a. 1994.

Rostowzew 1902 = Michael Rostowzew, Geschichte der Staatspacht in der römischen Kaiserzeit, Leipzig 1902.

Rostovtzeff 1931 = Rostovtzeff, M., Gesellschaft und Wirtschaft im römischen Kaiserreich Bd. 1, Leipzig 1931.

Ruffing 2002 = Ruffing, K., Preise und Wertangaben aus Dura Europos und Umgebung, Laverna 13 (2002), 24–44.

Ruffing 2008 = Ruffing, K., Heiligtum und Staat in der römischen Kaiserzeit – ein Vergleich zwischen Asia Minor und Ägypten, Gymnasium 115 (2008), 573–586.

Ruffing 2017 = Ruffing, K., Finanzpolitische und wirtschaftliche Maßnahmen unter Marc Aurel, in: Grieb, V. (Hrsg.), Marc Aurel – Wege zu seiner Herrschaft, Gutenberg 2017, 223–247.

Slater 2008 = Slater, W.J., Hadrian's Letters to Athletes and Dionysic Artists Concerning Arrangements for the "Circuit" of Games, JRA 21 (2008), 610–620.

van der Spek 2014 = van der Spek, R., The Volatility of Prices of Barley and Dates in Babylon in the Third and Second Centuries BC, in: Baker, H.D. & Jursa, M. (Hrsg.), Documentary Sources in Ancient Near Eastern and Greco-Roman Economic History. Methodology and Practice, Oxford – Philadelphia 2014, 234–259.

Sperber 1974 = Sperber, D., Roman Palestine 200–400. Money and Prices, Ramat-Gan 1974.

Schwarz 2001 = Schwaz, H., Soll oder Haben? Die Finanzwirtschaft kleinasiatischer Städte in der Römischen Kaiserzeit am Beispiel von Bithynien, Lykien und Ephesos (29 v. Chr. – 284 n. Chr.), Bonn 2001.

Strasser 2010 = Strasser, J.-Y., «Qu'on fouette les concurrents...». À propos des lettres d'Hadrien retrouvées à Alexandrie de Troade, REG 123 (2010), 585–622.

Strobel 1989 = Strobel, K., Inflation und monetäre Wirtschaftsstrukturen im 3. Jh. n. Chr. Zu Daniel Sperbers Bild der wirtschafts- und währungsgeschichtlichen Krise, MBAH VIII.2 (1989), 10–31.

Strobel 2002 = Strobel, K., Geldwesen und Währungsgeschiche des Imperium Romanum im Spiegel der Entwicklung des 3. Jahrhunderts n. Chr. – Wirtschaftsgeschichte im Widerstreit von Metallismus und Nominalismus, in: Strobel, K., (Hrsg.), Die Ökonomie des Imperium Romanum. Strukturen, Modelle und Wertungen im Spannungsfeld von Modernismus und Primitivismus, St. Katharinen 2002 (Pharos XVII), 86–168.

Strubbe 1987 = Strubbe, J.H.M., The Sitonia in the Cities of Asia Minor under the Principate I, EA 10 (1987), 45–82.

Strubbe 1989 = Strubbe, J.H.M., The Sitonia in the Cities of Asia Minor under the Principate II, EA 13 (1989), 99–122.

Syme 1979 = Syme, R., Pliny the Procurator, in: Badian, E. (ed.), Ronald Syme. Roman Papers II, Oxford 1979, 742–773.

Szaivert & Wolters 2005 = Szaivert, W. & Wolters, R., Löhne, Preise, Werte. Quellen zur römischen Geldwirtschaft, Darmstadt 2005.

Temin 2001 = Temin, P., A Market Economy in the Early Roman Empire, JRS 91 (2001), 169–181.

Temin 2013 = Temin, P., The Roman Market Economy, Princeton 2013.

Verboven 2007 = Verboven, K., Demise and Fall of the Augustan Monetary System, in: Hekster, O. et al. (eds.), Crises and the Roman Empire. Proceedings of the Seventh Workshop of the International Network Impact of Empire (Nijmegen, June 20–24, 2006), Leiden – Boston 2007 (Impact of Empire 7), 245–257.

Wacke 1982 = Wacke, A., Wettbewerbsfreiheit und Konkurrenzverbotsklauseln im antiken und modernen Recht, ZRG 99 (1982), 188–215.

Wagner 2013 = Wagner, Y., Das *edictum Diocletiani de pretiis*. Modellrechnungen zur Vereinbarkeit von staatlicher Preisregulierung und vermutbaren Lebensrealitäten, MBAH 31 (2013), 37–78.

Wiemer 1997 = Wiemer, H.-U., Das Edikt des L. Antistius Rusticus: eine Preisregulierung als Antwort auf eine überregionale Versorgungskrise, Anatolian Studies 47 (1997), 195–215.
Wolf 2011 = Wolf, J.G., Die *Lex Irnitana*. Ein römisches Stadtrecht aus Spanien. Lateinisch und Deutsch, Darmstadt 2011 (Texte zur Forschung Bd. 101).

(Un)Sichtbares Handwerk? Überlegungen zu CIL VI 9290 und zur sozio-ökonomischen Stellung der römischen *textores**

Kerstin Droß-Krüpe

Zur Bedeutung antiker Textilherstellung

Die Textilherstellung gehört zu den ältesten Handwerken der Welt. Schon für die Zeit vor der Entwickung der Töpferei oder der Metallverarbeitung kann die Herstellung von Stoffen nachgewiesen werden. Nach der Landwirtschaft, die für die zum Überleben notwendigen Lebensmittel sorgte, bildete die Produktion und Verhandlung von Textilien den zweitwichtigsten ökonomischen Sektor der antiken Welt. Dabei waren Textilhandwerk und Landwirtschaft stets miteinander verwoben: In den Anfängen der Textilverarbeitung verwendete man ausschließlich pflanzliche Fasern wie Flachs, Hanf und Nessel. Tierfasern wie Haar oder Wolle von Ziege und Schaf setzen dagegen Viehzucht voraus und kommen erst mit der Bronzezeit auf. Durch die Verwendung von tierischen Fasern wurden neue technologische Möglichkeiten wie Walken, Filzen und Färben eröffnet. Kleidungsstücke wurden so vielseitiger und konnten stärker individualisiert und gestaltet werden. Kleidung diente somit im Laufe der Zeit nicht mehr nur als Hilfsmittel zur Bedeckung der eigenen Blöße oder Schutz vor den klimatischen Gegebenheiten, sie fungierte zunehmend als Spiegel von Identität und Status ihres Trägers bzw. ihrer Trägerin.[1]

Der Bedarf an Textilien in der Antike war groß – jedermann benötigte Kleidung und andere textile Waren. Insbesondere in der römischen Zeit wird dieser enorme Bedarf für die althistorische Forschung fassbar. Er zeigt sich, neben dem archäologischen Befund, vor allem in der Spannbreite der belegten Berufsbezeichnungen und beruflichen Spezialisierungen im Bereich der Textilherstellung, die vor allem in den dokumentarischen

* Für unschätzbare Anregungen und stete Diskussionsbereitschaft danke ich insbesondere Oliver Stoll (Passau) sowie außerdem Yvonne Wagner (Salzburg) ganz herzlich. Agnès Garcia Ventura (Barcelona) beantwortete geduldig all meine Fragen zu den Ur III Texten. Mary Harlow (Leicester), Marie-Louise Nosch (Kopenhagen), Kerstin Weiand (Marburg) sowie Juliane Meyenburg (Marburg) und Patrick Reinard (Trier) gaben Literaturhinweise bzw. halfen bei der Beschaffung schwer zugänglicher Literatur. Helmuth Schneider (Kassel) bin ich für die sorgsame Durchsicht des Textes und seine konstruktiven Anmerkungen zu Dank verpflichtet.

1 Vgl. Andersson Strand & Mannering 2017: 13–35; Harlow & Nosch 2015: 1–33.

Quellen ihren Niederschlag gefunden hat. So kennen wir aus der Kaiserzeit nicht nur Handwerker der großen ‚Grundarbeitsschritte' der Textilherstellung, Spinnen – Färben – Weben – und gegebenenfalls Walken, sondern auch Berufsgruppen, die sich auf bestimme Arbeitsschritte, bestimmte Gewandtypen oder auch bestimmte textile Materialien spezialisiert haben.[2] Dennoch erstaunt es, dass die Vielzahl der in diesem ökonomischen Sektor tätigen Personen uns insgesamt betrachtet recht wenige Zeugnisse ihres Tuns hinterlassen hat. Die besonders zeitintensive Arbeit des Spinnens bildet zweifelsohne den Flaschenhals der Textilproduktion. Auf Grund der seltenen Belege für eine Professionalisierung dieses Arbeitsschrittes wird in der Forschung meist angenommen, dass er schwerpunktmäßig nicht in Werkstätten, sondern primär innerhalb der einzelnen Haushalte durchgeführt worden ist.[3] Dagegen ist für das Weben der Gewänder neben der sicherlich auch vorhandenen häuslichen Produktion ein deutlich größeres Maß an Professionalisierung nachweisbar. Dass Weber ihr Handwerk auf professioneller Basis im Sinne eines Berufs oder einer den Lebensunterhalt sichernden Tätigkeit ausübten, zeigt allein schon die Tatsache, dass sie in der Provinz Ägypten für die Ausübung ihres Handwerks eine Steuer, nämlich das γερδιακόν zu entrichten hatten.[4]

Dennoch bleibt die Vielzahl an professionellen Webern und auch Weberinnen für uns nahezu unsichtbar; diese Berufsgruppe fehlt im epigraphischen Befund fast völlig. Nur sechs Inschriften nennen den griechischen Terminus γερδιός. Mit der Ausnahme des Diokletianischen Preisediktes, das eine γερδία nennt,[5] stammen alle diese Inschriften aus dem römischen Ägypten.[6] Interessanterweise stellen die Weber in den kaiserzeitlichen Papyrusdokumenten dieser Provinz mit über 300 Belegen eine der größten belegten Berufsgruppen überhaupt dar – und mit weitem Abstand die größte Gruppierung im Bereich der Textilhandwerker.[7] Meist handelt es sich bei den γέρδιοι im papyrologischen Befund um Männer, aber auch Frauen erscheinen. Die große Zahl an Dokumenten kann zumindest teilweise mit der bereits erwähnten steuerlichen Veranlagung einer Webersteuer erklärt werden. Doch auch abseits von Steuerquittungen findet sich diese Berufsbezeichnung häufig in den Papyri, v.a. in Briefen, gelegentlich auch in Eingaben an den Strategen oder eine andere Behörde. Offenbar wird die Weberei – zumindest im römi-

2 Vgl. die entsprechenden Lemmata bei Ruffing 2008. Für den papyrologischen Befund s. auch Droß-Krüpe 2011: 102, Tab. 6.

3 Gällnö 2012: 163 mit einer Übersicht über ältere Literatur. Ähnliche Indizien existieren – für Italien und insbesondere für Rom – auch für den Bereich der Walkerei, so z.B. C. Iulius Pothinus als *fullo Caesaris* (CIL VI 3970) oder die *fullones* im Grabmal der Statilii Tauri (CIL VI 2677–90). Vgl. Flohr 2013: 70–73 mit weiteren Beispielen.

4 Wallace 1938: 193–202; Reiter 2004: 111–144.

5 Ed. Diocl. 20,12.

6 Vgl. die Liste der Belege bei Ruffing 2008: 471: IGR I 1285 (= SB I 676; 1. Jahrhundert n. Chr., Ombos); SEG XLIX 2258 (1./2. Jahrhundert n. Chr., Memphis); IGR I 1122 (109 n. Chr., Theadelpheia); SB IV 7290 (257 n. Chr., Abydos); IGR I 1291 (= SB V 8393; 297/8 n. Chr., Elephantine).

7 Droß-Krüpe 2011: 58–86.

schen Ägypten – gleichermaßen von freien wie unfreien Personen ausgeübt.[8] Die Digesten informieren uns im Gegensatz zu diesem Quellenbefund darüber, dass Angehörige dieser Berufsgruppe in Rom dem Sklavenstatus zuzuordnen seien.[9]

In den lateinischen Inschriften begegnen dagegen nur wenige Weber. Insgesamt nennen fünf Inschriften einen *textor*; eine weibliche Weberin (*textrix*) ist in der lateinischen Epigraphik, soweit ich sehe, bislang nur in einer Grabinschrift von dem bei der Porta Maggiore in Rom gelegenen *monumentum Statiliorum* bezeugt. Aus dem Columbarium der Statilier, die in der Mitte des 1. Jahrhunderts n. Chr. mit T. Statilius Taurus einen Consul (cos. 44; procos. 51–53) stellten, stammt ferner der Epitaph des Webers Salvio.[10] Es handelt sich bei Salvio und der *textrix* Italia mit großer Sicherheit um Sklaven der Statilier, in deren Haushalt offenbar auch eine relativ große Zahl von Textilarbeitern angesiedelt war.[11]

Die wenigen übrigen epigraphischen Belege für *textores* sind:

- eine Grabinschrift aus Canusium in Apulien, die ein Weber für sich und einige andere gesetzt hat,[12]
- eine heute verschollene Votivinschrift aus der Nähe von Koblenz in Germania Superior,[13] die im CIL aus dem Gedächtnis wiedergegeben ist,
- ein Graffito aus Pompeji, in dem ein gewisser Severus den Weber Successus, seinen Rivalen um die Gunst der Iris, verhöhnt[14] sowie
- die relativ selten beachtete, aber kontrovers gedeutete Grabinschrift des Quartio,[15] die im Zentrum dieses Beitrages stehen soll.

8 Vgl. nur die papyrologisch überlieferten Vereinbarungen zur Ausbildung von Webern: Droß-Krüpe 2011: 103–120, insb. 107.

9 Dig. 114,4,1,1 (Ulpianus 29 ad. ed.): *Servos fullones vel sarcinatores vel textores vel venaliciarios.*

10 CIL VI 6362: *[S]alvionis | text(or) ossa | hic sita sunt*; CIL VI 6361: *Ossa | Italiae textric(is).*

11 So finden sich hier neben den oben bereits erwähnten Walkern auch allein acht der elf römischen Inschriften mit *quasillariae* (vermutlich Spinnerinnen).

12 CIL IX 379: *[---]ssidius Felix | [te]xtor sibi et | [---]ssidio Pamphilo | [---]atri sito et | [*

13 CIL XIII 7737: *------] omnibus dibus (sic!) deabusque | [---] textor senex [---] | [------] | ex vo(to) hitra [------*

14 CIL IV 8259: *Successus textor amat coponiaes (sic!) ancilla(m) | nomine Hiredem quae quidem illum | non curat sed illa com(m)iseretur | scribit rivali(s) vale | invidiose quia rumper<i=E>s se<c=D>are noli formonsiorem || et qui est homo prav<i=E>ssimus et bellus.* Vgl. auch Hunink 2011, Nr. 68. Bemerkenswert ist, dass Successus direkt unter diesem Graffito seine Replik formuliert hat – er also des Schreibens mächtig gewesen ist.

15 CIL VI 9290 = ILS 7354.

Abb. 1: CIL VI 9290 = ILS 7354
(Foto: © Ministero per i beni e le attività culturali – Polo Museale della Toscana, Inv.Nr. 86272).

CIL VI 9290: *Quartio textor IIIvir quaestor tribunus*

Die Inschrift ist durch die Angabe der Konsuln Tiberius Claudius Nero und Publius Quinctilius Varus eindeutig zu datieren – und zwar auf das Jahr 13 v. Chr. Sie stammt aus Rom; ihr genauer Fundort ist unbekannt, doch ist zu vermuten, dass dieser Epitaph, ebenso wie vier weitere, vermutlich zum selben Monument gehörende Grabinschriften,[16] von einem größeren *columbarium* an einer der Ausfallstraßen Roms stammt.

> *V(ivus) Quartio | textor IIIvir | quaestor trib(unus) || Hilara Minor Midaes min|istra simitur cum Mida | sita est in eadem olla Quartio | gratiam rettulit merent{e}i | Hilarae quod viva rogavit | sepulta est a(nte) d(iem) VI K(alendas) Apriles | Ti(berio) Claudio Ner(one) P(ublio) Quinctil(io) Var(o) co(n)s(ulibus) | Mida cubicularius IIIvir hic situs | est Hilara Minor viva rog|avit ut ossa sua in olla Midaes | coicerentur cum mort(ua) esset*

Zunächst einmal ist zu klären, ob wir es hier tatsächlich mit einem Weber zu tun haben, oder ob *textor* statt als Berufsbezeichnung nicht vielmehr als Namensbestandteil aufzufassen ist, wie es Jinyu Liu in ihrer Monographie über die *collegia centonariorum* erwägt.[17] Zwar ist eine definitive Entscheidung nicht zu treffen, zwei Argumente sollen aber für die Deutung als Berufsbezeichnung ins Feld geführt werden: Zum einen ist, obwohl in der immerhin relativ sorgfältig ausgeführten Inschrift durchaus noch Platz in der ersten Zeile gewesen wäre, *textor* an den Anfang der zweiten Zeile – zusammen mit *tresvir* – gesetzt und auch noch ausdrücklich gegenüber Zeile 1 eingerückt. Es steht daher zu vermuten,

16 CIL VI 9291: *Demetrius cub(icularius) | IIIvir | Venusto et Ephebo q(uaestoribus)*; CIL VI 9292: *Himerus insul | Venusto Ephebo q(uaestoribus)*; CIL VI 9293: *Phileros pist(or) | Venusto Ephebo q(uaestoribus)*; CIL VI 9294: *Eph(ebo) Ven(usto) q|q(uaestoribus) | Chilo libr(arius).*

17 Liu 2009: 80.

dass nicht Quartio und *textor* eine Sinneinheit bilden, sondern dass *textor* die Angaben zu den Lebens- bzw. Karrierestationen des Verstorbenen einleitet, die außerdem das Amt als *tresvir*, *quaestor* und *tribunus* umfassten. Ein entscheidendes Argument für diese Annahme ist die Tatsache, dass auch der im rechten Teil der Inschrift genannte Mida seine Tätigkeit als *cubicularius* explizit angibt. Darüber hinaus kann Dorian Borbonus' Analyse stadtrömischer *columbaria* herangezogen werden:[18] Diese ergab, dass immerhin 16% aller Epitaphe in diesen *columbaria* eine Berufsbezeichnung enthalten.[19] In den großen *columbaria* an der via Appia, wie dem *columbarium* der Iunii Silani, dem sog. *monumentum Liviae* oder dem *monumentum Volusiorum* ist der Prozentsatz sogar noch deutlich höher.[20] Es spricht daher viel für die These, in *textor* die Berufsbezeichnung des Quartio zu sehen.

Im Folgenden soll der Versuch unternommen werden, den Weber Quartio genauer zu greifen, um insbesondere seine ökonomische und soziale Stellung erfassen zu können.[21]

Keine der in den CIL VI 9290 oder den vier vermutlich zugehörigen Inschriften genannten Personen gibt ihre Filiation oder eine Tribuszugehörigkeit an. Auch wird der rechtliche Status nie genannt. Neben den Namen ist lediglich die ausgeübte Tätigkeit – sowie im Falle der beiden Hiliarae und des Mida das persönliche Nahverhältnis – von so großer Bedeutung, dass die Niederschrift notwendig erschien bzw. gewünscht wurde. Dies erschwert es uns zunächst, die Personen dieser Inschriften näher zu fassen. Dass hier – unter Umständen – nicht der volle Namen einer Person erscheint, kann nicht als eindeutiger Hinweis auf den sozialen Status dieser Personen dienen, vielmehr kommt dies in den stadtrömischen Epitaphen, insbesondere denen der julisch-claudischen Zeit, häufig vor.[22] Auf den zahlreichen Epitaphen aus *columbaria* dieser Zeit werden lediglich bei etwa einem Viertel der Fälle dezidierte Angaben über den sozialen Status der bestatteten Person gemacht.[23] Unter diesen überwiegen eindeutig die *liberti*, nur sehr selten wird ausdrücklich auf den Status als *servus/serva* hingewiesen.[24] Auch wenn die Gruppe der *incerti*,[25] also von Personen mit gänzlich unklarem rechtlichen Status, in den *columbaria* deutlich dominiert, konnte Borbonus dennoch zeigen, dass die Zahl an (eindeutig identifizierbaren) Freigeborenen in den stadtrömischen *columbaria* sehr gering ist.[26] Die Prävalenz von *liberti* und *servi* ist eindeutig, auch wenn sie sich nicht exakt beziffern lässt. Festzuhalten ist mit Blick auf CIL VI 9290–4, dass alle auftauchenden Namen als Namen von Sklaven bzw. Sklavinnen und Freigelassenen in Rom hinreichend bezeugt sind.[27]

18 Borbonus 2014.
19 Ebd. 127–128 mit Taf. 9.
20 Schuhmacher 2001: 138.
21 Zu den Chancen und Grenzen römischer Grabinschriften vgl. insb. Eck 1987: 61–83.
22 Weaver 1972: 38 sowie Taylor 1961: 113–132.
23 Borbonus 2014: 119 mit Fig. 50.
24 Ebd.
25 Taylor 1961: 113–132.
26 Borbonus 2014: 121 mit Taf. 5. Zu den Schwierigkeiten von statistischen Auswertungen in der Epigraphik vgl. Eck 1988: 130–139 oder Eck 2007: 49–64.
27 Vgl. Solin 1996 unter den entsprechenden Lemmata.

Auch die von den Bestatteten genannten Berufsbezeichnungen können als Indikator zur Bestimmung ihres sozialen Status herangezogen werden. Borbonus konnte in seiner Studie über augusteische *columbaria* in der Tat zeigen, dass Sklaven eine signifikant höhere Neigung als Freigelassene oder Freigeborene besitzen, in ihren Epitaphen auf ihren Beruf hinzuweisen (44% : 11% : 2%). *Cubicularii* sind als Sklaven bzw. Freigelassene offenbar vornehmlich in tendenziell wohlhabenderen Haushalten der stadtrömischen Mittel- und Oberschicht sowie im Kaiserhaus anzutreffen.[28] Ähnliches gilt für *librarii*[29] und *insularii*.[30] Auch die inschriftlich bezeugten *pistores* gehören überwiegend in die Gruppe der Sklaven.[31] Wie bereits erwähnt, heißt es für die Weber in Rom in den Digesten explizit, es handele sich um Sklaven.[32] All diese Indizien zusammengenommen machen also für die in CIL VI 9290 ebenso wie für die in CIL VI 9291–4 genannten Personen den Status von Sklaven sehr wahrscheinlich. Obwohl diese Sklaven gemeinsam ihre letzte Ruhestätte fanden, müssen sie aber nicht zwingend zu Lebzeiten alle zum selben Haushalt gehört haben. Die *ollae* eines *cubicularium*, so konnte Stefan Schrumpf zeigen, waren Gegenstand von Spekulationsgeschäften und frei veräußerbar.[33] Große *columbaria*, wie das etwa 900 *loculi* umfassende *columbarium* 1 in der Vigna Codini zwischen via Latina und via Appia, zeigen eine erstaunliche soziale Spannbreite der dort bestatteten Personen, die sich mit an Sicherheit grenzender Wahrscheinlichkeit im Leben nicht nahestanden, ja sich wohl nicht einmal begegnet waren.[34] Auch wenn wir nicht sicher sein können, ob Quartio, Demetrius oder Phileros einander bereits zu Lebzeiten bekannt miteinander waren, so kannten sich aber zweifellos die vier Personen aus CIL VI 9290. Offensichtlich sind drei der Genannten zu dem Zeitpunkt, zu dem die Inschrift angefertigt wurde, bereits verstorben, nämlich der *cubicularius* Mida und Hilara Minor ebenso wie Hilara. Gehen wir weiterhin davon aus, dass Mida seine Funktion als *cubicularius* als Sklave ausübte, so ist anzunehmen, dass Hilara Minor, die sich explizit als seine Dienerin (*ministra*) bezeichnet – ein Terminus, der epigraphisch erstaunlich selten belegt ist[35] – seine Untersklavin (*serva ordinaria*/*vicaria*) gewesen ist, Mida also über gewisse finanzielle Möglichkeiten verfüg-

28 Michiels 1902: 364–387. Im epigraphischen Befund tauchen sie in mehreren stadtrömischen Epitaphen auf. Außerhalb Roms erscheint ein *cubicularius* nur als Stifter eine Weihinschrift aus der Nähe von Aquileia.

29 Deißler 2007: 1–15. Ein *libertus Augusti* mit dem Beruf des *librarius* begegnet in IGR I 623 = ILS 8851 (Tomi, Moesia *inferior*) sowie in ILS 1513 (vgl. Chantraine 1967: 27 und Weaver 1972: 22 n. 4). *Librarii* konnten als *servi publici* lokalen Magistraten zur Seite gestellt werden. Vgl. Weiss 2004: 29–30.

30 Allein am Grabmal der Statilii Tauri tauchen fünf *insularii* auf: CIL VI 6299, 6215, 6296–8. Vgl. Eck 2011a. CIL VI 3974 könnte einen *insularius* im kaiserlichen Haushalt dokumentieren. Siehe auch Dig. 14,3,5,1.

31 So z.B. Suet. Caes. 48. Vgl. auch Pembroke 2015 (unveröffentl. Dissertation).

32 Dig. 114,4,1,1.

33 Schrumpf 2006: 204–210.

34 So ruhen beispielsweise die sterblichen Überreste des Praetorianer-Veteranen Caesernius Proculus unmittelbar neben denen des elfjährigen Sklaven Amethystus, zu dem er keinerlei erkennbare Beziehung besitzt. Vgl. Schrumpf 2006: 205–206.

35 Beispielsweise CIL II 3349 = ILS 3786, IAG 19 oder AE 1998, 887.

te.[36] Die Namensgebung lässt es zumindest möglich erscheinen, dass die genannte Hilara, der Quartio seinen Dank abstattet, wiederum die Mutter dieser Hilara Minor war.

In der Folge soll der Blick auf die in der Inschrift des Quartio erwähnten Ämter gelenkt werden, die Anlass zu unterschiedlichen Deutungen dieser Inschrift in der Forschung gegeben haben. Gerade diese Ämter sind es nämlich, die u. U. eine gewisse Sonderstellung des Webers Quartio begründen. So mutmaßte Mima Maxey, dass der Weber Quartio eine gewichtige Position in einem Bestattungsverein ausgeübt habe.[37] Walter Moeller wiederum nahm an, es handele sich um „a textor who must have been chief weaver in a large household where, as a master craftsman of an extensive operation, he held a high position".[38] Leonard Schumacher vermutete dagegen, Quartio habe eine leitende Funktionen in einem Berufsverein von Sklaven wahrgenommen.[39]

Quartio nennt sich *tresvir*, *quaestor* und *tribunus*. Auch Mida übte das Amt als *tresvir* aus, ob gleichzeitig mit Quartio muss dabei offenbleiben. Doch um welche Ämter handelt es sich hier genau? Gehen wir wie oben dargelegt davon aus, dass wir es mit *servi* eines (oder mehrerer) wohlhabenderen römischen Haushaltes zu tun haben, so kann es sich keinesfalls um reguläre städtische Ämter innerhalb Roms gehandelt haben. Die Vermutung liegt daher nahe, dass die genannten Ämter im Rahmen eines *collegiums* übernommen worden sind. Für kein einziges uns bislang bekanntes *collegium* sind allerdings alle drei Ämter, die Quartio nennt, belegt. Hier ist sicherlich nicht der Ort, die über 100jährige Forschungsdiskussion über die römischen *collegia* im Einzelnen wiederzugeben. Einige grundsätzliche Überlegungen sind dennoch meines Erachtens unumgänglich:

Das *collegium*, dem Quartio und Mida angehörten, muss eine offizielle Konzession besessen haben, da es über *quaestores* verfügte. Nur konzessionierte *collegia* (*collegia licita*), d.h. also solche, die wegen ihres Beitrages zum Wohle der Allgemeinheit[40] sowie aufgrund der Erfüllung bestimmter Auflagen durch den Senat legitimiert waren,[41] besaßen Privilegien wie das Recht, offiziell eine Kasse zu führen, eine Erbschaft zu empfangen oder Sklaven zu besitzen (Dig. 34,5,20). Quaestoren, die die Aufgabe hatten, das Vermögen des *collegiums* zu verwalten,[42] waren also in jedem *collegium licitum* vertreten, die Nennung dieses Amtes kann also in der Frage, in welchem *collegium* Quartio Mitglied war, nicht weiterhelfen.

Bleiben wir bei der Annahme, die hier Bestatteten seien Sklaven wohlhabender Haushalte gewesen,[43] so kann es sich bei dem gesuchten *collegium* nur um ein *collegium tenuiorum* handeln, also ein *collegium*, das auch Angehörigen der unteren Stände – Sklaven

36 Dig. 15,1,4,6; Gamauf 2012.
37 Maxey 1938: 33.
38 Moeller 1969: 565, Anm. 28.
39 Schuhmacher 2001: 143.
40 *utilitas civitatis* – Dig. 47,22,1,1; 50,6,6,12; CIL VI 1741 = ILS 1243, cf. Rohde 2012: 51.
41 Dig. 47,22,3,1 sowie ausführlich Schrumpf 2006: 169ff.
42 Biró 1969: 5.
43 Weaver 1972: 80–82 weist zu Recht darauf hin, dass selbst kaiserliche Freigelassene oftmals keine klare Angabe zu ihrem Status machen. Wir könnten es also u. U. hier sogar mit *liberti Augusti* zu tun haben.

mit Zustimmung ihrer jeweiligen Herren – offenstand.[44] Etliche *leges* bzw. *albae collegii* zeigen, dass in verschiedensten *collegia* Sklaven, Freigelassene und römische Bürger gemeinsam zusammenkamen.[45] So werden beispielsweise in der *lex collegii* der *cultores Dianae et Antinoi* Sklaven, Freigelassene und römische Bürger erwähnt, ohne dass sich ihre Rechte und Pflichten in dieser Gemeinschaft erkennbar unterschieden (CIL XIV 2112 = ILS 7212); *collegia* konnten, dies ist aus mehreren Exempla bekannt, Grabplätze für ihre Mitglieder oder gar ganze Grabbauten besitzen. Das *collegium* sorgte somit für die Bestattung der verstorbenen Mitglieder und ersetzte damit quasi die *familia*. Da mit Quartio und Mida Personen, die mit großer Wahrscheinlichkeit dem Sklavenstatus zuzuordnen sind, in zentralen Ämtern des *collegium* anzutreffen sind, liegt die Vermutung nahe, dass Sklaven in dieser Vereinigung die dominierende Statusgruppe bildeten.[46] Ein Blick in die erhaltenen *leges collegii* zeigt, dass der regelmäßig zu entrichtende Mitgliedsbeitrag ebenso wie das obligatorische einmalige Eintrittsgeld und die gegebenenfalls zu entrichtenden Sterbegelder eine deutliche finanzielle Belastung für die Mitglieder darstellten. Dies bedeutet zum einen, dass die Quaestoren durchaus ein zentrales Amt innerhalb des *collegium* bekleideten, zum anderen, dass in den *collegia tenuiorum* nicht etwa materiell Bedürftige zusammen kamen. Vielmehr beschreibt dieser Terminus lediglich die Tatsache, dass wir es in solchen *collegia* nicht mit Senatoren, Decurionen oder *equites* zu tun haben. Sehr wohl konnten aber Angehörige der wohlhabenden Mittelschicht, vermögende Freigelassene oder auch Sklaven mit einem hinreichend großen *peculium* die für die Mitgliedschaft notwendigen Mittel aufbringen. Zu diesem Umstand passt die eingangs geäußerte Vermutung, dass Mida von seinem *peculium* eine *serva ordinaria* erworben haben könnte. Quartio und Mida hätten demnach ihr *peculium* nicht für ihre Freilassung aufgespart, sondern es vielmehr zumindest teilweise für ihre Mitgliedschaft in einem *collegium* aufgewendet, die für sie folglich eine erhebliche Wichtigkeit besessen haben muss – und dennoch war es nicht derart wichtig, dass man dafür Sorge getragen hätte, das *collegium* auf ihren Epitaphen genau zu bezeichnen. Dies kann vielleicht damit erklärt werden, dass die *olla* des Quartio sich in einem Grabbau des *collegium* befand, also nicht mehr ausdrücklich auf dieses hingewiesen werden musste.

Welche *collegia* könnten also für Quartio in Frage kommen? Maxey hatte, wie oben erwähnt, einen Bestattungsverein vorgeschlagen. Reine Bestattungsvereine, *collegia funeratica*, wie Mommsen sie nannte,[47] deren Bestimmung im Sinne einer solidarisch-sozialen Fürsorge ausschließlich in der Sicherstellung einer angemessenen Bestattung ihrer Mitglieder bestand, um so auch bedürftigen Personen ein Grabmal zu ermöglichen und die Bestattung in einem *puticulus* auf dem Esquilin zu ersparen, dürften nach heutigem Kenntnisstand nicht existiert haben.[48] Dennoch war die Sorge um die Bestattung bzw. das

44 Dig. 47,22,3,2.
45 Ausbüttel 1982: 36.
46 Ausbüttel 2011.
47 Mommsen 1843.
48 Ausbüttel 1982: 59–61; relativiert bei Schrumpf 2006, 169–198.

Vorgehen beim Ableben eines Mitgliedes zentraler Bestandteil vieler Vereinssatzungen.[49] Dieser Stellenwert der Totenfürsorge lässt sich mit den Auflagen, die an die Konzessionierung eines *collegium* gebunden waren, erklären – konnte doch durch diese Variante des *sacra facere* eine der zentralen Bedingungen für die legale Einrichtung eines *collegium* erfüllt werden – dass nämlich bei einer maximal einmal monatlich stattfindenden Zusammenkunft der Mitglieder Gelder für die Durchführung von sacra eingesammelt werden durften.[50] Wenn also die von Maxey geäußerte These, Quartio habe seine Ämter in einem *collegium funeraticum* innegehabt, damit zu verwerfen ist, welche anderen *collegia* kämen für seine Ämter in Frage?

Schumacher vermutete einen Berufsverein; ein *collegium* für *textores* ist allerdings bislang nicht belegt. Sollte Quartios Handwerk für seine Mitgliedschaft in dem *collegium* von Belang gewesen sein, wären mehrere *collegia* von Textilhandwerkern denkbar. So ist beispielsweise ein *collegium sagarii* für Rom bezeugt (CIL VI 339 = ILS 7315; VI 956).[51] Welche Ämter in diesem *collegium* vorhanden waren, ist allerdings unklar. Eventuell wäre für Quartio auch an ein *collegium centonariorum* zu denken. Nach Jinyu Liu könnte es sich bei den *collegia centonariorum*, in denen nach Auskunft der Digesten auch *tenuiores* aufgenommen werden konnten (Dig. 50,6,6,12) und die z.T. auch über stattliche Mitgliederzahlen verfügten (in Solva z.B. 93 Mitglieder), nicht, wie in der älteren Forschung angenommen, um Feuerwehren, sondern vielmehr um Vereine der Hersteller (und/oder Händler) von Wolldecken mittlerer bis unterer Qualitätsstufen handeln.[52] Die Analyse der Inschriften zeigt für dieses *collegium* eine deutliche Dominanz von *liberti* (50–70%). In Rom ist es immerhin sechsmal belegt.[53]

Doch es ist fraglich, ob die Vereinsmitgliedschaft des Quartio sich allein auf seine handwerklichen Fähigkeiten gründete; die Belege dafür, dass *collegia* – und nicht nur solche, die in ihrem Namen eine Gottheit führen und dementsprechend meist als vornehmlich kultische Vereinigungen gedeutet werden – nicht nur Angehörige unterschiedlichster Statusgruppen, sondern auch verschiedenster Berufe vereinten, sind zahlreich;[54] daher ist die strikte Trennung in Berufs- und Kultvereine, sowie auch die Vorstellung von zunftähnlichen Zusammenschlüssen von Berufsgenossen abzulehnen.

Das Amt eines *tribunus* ist im *collegium* der *fabri navalium Portensis* bezeugt, ein *tresvir* erscheint allerdings abgesehen von der hier behandelten Inschrift bislang überhaupt nicht im Rahmen eines *collegium*. Ein vergleichbares Amt, dann allerdings ausgeübt von fünf Männern, findet sich lediglich an der Spitze eines *collegium fabrum tinguariorum*.[55]

49 Nach der *lex familiae Silvani* aus dem Jahr 60 n. Chr. beispielsweise sind von jedem Vereinsmitglied 8 HS zu entrichten, wenn einer der ihren verstirbt. Der Erbe des Verstorbenen erhält diese Summe (stattliche 510 HS), der Verstorbene erhält einen Grabplatz im Wert von 100 HS (AE 1929, 161).

50 Dig. 47,22,1 sowie CIL XIV 2112. Vgl. dazu ausführlich und sehr überzeugend Schrumpf 2006: 174–196 mit einer exzellenten Zusammenstellung der älteren Forschung.

51 Außerdem in Lugdunum (CIL XII 1898) und Thuburbo (ILAfr. 243).

52 Liu 2009: 295–301.

53 Liu 2009: 184.

54 Vgl. nur die Beispiele bei Ausbüttel 1982: 36–37.

55 CIL VI 9405 = ILS 7238.

Könnte also der Weber Quartio seine Ämter in einem *collegium* von *fabri* ausgeübt haben? Für die Deutung dieser *collegia* werden in der Forschung zwei Ansätze erwogen: Zum einen werden die *collegati* im Sinne eines Berufsvereins von Zimmerleuten interpretiert, zum anderen werden auf Grund der schon von Hirschfeld und Liebenam bemerkten heterogenen beruflichen Zusammensetzung ihrer Mitglieder die *collegia fabrorum* mit Hinweis auf Plinius' Korrespondenz mit Trajan als allgemeine Feuerwehren gedeutet.[56] Peter Kneißl geht davon aus, dass zunächst Bauhandwerker für diese Aufgabe rekrutiert worden seien, während in späterer Zeit dann Personen mit gänzlich anderen Berufen eingetreten oder aber zu dieser Tätigkeit verpflichtet worden seien. Die ursprüngliche Bezeichnung sei dennoch beibehalten worden.[57] Auch wenn über die Funktion der *collegia fabrorum* letztlich keine endgültige Klarheit besteht, so ist dennoch festzuhalten, dass das *collegium fabrum tinguariorum* in Rom mit ca. 1.200 Mitgliedern unterschiedlicher Status eines der größten seiner Zeit gewesen sein dürfte.[58] Es handelt sich um ein *collegium tenuriorum*, *quaestores* und immerhin ein *tribunus* sind nachgewiesen, nicht aber ein *trevir*. Dass Quartio Mitglied eines *collegium fabrum* war, ist somit ein reizvoller Gedanke – letztlich aber leider nicht zu beweisen.

Der Vollständigkeit halber soll nicht unerwähnt bleiben, dass nicht nur *collegia* über eine Ämterstruktur verfügten, sondern auch große senatorische *familiae*. Vom *monumentum Statiliorum*, dem monumentalen *cubicularium* einer senatorischen Familie, von dem wir ca. 420 Epitaphe besitzen, wissen wir, dass große *familiae* eine innere Organisation mit *magistri* und *quaestores* besitzen konnten.[59] Auch *curatores* und *decuriones* sind bekannt,[60] nicht aber *tribuni* oder *treviri*. Dass Quartio seine Ämter innerhalb einer *familia* innehatte, erscheint daher eher unwahrscheinlich.

Es bleibt festzuhalten: Der Weber Quartio war zwar vermutlich ein Sklave, keineswegs aber mittellos. Nicht nur die Fähigkeit, für seinen Grabplatz aufzukommen, sondern auch die im Rahmen eines *collegiums* notwendigen Zahlungen entrichten zu können – statt sein *peculium* für seine Freilassung anzusparen – deuten darauf hin. Vielleicht gehörte er zu einem größeren, wohlhabenderen römischen Haushalt und erreichte innerhalb eines *collegium* durch die Übernahme von Ämtern einen gewissen Status. Damit dürfte er sich deutlich besser gestellt haben als viele seiner Berufskollegen, seien sie nun Sklaven, Freigelassene oder Freigeborene gewesen. Die geringe Anzahl von Inschriften, auf denen Weber erscheinen, ist wohl nicht anders zu deuten, als dass ihnen das Setzen einer Inschrift finanziell nicht möglich war. Die Annahme ihrer prekären ökonomischen Lage lässt sich gut mit den geringen Verdienstmöglichkeiten in diesem Beruf in Einklang bringen, die sich im Zusammenspiel verschiedener Dokumente und der experimentellen Archäologie rekonstruieren lassen.

56 Hirschfeld 1884: 241f. und Liebenam 1890 (ND Aalen 1964): 104–105; Plin. ep. 10,33 u. 34.
57 Kneißl 1994: insb. 35.
58 CIL VI 1060 = ILS 7225; 9405 = ILS 7238; 10300. Vgl. Ausbüttel 1982: 35.
59 Eck 2011a.
60 Eck 2011b.

Überlegungen zu den Verdienstmöglichkeiten der *textores*

Zunächst stellt sich die Frage, wie viel Zeit das Weben eines Kleidungsstückes in Anspruch genommen hat. Dies ist natürlich von der angestrebten Qualität des Textils, also von der Anzahl und Stärke der pro Quadratzentimeter eingesetzten Fäden in Kette und Schuss abhängig. Darüber hinaus spielt auch die Webtechnik eine nicht zu unterschätzende Rolle bei der Produktionsdauer. Einen ungefähren Eindruck von der Produktivität antiker Weberei liefert ein Keilschrifttäfelchen aus Ur.[61] Hier wird die Herstellung eines Gewandes namens *guz-za* in der vierten Qualitätsstufe geschildert.[62] Der Text nennt dabei die Arbeitsleistungen der an der Herstellung beteiligten Frauen für alle notwendigen Arbeitsschritte. So macht er auch Angaben zur Produktivitätsrate des Webens: Zwei Frauen weben täglich 50 cm dieses Gewandes. Auch die fertigen Maße des Gewandes sind angegeben, nämlich 3,5 × 3,5 m; es ist somit breiter als die damals gängigen Webstuhltypen. Dies führt zu der Vermutung, dass das Gewand in zwei, eher aber noch in drei Streifen zu 1,17 m Breite gewebt wurde. Somit hätten die beiden Weberinnen pro Tag 1,17 × 0,5 m oder aber ca. 0,6 m² dieses einfachen, relativ lichten Textils gefertigt.[63] Da Innovationen in der Textilherstellung, die eine signifikante Steigerung der Produktivität ermöglicht hätten,[64] erst mit Erfindung des Spinnrades bzw. des Pedalwebstuhls eingetreten sind, die Herstellungsweise von Stoffen aber bis zu diesem Zeitpunkt über Jahrhunderte, ja Jahrtausende, mehr oder minder unverändert blieb, erscheint es legitim, die Angaben aus Ur III zumindest als grobe Richtschnur auch für die römische Weberei zu verwenden. Eine Tunika, das zweifelsohne im gesamten Gebiet des Imperium Romanum gängigste Kleidungsstück für Männer wie Frauen, das in allen Kleidertruhen zu finden gewesen sein dürfte, wurde in der Regel in einem Stück am Webstuhl gefertigt.[65] Das Kleidungsstück wurde den Körpermaßen des späteren Trägers entsprechend gewebt und nicht nach der Fertigstellung durch Schneiderarbeiten angepasst. Jeder gewebte cm Stoff ist somit Bestandteil des fertigen Gewandes, es gibt keinen Zuschnitt, keine Stoffabfälle. Erhaltene Tuniken geben Aufschluss über die ungefähre Stoffmenge: etwa 2,8 m² Stoff mussten für eine Tunika gewebt werden.[66] Legt man die Daten des Ur III Textes zu Grunde, bedeutet dies, dass für die Fertigung einer einfachen, lichten Tunika knapp fünf Arbeitstage für zwei Weber/Weberinnen zu veranschlagen wären. Hinzu kommen natürlich neben dem reinen Weben des Stoffes etliche Stunden für das Einrichten des

61 ITT V 9996.

62 Nach den Ur III Dokumenten wurde Wolle in fünf Kategorien eingeteilt, deren höchste als „königlich" bezeichnet wurde. Die vierte Qualität bildet die vorletzte Qualitätsstufe. Waetzold 1972: 47–48.

63 Im Zusammenspiel der Angaben dieses Täfelchens und Experimenten, die am Centre for Textile Research in Kopenhagen durchgeführt wurden, ergab sich, dass das beschriebene *guz-za* Kleidungsstück 8,5 Kettfäden und 7,5 Schussfäden pro cm² besaß. Firth & Bech Nosch 2012: 72.

64 Zum römischen Webstuhl und seinem Innovationspotential siehe Schneider 1992: 125; Schneider 2007: 65 sowie Wild 1987: 459–471.

65 Plotzek & Paetz gen. Schieck 2005: 13.

66 Vgl. Droß-Krüpe 2011: 83–84.

Webstuhls. Ein anderes Tontäfelchen aus Ur nennt hierfür neun Arbeitstage (und drei Personen) für ein Gewand mit der fertigen Breite von 3,5 m.[67] Die Arbeitszeiten erhöhen sich, je mehr Kett- und Schussfäden verwendet werden.[68] Für eine grobe Schätzung der notwendigen Arbeitstage für das Weben einer Tunika einschließlich der Vorbereitung des Webstuhls und der Arbeitsschritte zum Abnehmen des fertigen Textils vom Webstuhl scheinen achtzehn Arbeitstage[69] für zwei Personen somit nicht zu hoch angesetzt.[70] Anders ausgedrückt bedeutet dies, dass, zwei Personen innerhalb von zwei Monaten etwa drei solcher Tuniken fertigen konnten und von dem damit erzielten Verdienst ihre Lebenshaltungskosten decken mussten. Für hochwertige Tuniken könnte sich die aufzuwendende Arbeitszeit leicht verdoppelt haben. Wie viel war aber mit der Herstellung eines solchen Kleidungsstückes für die Weber zu verdienen?

Die Analyse der kaiserzeitlichen Papyri aus Ägypten hat für die Funktionsweise der Textilökonomie deutlich gezeigt, dass die einzelnen Arbeitsschritte in einzelnen, voneinander unabhängigen Werkstätten durchgeführt wurden.[71] So war es der Kunde, der dafür zu sorgen hatte, dass in der Weberei die für das zu fertigende Kleidungsstück notwendigen textilen Rohstoffe vorlagen. Wenn also Lohn- und Preisangaben für das Weben einer Tunika bzw. eines Chitons überliefert sind, so handelt es sich um das Entgelt für die reine Arbeitsleistung, der Ankauf der textilen Rohstoffe muss von diesen finanziellen Mitteln nicht auch gedeckt werden, da sie offenbar durch den Auftraggeber des Gewandes bereitgestellt wurden. Die an die Weber gezahlte Summe entspräche somit der Vergütung der von ihnen aufgewendeten Arbeitszeit. Geht man davon aus – und es gibt gute Gründe dies zu tun – dass der Preis für eine Tunika mehrheitlich, wenn nicht gar ausschließlich, aus dem Lohn für den bzw. die Weber bestand, zeigt sich, dass erstaunlich geringe Summen in die Taschen dieser Handwerker flossen, da dieses Gewand häufig relativ preiswert war.

Betrachtet man die Löhne für das Weben einer Tunika bzw. die Preise von Tuniken, so zeigt sich eine Spanne von 3 Denaren bis hin zu 31 ⅓ Drachmen.[72] Schnell wird also deut-

67 Firth & Bech Nosch 2012: 74. Wird die selbe Arbeit von nur zwei Personen erledigt, erhöht sich die notwendige Arbeitszeit selbstverständlich. Für die folgenden Berechnungen wird von 11 Tagen ausgegangen, da für eine Tunika ein schmalerer Webstuhl von ca. 2,50 m Breite eingerichtet werden muss. Vgl. Droß-Krüpe 2011: 83.

68 Erhaltene Tuniken der Kaiserzeit weisen höchst unterschiedliche Fadenzahlen auf – die Bandbreite der verwebten Kett- und Schussfäden pro cm ist groß und reicht von 7 bis 80 Fäden pro cm. Die *clavi* der Tuniken weisen dabei in der Regel deutlich mehr Fäden auf, als der Rest des Gewebes – es dauerte also deutlich länger, einen *clavus* zu weben als die übrigen Flächen der Tunika. Herzlich sei Margarita Gleba (Cambridge) für Auskünfte in dieser Sache gedankt.

69 Elf Tage für das Einrichten des Webstuhls, fünf für das Weben, einer für das Abnehmen des fertigen Textils und ein weiterer für die Fertigstellung der Tunika (z.B. lose Fadenenden einweben etc.).

70 Sowohl der papyrologische Befund als auch archäologische Ausgrabungen und die experimentelle Archäologie legen es nahe, dass Weber meist in Teams aus zwei Personen arbeiteten. Droß-Krüpe 2011: 247. Alle in der römischen Kaiserzeit gängigen Webstuhltypen lassen sich mit zwei Personen effektiver betreiben: Andersson Strand & Mannering 2017.

71 Vgl. hierzu Droß-Krüpe 2011: 189–190 u. 207–217.

72 Die wenigen verfügbaren Preis- bzw. Lohnangaben aus dokumentarischen Quellen entstammen mehrheitlich dem papyrologischen Befund aus dem römischen Ägypten. Die im Verlauf vom 1.

lich: Wenn zwei Personen innerhalb zweier Monate lediglich drei solche Gewänder weben konnten, so lag der monatliche Verdienst pro Weber zwischen 2 ¼ Denaren und 23 ½ Drachmen. Wenn wir Tacitus Glauben schenken dürfen, der den Tagessold je Legionär mit 10 Asses, also 2 ½ Sesterzen, täglich angibt[73] oder aber Petronius, der für einen Laib Brot den Preis von 1 As nennt,[74] so zeigt sich, dass die Verdienstmöglichkeiten der Weber kein Leben in Wohlstand ermöglichten. Im Gegenteil haben wir es wohl mit Personen zu tun, die ihren Lebensunterhalt – wenn überhaupt – dann nur mit größeren Schwierigkeiten decken konnten. Quartio erscheint hier mit seinen finanziellen Möglichkeiten und ehrenvollen Ämtern als herausragende Ausnahme.

Conclusio

Auch im römischen Ägypten, wo eine Vielzahl von Papyrusdokumenten Aussagen über Weber enthält, finden sich keine Zeichen für Wohlstand unter den Angehörigen dieser Berufsgruppe. Ob es sich dabei um Sklaven oder Freigeborene handelte, ist für die ökonomische Situation dieser Handwerker letztlich unerheblich. Die Präsenz der Weber in den ägyptischen Papyri mag auf den ersten Blick konträr zu ihrem Fehlen im epigraphischen Befund erscheinen, sie ist aber wesentlich durch den Charakter der entsprechenden Dokumente zu erklären. Es handelt sich dabei überwiegend um Quittungen für die korrekte Entrichtung des γερδιακόν, also einer Art Gewerbesteuer der Weber. Papyrus war alltägliches und zu relativ geringen Preisen verfügbares Schreibmaterial, das in der Bürokratie, für die private oder geschäftliche Korrespondenz und für die Beurkundung von Verträgen jeder Art verwendet wurde. Quartio hat gegenüber seinen Berufskollegen offenbar eine herausragende Sonderstellung eingenommen und mit seiner Tätigkeit nicht nur sein Überleben gesichert, sondern besaß finanzielle Möglichkeiten, die ihm die Mitgliedschaft und die Übernahme von Ämtern in einem uns unbekannten *collegium tenuiorum* ermöglichten. Innerhalb dieses *collegiums* gelangte er offenbar zu beachtlichem Ansehen, das sich in der Ausübung von namhaften Ämtern und der Möglichkeit des Erwerbes einer eigenen *olla* in einem *columbarium* mit Epitaph niedergeschlagen hat. Die Mehrzahl der Weber und Weberinnen dürfte dagegen, seien sie nun *ingenui*, *liberti* oder *servi*, in ärmlichen Verhältnissen am unteren Rand der Bevölkerung anzutreffen gewesen sein,

---

zum 2. Jahrhundert n. Chr. ansteigenden Summen passen gut zu den moderaten allgemeinen Preissteigerungen in dieser Zeit in dieser Region. Vgl. Drexhage 1991; CIL IV 9108: 15 Sesterzen (= 3 ¾ Denare); P.Mich. V 346a (13 n. Chr.): 8 Drachmen; P.Oxy. II 267 (36 n. Chr.): 12 Drachmen, P.Oxy. XLI 2971 (66 n. Chr.): 12 Drachmen; P.Masada 72 (72 o. 75 n. Chr.): 7 Denare; Tab.Vindol. II 181 (104–120 n. Chr.): 3 Denare; BGU VII 1564 (138 n. Chr.): 24 Drachmen; P.Mich. XV 700 (143 o. 153 n. Chr.): 20 Drachmen; P.Gron. 4 (2. Jahrhundert n. Chr.): 31 ⅓ Drachmen. Es ist hier zu beachten, dass in der Principatszeit (1. und 2. Jahrhundert n. Chr.) eine ägyptische Tetradrachme den Wert eines *denarius* hat; bei den Preis- und Lohnangaben auf ägyptischen Papyri entspricht demnach die ägyptische Drachme einem Sesterz.

73 Tac. an. 1,17,4: *denis in diem assibus animam et corpus aestimari*. Siehe auch Speidel 1992: 87–106.

74 Petron 44,11: *asse panem quem emisses, non potuisses cum altero devorare*.

so dass sich ihnen keine Möglichkeit bot, sich inschriftlich zu verewigen – sie bleiben für uns damit weitgehend unsichtbar.

Bibliographie

Andersson Strand & Mannering 2017 = Andersson Strand, E. & Mannering, U., Textile, in: Harlow, M. (ed.), Cultural History of Fashion and Dress – vol. 1: Fashion in the Ancient World (500 BC–500 AD), Oxford 2017, 13–35.

Ausbüttel 1982 = Ausbüttel, F.M., Untersuchungen zu den Vereinen im Westen des Römischen Reiches, Kallmünz 1982.

Ausbüttel 2011 = Ausbüttel, F.M., Vereine/Kollegien, in: Heinen, H. et al. (Hrsg.), Handwörterbuch der antiken Sklaverei (HAS). CD-ROM-Lieferung III, Stuttgart 2011.

Biró 1969 = Biró, J., Das Collegium funeraticium in Alburno maiore, in: Andreev, M.N. et al. (Hrsg.), Gesellschaft und Recht im griechisch-römischen Altertum. Eine Aufsatzsammlung, Bd. 2, Berlin 1969 (Deutsche akademie der Wissenschaften zu Berlin. Schriften der Sektion für Altertumswissenschaft 52,2), 1–19.

Borbonus 2014 = Borbonus, D., Columbarium Tombs and Collective Identity in Augustan Rome, Cambridge – New York 2014.

Chantraine 1967 = Chantraine, H., Freigelassene und Sklaven im Dienst der römischen Kaiser, Wiesbaden 1967.

Deißler 2007 = Deißler, J., Sklaven in der römischen Buchproduktion, in: Günther, S. et al. (Hrsg.), Pragmata. Beiträge zur Wirtschaftsgeschichte der Antike im Gedenken an Harald Winkel, Wiesbaden 2007 (Philippika 17), 1–15.

Drexhage 1991 = Drexhage, H.-J., Preise, Mieten, Pachten, Kosten und Löhne im römischen Ägypten bis zum Regierungsantritt Diokletians, St. Katharinen 1991.

Droß-Krüpe 2011 = Droß-Krüpe, K., Wolle – Weber – Wirtschaft. Die Textilproduktion der römischen Kaiserzeit im Spiegel der papyrologischen Überlieferung, Wiesbaden 2011 (Philippika 46).

Eck 1987 = Eck, W., Römische Grabinschriften. Aussageabsicht und Aussagefähigkeit im funerären Kontext, in: von Hesberg, H. & Zanker, P. (Hrsg.), Römische Gräberstraßen. Selbstdarstellung – Status – Standard. Kolloquium in München vom 28.–30. Oktober 1985, München 1987 (Abhandlungen der Bayerischen Akademie der Wissenschaften, Phil. Hist. Kl. NF 96), 61–83.

Eck 1988 = Eck, W., Aussagefähigkeit epigraphischer Statistik und die Bestattung von Sklaven im kaiserzeitlichen Rom, in: Kneissl, P. & Losemann, V. (Hrsg.), Alte Geschichte und Wissenschaftsgeschichte, Festschrift für Karl Christ, Darmstadt 1988, 130–139.

Eck 2007 = Eck, W., Zu den Befund und Realität. Zur Repräsentativität unserer epigraphischen Quellen in der römischen Kaiserzeit, Chiron 37 (2007), 49–64.

Eck 2011a = Eck, W., Statilii Tauri, in: Heinen, H. et al. (Hrsg.), Handwörterbuch der antiken Sklaverei (HAS). CD-ROM-Lieferung III, Stuttgart 2011.

Eck 2011b = Eck, W., Volusii Saturnini, in: Heinen, H. et al. (Hrsg.), Handwörterbuch der antiken Sklaverei (HAS). CD-ROM-Lieferung III, Stuttgart 2011.

Firth & Bech Nosch 2012 = Firth, R. & Bech Nosch, M.-L., Spinning and Weaving Wool in Ur III Administrative Texts, Journal of Cuneiform Studies 64 (2012), 65–82.

Flohr 2013 = Flohr, M., The World of the Fullo. Work, Economy, and Society in Roman Italy, Oxford 2013.

Gällnö 2012 = Gällnö, S., (In)visible Spinners in the Documentary Papyri from Roman Egypt, in: Gleba, M. & Pásztókai-Szeöke, J. (Hrsg.), Making Textiles in Pre-Roman and Roman Times. People, Places, Identities, Oxford 2012 (Ancient Textiles Series 13), 161–170.

Gamauf 2012 = Gamauf, R., Peculium, in: Heinen, H. et al. (Hrsg.), Handwörterbuch der antiken Sklaverei (HAS). CD-ROM-Lieferung IV, Stuttgart 2012.

Harlow & Nosch 2015 = Harlow, M. & Nosch, M.-L., Weaving the threads: metholodolgies in textile and dress research for the Greek and Roman world – the state of the art and the case for cross disciplinarity, in: Harlow, M. & Nosch, M.-L. (eds.), Greek and Roman Textiles and Dress. An Interdisciplinary Anothology, Oxford 2015 (Ancient Textile Series 19).

Hirschfeld 1884 = Hirschfeld, O., Gallische Studien. III: Der Praefectus vigilum in Nemausus und die Feuerwehr in den römischen Landstädten, in: Sitzungsberichte der Philosophisch-Historischen Classe der Kaiserlichen Akademie der Wissenschaften 107, Wien 1884, 239–258. (ND in: Hirschfeld, O., Kleine Schriften, Berlin 1913, 96–111).

Hunink 2011 = Hunink, H. (Hrsg.), Glücklich ist dieser Ort! 1000 Graffiti aus Pompeji (lat./dt.), Stuttgart 2011.

Kneißl 1994 = Kneißl, P., Die fabri, fabri tignuarii, fabri subaediani, centonarii und dolabrarii als Feuerwehren in den Städten Italiens und der westlichen Provinzen, in: Günther, S. & Rebenich, St. (Hrsg.), E fontibus haurire. Beiträge zur römischen Geschichte und zu ihren Hilfswissenschaften. Festschrift für Heinrich Chantraine zum 65. Geburtstag, Paderborn 1994 (Studien zur Geschichte und Kultur des Altertums 8), 133–146.

Liebenam 1890 = Liebenam, W., Zur Geschichte und Organisation des römischen Vereinswesens, Leipzig 1890 (ND Aalen 1964).

Liu 2009 = Liu, J., Collegia Centonariorum. The Guilds of Textile Dealers in the Roman West, Leiden – Boston 2009 (Columbia Studies in the Classical Tradition 34).

Maxey 1938 = Maxey, M., The occupations of the lower classes in Roman society, Chicago 1938.

Michiels 1902 = Michiels, J., Les cubicularii des empereurs romains d'Auguste à Dioclétien, Le Musée Belge 6 (1902), 364–387.

Moeller 1969 = Moeller, W.O., The male weavers at Pompeii, Technology and Culture 10 (1969), 561–566.

Mommsen 1843 = Mommsen, Th., De collegiis et sodaliciis Romanorum, Kiel 1843.

Pembroke 2015 = Pembroke, H.M., Bakers and baking trade in the Roman Empire. Social and political responses from the principate to Late Antiquity, College 2015 (unveröffentl. Dissertation).

Plotzek 2005 = Plotzek, J.M. & Paetz gen. Schieck, A., Die koptischen Textilien. Gewebe und Gewänder des ersten Jahrtausends aus Ägypten, Köln 2005.

Reiter 2004 = Reiter, F., Die Nomarchen des Arsinoites. Ein Beitrag zum Steuerwesen im römischen Ägypten, Paderborn 2004 (Papyrologica Coloniensia 31).

Rohde 2012 = Rohde, D., Zwischen Individuum und Stadtgemeinde. Die Integration von collegia in Hafenstädten, Mainz 2012 (Studien zur Alten Geschichte 15).

Ruffing 2008 = Ruffing, K., Die berufliche Spezialisierung in Handel und Handwerk. Untersuchungen zu ihrer Entwicklung und zu ihren Bedingungen in der römischen Kaiserzeit im östlichen Mittelmeerraum auf der Grundlage griechischer Inschriften und Papyri, Rahden/Westf. 2008 (Pharos 24).

Santamato 2014 = Santamato, E., Per una interpretazione dei graffiti privati e dell' economia quotidiania a Pompei (con particulare riguardo alle liste di prezzi), Anc. Soc. 44 (2014), 307–341.

Schrumpf 2006 = Schrumpf, St., Bestattung und Bestattungswesen im Römischen Reich, Bonn 2006.

Schuhmacher 2001 = Schuhmacher, L., Sklaverei in der Antike. Alltag und Schicksal der Unfreien, München 2001.

Solin 1996 = Solin, H., Die stadtrömischen Sklavennamen. Ein Namenbuch I–III, Stuttgart 1996 (Forschungen zur antiken Sklaverei, Beiheft 2).

Speidel 1992 = Speidel, M.A., Roman Army Pay Scales, Journal of Roman Studies 82 (1992), 87–106.

Taylor 1961 = Taylor, L.R., Freedman and Freeborn in the Epitaphs of imperial Rome, American Journal of Philology 82 (1961), 113–132.

Temin 2014 = Temin, P., Price Behaviour in the Roman Empire, in: de Callatay, F. (Hrsg.), Quantifying the Greco-Roman Economy, Bari 2014 (Pragmateiai 27), 189–208.

Waetzold 1972 = Waetzold, H., Untersuchungen zur neusumerischen Textilindustrie, Rom 1972 (Studi economici e tecnologici 1).

Wallace 1938 = Wallace, S.L., Taxation in Egypt from Augustus to Diocletian, Princeton – London 1938.

Weaver 1972 = Weaver, P.R.C., Familia Caesaris. A Social Study of the Emperor's Freedmen and Slaves, Cambridge 1972.

Weiss 2004 = Weiss, A., Untersuchungen zur öffentlichen Sklaverei in den Städten des Römischen Reiches, Stuttgart 2004 (Historia Einzelschriften 173).

Wild 1987 = Wild, J.P., The Roman horizontal loom, American Journal of Archaeology 91 (1987), 459–471.

„*Nos exercitusque valemus* – Wir und das Heer sind gesund"?!? Militärdiplome und andere Quellen für Niederlagen und Verluste des römischen Militärs in der Kaiserzeit

Oliver Stoll

Für die Gesellschaften des griechisch-römischen Altertums belegt die antike Historiographie von Beginn an eine Allgegenwart des Krieges: So ist es schon bei Herodot und Thukydides.[1] Wenn von Siegen die Rede ist, fehlen selten auch die Niederlage und der Verlierer, denn beide sind die Kehrseiten ein- und derselben Medaille. Siege werden in der Forschung oft behandelt, systematische Untersuchungen von Niederlagen und deren Bedeutung fehlen.[2] Dabei liegt es nahe anzunehmen, dass „Niederlagen" unterschiedlich ausgelegt werden, von Siegern und Besiegten, „Kommandeuren", „Teilnehmern". Wahrnehmung und Bewertung ändern sich mit wachsender zeitlicher Distanz. „Historische Arbeit" an einer Niederlage leisten eher die Unterlegenen, müssen sie doch deren Ursachen erklären; das Verständnis darüber ist ein komplexer Kommunikationsprozess. Kriegs- und Niederlagendeutungen sind kulturelle Konventionssysteme, die über die Gesellschaft selbst Auskunft geben. Die Bandbreite der Reflexion[3] und Verarbeitung, der Prozess der Aneignung und (Um-)Deutung, reicht vom Eingeständnis bis zur Verneinung bzw. dem Vergessen oder Verdrängen. Niederlagen werden durch die Arbeit der

1 Maier 1987: 7.

2 Vgl. etwa nur Müller 2009 oder auch Rogg 2013 und Morillo 2013. Auch das ansonsten innovative, anregende und nach vielen Erweiterungen von Ansätzen und Themenfeldern der modernen Militärgeschichte suchende Buch von Kühne & Ziemann 2000 bietet auf den ersten Blick keinen Hinweis auf die entsprechende Fragestellung, die doch ganz offensichtlich untrennbar mit dem genuinen Gegenstand der Militärgeschichte verbunden ist. Ebenso ist es erstaunlicherweise auch mit der sehr reflektierten Arbeit von Nowosadtko 2002. Nicht wirklich hilfreich ist, was diesen Punkt betrifft, auch Wegner 2002, darin mit vorwiegend völkerrechtlichem Blickwinkel: De Libero 2002: 3–23. Ebenso erfolglos bleibt größtenteils ein Blick in Echternkamp et al. 2010; vgl. aber ebd. 27–28 mit Anm. 93 die berechtigte Forderung nach historischen Längsschnittanalysen, wie etwa der zur Kriegsgefangenschaft (Overmans 1999) – warum also nicht einen „Längsschnitt" zur militärischen Niederlage und deren Verarbeitung?

3 Carl et al. 2004: 2–3. Den Versuch einer idealtypischen „Skalierung" der auf eine Niederlage bezogenen Erinnerungsarbeit unternehmen Feistner & Neecke 2004: 15–26, hier 17; zu diesem Skalierungsmodell vgl. auch Clauss 2010: 257–259.

„Geschichtsliteraten" mit den Erwartungen von Publikum und Gesellschaft harmonisiert und bewältigt.[4]

Der vorliegende Beitrag, dessen Grundlage wesentlich nur der in Kassel gehaltene Vortrag ist, „unterlegt" und ergänzt durch Fußnoten und Literaturangaben, versteht sich als erste Vorstudie zu einer in Arbeit befindlichen Untersuchung in größerem Rahmen: Seit dem späten Frühjahr 2015 beschäftigt sich ein in Passau angesiedeltes DFG-Projekt („Erleiden, Umdeuten, Verschweigen und Vergessen. Niederlagen und Verluste als Phänomene einer ‚erweiterten Militärgeschichte' der römischen Kaiserzeit") mit „Niederlagenphänomenen". Den Veranstaltern in Kassel, Herrn Professor em. Dr. Helmuth Schneider und meinem Freund und Kollegen Professor Dr. Kai Ruffing, danke ich ebenso, wie dem Geehrten selbst, Herrn Professor em. Dr. Dr. h.c. mult. Werner Eck, dessen Beschäftigung mit Militärdiplomen als Quellen und dessen Arbeiten zum Bar Kochba-Aufstand unverzichtbare Begleiter für bestimmte Aspekte auch des genannten Projektes sein werden!

Niederlagen – Militärdiplome und andere Quellen

Um den Eingangsgedanken von der „historischen Arbeit" an Niederlagen wieder aufzugreifen: Auch in der Historiographie der Antike werden Niederlagen erklärt, nach unterschiedlichsten Mustern. Wir wollen uns weitergefasst hier auch mit allgemeineren „Niederlagenphänomenen" befassen (etwa Tod, Gefangenschaft) und einen ausschnitthaften „Überblick" auf die Quellen wagen. Die historiographische Bewältigung römischer Niederlagen bei Polybios, bei Livius, bei Tacitus und anderen arbeitet mit Stereotypen, Topoi und literarischen Strategien – nehmen wir als Beispiel die Zahlenproblematik.[5] Hier kann zwar z.B. auch über römische Gefallene geredet werden, aber die Normalität des historiographischen Schaffens ist das Übergehen, Verschweigen oder Kleinreden der eigenen Verluste, wie bereits Orosius anmerkt (*de reticendo interfectorum numero*); das war geläu-

4 Carl et al. 2004: 1–2; vgl. Koselleck 2000: 27–77, v.a. 35, 51–61, 68; s.a. Clauss 2010: 10–11, dann vor allem Ebd.: 231–244 zum direkten Vergleich der Erzählstrategien von Sieger und Verlierer und 248–253.

5 Die *ratio* dabei ist leicht einsichtig – grosse Verluste beim Verlierer bedeuten Niederlage, kleine Verluste beim Sieger bedeuten: umso größer ist der Sieg. Die Zahlenproblematik gehört zur literarischen Überzeichnung von Konflikten. Die klassische Kritik der (großen) Zahlen, was die antike Militärgeschichte (Herodot, Polybios, Livius, Cäsar) und ihre Brechung in der antiken Literatur angeht, die Entlarvung der Absicht, durch Übertreibung die eigene Leistung zu erhöhen, Mythen zu generieren, findet sich allenthalben schon bei Delbrück 2000 passim, etwa allgem. und einführend 7–14, dann spezieller 377–392 [zu Cannae und den Verlustzahlen], 652–663 [Schlacht bei Pharsalus]. Grundsätzlich zur Bedeutung der hohen Zahlen bei den Kriegstoten des Gegners und bei Untertreibungen der eigenen Verluste vgl. die Gedanken bei Kuchler 2013: 23–26, 81–82. Eine sehr gute, methodisch reflektierte und anregende moderne Auseinandersetzung mit dem Problem der Rekonstruktion antiker Schlachten – und eben auch mit dem Problem der antiken Zahlenangaben – findet sich bei Bichler 2009: 17–34. Das grundsätzliche Problem der Darstellung übertriebener Gegnerverluste und der Herabspielung eigener Ausfälle behandelt Gerlinger 2008: 106–124.

fig, normaler Teil der Schlachtenrhetorik.[6] Die Historiographie und die Staatskunst mit ihren Schlachtendarstellungen (viele tote Barbaren, aber keine besiegten Römer), lassen sich vergleichen – die Staatskunst fällt als Quellengattung für römische Niederlagen nur scheinbar aus: Gerade die Abwesenheit von Niederlagen scheint Teil einer radikalen Bewältigungsstrategie der Realität zu sein: Hier läßt sich noch einmal ein Blick auf Orosius werfen, der *quanta proelia quantaeque Romanorum clades* des Dakerkrieges unter Domitian einfach weglässt!

Bei Niederlagen handelt es sich um ein zentrales Thema der Militärgeschichte als „Kulturgeschichte".[7] Der Altertumswissenschaftler hat hier durchaus viele Quellengattungen zur Hand: Nehmen wir als ein Beispiel eine Quellengattung, deren Erforschung wir wesentlich Werner Eck verdanken,[8] die auch etwas mit Opfern und Zahlen zu tun hat und uns so unmittelbare Kunde von schweren Verlusten Roms gibt, nämlich die Militärdiplome. W. Eck hat schlagend am Beispiel von bislang 15 Diplomen der *classis Misenensis*,[9] die auf eine Konstitution des Kaisers in Rom vom 7.2.160 n. Chr. zurückgehen, in Kombination mit dem Zeugnis weiterer Diplome für Regimenter des Auxiliarheeres von Syria Palästina auf einen erheblichen Mannschaftsbedarf zum Zeitpunkt ihrer Rekrutierung 132–135 n. Chr. geschlossen und dies mit den gewaltigen Verlusten in Iudaea im Bar Kochba-Aufstand, gerade in dessen Anfangsphase in Verbindung gebracht – und der blutige Krieg zog sich noch bis ins frühe Jahr 136 hin.[10] Von Verlust und Bedarf wissen wir auch aus literarischen Quellen sowie aus einem Papyrus-Dokument des Jahres 150 n. Chr., bei dem es um die Anerkennung von Veteranenprivilegien für Männer aus der *legio* X *Fretensis* geht (PSI 1026/CIL XVI app. 13, Caesarea Maritima), die aus Soldaten der *classis Misenensis* transferiert worden waren, um die Lücken der ausgebluteten Legion schnell wieder aufzufüllen. Durch diese Notmaßnahme entstand in der Flotte der Mannschaftsbedarf an mehreren tausend Mann, den wir mit den Diplomen fassen. Die Bemerkung von Cassius Dio, Hadrian habe bei einem Brief an den Senat während des Krieges die normale Schlußformel „*nos exercitusque valemus*" weggelassen, deutet auf die Empfindlichkeit der Verluste hin; der Kaiser selbst kam nicht umhin, das zumindest indirekt zu signalisieren; Cassius Dio selbst fügt lapidar hinzu: „Es mußten aber auch viele Römer in diesem Kriege sterben". [11] Der Blutzoll war hoch: der Kaiser nahm am Ende des Krieges die Akklamation als *imperator* II entgegen, lehnte einen Triumph aber ab.

6 Oros. 7,10,4. Gerlinger 2008: 123.

7 Carl et al. 2004: 3–4. Zur Militärgeschichte als Kulturgeschichte vgl. den programmatischen Beitrag von Lipp 2000: 212–227.

8 Zum Beispiel Eck 2010b: 87–110, v.a. 95–102; s.a. Eck 2007a: 115–144; Eck 2007b: 19–54; s. jetzt auch Eck 2014: 229–244.

9 Die aktuelle Liste der Diplome und die Einzelnachweise finden sich Eck 2013: 9–24, hier 15, 17.

10 Eck 2007a: 133.

11 Eck 2007a: 118–119. und Eck 2007b: 25–26. Vgl. auch Fronto, de bello Parthico 2 (van den Hout, p. 221): „...*quantum militum a Iudaeis...caesum*". Cass. Dio 69,14,3.

Vom Umgang mit Niederlagen, Verlusten und Verlierern

In der Staatskunst rücken dramatische Schlachtdarstellungen die Leistungen des siegreichen Kaisers ins Bild, inszenieren ihn, dienen der Herrschaftslegitimation.[12] Das zeigen besonders die Traianssäule und die Säule des Marcus Aurelius in Rom:[13] Der Kaiser als Lenker des Heeres, *virtus* und Überlegenheit werden ins Bild gesetzt. Römer und Barbaren bilden komplette Gegensätze: Gegen Sieg steht Niederlage;[14] Gewalt ist gezielt gezeigt, um die Leistungsfähigkeit des Heeres zu rühmen.[15] Römische Niederlagen gibt es nicht, ihre Abwesenheit bewältigt ihre potentielle Existenz. Es gibt keine römischen Toten, nur ein einziges Mal gibt es überhaupt Verwundete, und auch das kann erklärt werden als „Mittel" zur Idealisierung des Kaisers.[16] Bei Cassius Dio stellt der Kaiser seine Kleidung für Verbände zur Verfügung, im Bild des traianischen Reliefs werden Verwundete verbunden und versorgt: Diese Kümmernis des Kaisers um die Verwundeten, gehört zu dem, was man in Rom von einem pflichtbewussten Offizier und Feldherr erwartete![17] Der Kaiser ist in der Staatskunst Herr des Heeres und des Sieges, ohne Niederlagen.

---

12 Interessant, wie wenig sich im Grunde über Jahrhunderte hinweg hier geändert hat: Nowosadtko 2002: 171–179 zu Militärgeschichte als Kunstgeschichte. Welchen Beitrag die Quellen, eben auch die Bildquellen, zur Rekonstruktion eines Kriegsgeschehens beitragen können, überblickt wohltuend kritisch Whitby 2007: 54–81. Zu Schlachtenbildern der römischen Kaiserzeit und den erzählerischen Darstellungskonzepten vgl. nun auch Faust 2012.

13 Exemplarisch zum vermeintlichen „Realismus" an der Traianssäule s. Baumer et al. 1991: 261–295; vgl. auch Faust 2012: 35ff. zur Traianssäule, 92ff. zur Marcussäule. Aus der reichhaltigen Literatur zur weiteren Interpretation der Bildwelt und zur Rolle von Kaiser und Heer möchte ich hier nur wenige Beiträge nennen: Zur Traianssäule s. etwa Richter 2004. Zur Säule des Marcus Aurelius und deren entsprechender Bildwelt vgl. nun Griebel 2013, der eben auch im Vergleich zur Traianssäule auf neue ikonographische und narrative Mittel zur Selbstdarstellung des Kaisers (und auch des germanischen Gegners, vgl. insbes. ebd. 161–186) an dieser Säule mit ihrem Relieffries hinweist. Auf essentielle Unterschiede verwies auch schon Hölscher 2000: 89–105, bes. 94–98; zur „Brutalisierung" der (insgesamt auch „chaotischeren", „fatalistischeren") Darstellung der Kriegführung vgl. insgesamt auch Ferris 2009 und Pirson 1996: 139–180, hier 140–141 und dann 158–168.

14 So pointiert formuliert es etwa Kovács 2009: 158–159. Siehe auch Pirson 1996: 139–180, v.a. 158–168 und vgl. zusätzlich Toner 2013: 143–150.

15 Kriegsleid bzw. dessen Folgen und seine Darstellung scheint mir in der Vergangenheit ebenfalls nicht systematisch untersucht worden zu sein – H.v. Hesberg hat kürzlich einen kursorischen Überblick über die Darstellung von Kriegsgefangenen vorgelegt. Dieser darf hier exemplarisch genannt werden, aber auch um darauf hinzuweisen, was auch hier noch getan werden könnte: v. Hesberg 2010: 179–191. Zu Kindern und Frauen als Opfern des Krieges und der Soldateska: Zanker 2000: 163–174 und auch Dillon 2006: 244–271.

16 Zanker 1998: 54–55.

17 Cass. Dio 68,8,2. Zur Szene 40 vgl. mit Abb. Lepper & Frere 1988: 88–89. Plates XXX, XXXI. Noch klarer: Coarelli 2000: 86 mit Taf. 42. Zu dieser Szene vgl. auch Strobel 1984: 182 sowie Strobel 2010: 241. Entsprechend ist das Reliefbild natürlich auch öfter bei Abhandlungen zum römischen Sanitätsdienst berücksichtigt, etwa Davies 1989: 208 Abb. 10.1. Eine ausführlichere Würdigung im Zusammenhang erfährt das Bild nun bei Faust 2012: 51–54. Zur Wundversorgung bei Kriegswunden und zum Sanitätsdienst der römischen Armee vgl. Salazar 2013: 300–304, 307–310.

Wenn Niederlagen in der Literatur thematisiert werden, rückt der Feldherr in den Vordergrund, ganz so wie es bei Tacitus heißt:

> Das ist das Ungerechtetste an Kriegen, Erfolge beanspruchen alle für sich, Misserfolge aber werden einem Einzigen [nämlich dem gescheiterten Feldherrn] angelastet.[18]

Zur Erklärung der Niederlage gilt meist: Der Feldherr agiert als Sündenbock, er ist unfähig, die Soldaten sind tapfer, er läßt sich unvorsichtig in den Hinterhalt führen, seine Persönlichkeit macht ihn ungeeignet – er vernachlässigt Götter und Vorzeichen, er begeht strategische Fehler;[19] kurz, er ist das Gegenteil des idealen Feldherrn: Seine Fehler dienen dazu, den *exercitus Romanus* und den Kaiser von Vorwürfen zu entlasten. Das negative Feldherrnbild ist ein zur Erklärung einer Niederlage notwendiges Instrument: Es ist doch bezeichnend, dass Niederlagen, *clades*, häufig mit dem Namen des Feldherrn stehen, auf den damit Schuld abgewälzt wird: *clades Crassiana*, *clades Variana*.

Bleiben wir kurz bei Varus. Sueton bezeichnet die *clades Variana* als schwere und schimpfliche Niederlage, die beinahe zum Untergang geführt habe. Die Maßnahmen des *Princeps*, die dann geschildert werden, zeigen den Schockzustand, der eingetreten war.[20] Wog aber hier nicht der eventuelle Ansehensverlust des alternden *Princeps* schwerer als der reale Verlust dreier Legionen und etlicher Auxiliarregimenter? Wie hat der Kaiser, der nach Sueton ganz persönlich den Tag der Niederlage alljährlich niedergeschlagen verbracht haben soll (*diemque cladis quotannis maestum habierit ac lugubrem*), wie hat Rom die Niederlage verarbeitet, verdrängt, vertuscht oder verdeutelt? Sueton erwähnt das Versprechen, Spiele zu Ehren des Iuppiter Optimus Maximus durchzuführen, „wenn die Staatsangelegenheiten eine Wendung zum Besseren genommen hätten"– wie öfter, scheint die Niederlage als Zeichen einer Verstimmung der Götter gegenüber dem Staat gedeutet worden zu sein.[21] Varus warf man zunächst nur seine Unbedachtsamkeit (*temeritas*) und seine Nachlässigkeit (*neglegentia*) vor, sah aber ansonsten das Walten ver-

---

18 Tac. Agr. 27,1. Agricola selbst ist natürlich aber, ebenso wie etwa Corbulo, ein mustergültiger Feldherr: Stäcker 2003: 116–120.

19 Geist 2009: 185–198.

20 Suet. Aug. 23. Timpe 1970: 117 mit Quellen Anm. 1 und ebd. 120–121; Kienast 2009: 372 mit Anm. 200 mit den Belegen zu einer ganzen Reihe an Reaktionen: Militärische Bewachung der Hauptstadt, Prolongierung der Kommanden der Provinzstatthalter, Entlassung der germanischen Leibwache, neue Aushebungen in Italien, Wiedereinberufung der Veteranen und Rekrutierung von freigelassenen Sklaven, Gelöbnis großer Spiele für Iuppiter, wenn der Staat wieder in Ordnung käme. Dazu kommen persönlichere Zeichen der Trauer, die in ihrer Drastik den Rang der Niederlage veranschaulichen – nicht zuletzt die autoagressive Handlung des Kopf-gegen-die Tür-Schlagens und das berühmte laute Klagen, dass Varus die Legionen zurückgeben solle: Wolters 2008: 125–126; s.a. van Wickevoort Crommelin 1995: 6, 10–11. Zur „Angst des Jahres 9 n. Chr." vgl. auch Kneppe 1994: 73–76.

21 Suet. Aug. 23,2. van Wickevoort Crommelin 1995: 13–16.

hängnisvollen Schicksals am Werk, außerdem Verrat.[22] Das bewegte sich im Rahmen des „Vorwurfskataloges für Kommandeure", den Livius bereits bei den Niederlagen im Hannibalkrieg herausgestellt hatte.[23] Varus war schließlich mit dem Kaiserhaus verbandelt, erfahren in der Verwaltung, hatte einen Aufstand in Judäa niedergeschlagen und sich bewährt, als man ihn mit der Aufgabe in Germanien betraute.[24] Hatte sich der Oberbefehlshaber Augustus bei der Vergabe des Kommandos so getäuscht? Eigentlich verbot sich hier eine kritische Bewertung![25]

Das Vertrauen in die Sieghaftigkeit und die militärische Führungs- und Urteilskraft mußte wiederhergestellt werden, das erforderte das Prinzipatssystem.[26] Auch die Kaschierung der Niederlage ist Bestandteil der systeminternen Logik. Aus den *Res Gestae* (*...Germaniam ...pacavi*) ist die „Katastrophe" ausgeblendet.[27] Vorwürfe unterlagen lange einem Tabu: Erst Velleius Paterculus stellt im Jahr 30 n. Chr. in der Bewertung des Varus einen Wendepunkt dar.[28] Dort wird die *clades Variana* als *atrocissima calamitas*, als „schreckliche Katastrophe" bezeichnet, die schwerste Niederlage seit der des Crassus gegen die

22 Timpe 1970: 120–121, u.a. zu Suet. Tib. 18,1. Siehe auch mit weiteren Quellen Vössing 2009: 21–26, hier 25.

23 Rich 2012: 91–93.

24 Wolters 2012: 10. Zur Karriere des Varus s. auch Baltrusch 2012: 121–131, insbesondere auch zu seiner Statthalterschaft in Syrien und dem Aufstand in Judäa und v.a. Eck 2010a: 13–28, v.a. 20ff. zu seinen Statthalterschaften (Germanien: Ebd.: 22–25). Zu seinem Kommando als Legionslegat der später in der Varusschlacht untergegangenen legio XIX im Jahr 16/15 v. Chr., seiner ersten „Germanienerfahrung" also sozusagen, s. den Beitrag von Nuber 2009a: 106–113; vgl. aber auch Wolters 2008: 75–86.

25 Dass in Rom ein Princeps wegen militärisch politischen Desastern nicht so leicht kritisiert werden konnte, betont völlig zu Recht Eck 2010a: 25. An dieser Stelle sei ein ketzerischer Gedanke erlaubt: Ist ein schlechter Feldherr am Ende nicht noch weniger gefährlich für den *Princeps* als ein erfolgreicher? Tac. ann. 11,19–20 lässt Claudius abwägen, was ein Erfolg des Corbulo nach dessen Rheinübergang 47 n. Chr. bedeuten würde – eine Niederlage wäre eine Katastrophe für den Staat, aber eine erfolgreiche Kampagne gegen die Chauken würde das Prestige des ambitionierten Feldherrn so erhöhen, dass er eine Gefahr für den Frieden und den Herrscher selbst darstellte: So wurde am Ende der Befehl zum Rückzug gegeben und Cn. Domitius Corbulo gehorchte. Vergleichbar ist in gewisser Weise Tac. Agr. 39, 2–3 denn Domitian fürchtet nichts mehr als militärischen Erfolg bei Anderen – der Ruhm und die Zuneigung des Heeres, die daraus resultierten, der Erfolg als Feldherr waren Primat und ganz persönliche Eigenschaft, „Eigentum" des Kaisers. Unfähige Generäle und Niederlagen unter Domitian (als Vorwurf) – s. Tac. Agr. 41, dazu de Souza 2008: 94. Andererseits zeigt diese letztgenannte Passage natürlich, dass man den Kaiser im Ernstfall – militärische Niederlagen durch unvorsichtige und feige Kommandeure – für dessen verfehlte Personalpolitik verantwortlich machte, jedenfalls post eventum.

26 Vgl. hier die Einschätzung von van Wickevoort Crommelin 1995: 7 zur politischen Bedeutung der Niederlage.

27 Wolters 2012: 13, 16 zu den politischen Folgen der Varusschlacht und auch zur Wende in der Beurteilung des Varus um ca. 26 n. Chr. Zur Frage eines „epochalen Wendepunktes" s.a. Wolters 2008: 125–149 und Wolters 2009: 210–216.

28 Vell. 2,117,2–4. Christ 1977: 196. Zur Bewertung des Varus in den Quellen allgemein vgl. die überblickende Untersuchung von Geist 2009: 156–165.

Parther; die verlorenen Legionen, die besten der ganzen Armee,[29] werden reingewaschen: Wir erinnern uns an die Bemerkung des Tacitus im *Agricola* über die Alleinschuld des gescheiterten Feldherrn. Auch bei Crassus war das so gewesen.[30] Varus wurde nun zum blutigen Gespenst, das bei Tacitus in einer Szene erscheint, die nach der Bestattung der Toten des Varus-Heeres unter Germanicus bei dessen Legaten Caecina spielt. Caecina ist in auswegloser Situation, der Feldherr hat einen Alptraum: Aus dem Sumpf taucht ein blutbefleckter Quinctilius Varus empor und ruft ihn, Caecina, – ein Omen, das Untergang verheißt.[31]

Einzelne „Niederlagenphänomene"

Im Sepulkralbereich macht das Fehlen von Staatsgräbern für Kriegstote und einer propagandistisch nutzbaren Memorialkultur, wie wir sie aus Athen, aber auch aus dem Europa der Nationalstaaten seit dem 19. Jahrhundert kennen, still vor Erstaunen; ist das in Rom „staatlich verordnete Verdrängung", eine Frage der Aufrechterhaltung von Moral und Disziplin? Wo bleibt Horazens *„dulce et decorum est pro patria mori"* in der Erinnerungskultur Roms? Wir haben die Bestattung der Varus-Toten 15 n. Chr. erwähnt; man wollte ihnen letzte Ehre erweisen, den gefallenen Kameraden, Verwandten und Freunden.[32] Mit großer emotionaler Betroffenheit ist das verbunden, die Niederlage war keineswegs verarbeitet.[33] Überlebende der *clades Variana* erläutern das knochenbesäte Schlachtfeld, eine gespenstische Situation.[34] Man denkt hier unwillkürlich an das Kenotaph des Marcus Caelius, *Centurio* der *legio* XVIII, der im „Krieg des Varus" gefallen ist: *„...[ce]cidit bello Variano"*.[35] Die Beisetzung der Überreste des Varusheeres ist in Kalkriese auch archäo-

---

29 Zur einsetzenden Kritik an Varus vgl. mit weiteren Literaturhinweisen Baltrusch 2012: 117–134, hier 119–120; vgl. auch Eck 2010a: 24, 25. Zu Velleius und seinem vernichtenden Urteil s. auch Timpe 1970: 124–126 und etwa auch Vössing 2009: 25–26.

30 Tac. Agr. 27,1. Die Quellen zur Rolle des Crassus bei der Niederlage von Carrhae, bis in die Spätantike hinein, überblickt Geist 2009: 127–145. Vgl. vor allem die Bewertung der Bedeutung der Schlacht bei Timpe 1962: 104–129, v.a. 129 Anm. 156 mit Quellen zur „Beispielfunktion" der Niederlage.

31 Tac. ann. 1,65,2. Wolters 2003: 149.

32 Hor. carm. 3,2,13. Tac. ann. 1,61–62. Zum Bericht des Tacitus s. Lehmann 2007: 419–430.

33 van Wickevoort Crommelin 1995: 9.

34 Tac. ann. 1,61,4. Wolters 2008: 107–108 zur Episode des „Schlachtfeldbesuches" bei Tacitus.

35 CIL XIII 8648. Interessant sind die Gedanken von Wolters 2008: 119 zur Frage, warum auf dem Grabstein des Caelius die kriegerische Auseinandersetzung, in der der *Centurio* fiel, *bellum Varianum* und nicht *clades Variana*, wie doch offenbar sonst, genannt wird: Könnte man hier einen „neutraleren Begriff" untechnisch gebraucht haben (sonst steht *bellum* stets mit dem Namen des Gegners oder des Kriegsgebietes, also z.b. *bellum Germanicum*), weil sich ein Hinweis auf eine Niederlage nicht für eine ehrenvolle Grabinschrift angeboten hat und man den Gefallenen auch nicht als „Verlierer" memorieren wollte? Eine im Detail andere Deutung für den Ausdruck „Krieg des Varus" bietet Johne 2006: 173–174. Zum Grabstein in seinen verschiedensten Aspekten vgl. das ausstellungsbegleitende Buch von Schalles & Willer 2009 mit seinen vielen, meist instruktiven Beiträ-

logisch in Form von Knochengruben bezeugt.[36] Normalität oder Sondersituation – was haben wir hier vor uns? Onasander spricht in seinem Traktat über die Feldherrnkunst (1. Jahrhundert n. Chr.) bei der Bestattung von einer Pflicht des Feldherrn: Ohne Verzögerung, unabhängig, ob man siegreich gewesen sei oder verloren habe, solle die Bestattung erfolgen, die als heilige Pflicht auch ein Akt mit Bezug auf die Lebenden darstelle, denn jeder Soldat denke dann auch an den eigenen Tod und den Umgang mit seiner Leiche und daher sei eine Vernachlässigung der Bestattung der Moral abträglich. Andere Quellen deuten in dieselbe Richtung: Der Feldherr sorgte für Sammlung, Verbrennung und Massenbestattung auf dem Blachfeld, tat er es nicht, wurde er beschimpft so wie etwa der niedergermanische Legat L. Apronius von Tacitus im Zusammenhang mit dem Friesenaufstand dafür gescholten wird, dass er seine Kriegstoten nicht bestattet hatte, unter denen sich Tribunen, Präfekten und hochrangigen Centurionen befanden.[37]

Gefallene zurückzulassen war barbarisch, gern wird das in Bürgerkriegsszenarien ausgestaltet, Tacitus berichtet ausführlich über das Umland Bedriacums mit geplünderten Leichenhaufen und Verwesungsgestank.[38] Epigraphisch ist die rühmende Einzel-Memorierung der Kriegstoten – bisweilen auch die Bestattung (Transferierung der Asche!) – durch Kameraden oder Familie, also sozusagen im „privaten Rahmen", allerdings oft an den ehemaligen Standorten und im Rahmen der alten Gemeinschaft, belegt. Auffälligerweise sind Grabsteine, die den Tod im kriegerischen Einsatz und den entsprechenden Feldzug explizit vermerken, aber eher selten.

Was die Schlachtfelder selbst angeht, gibt es nicht viele Befunde. Man kann Krefeld-Gellep mit den archäologischen Zeugnissen der Bataverschlacht des Jahres 69 n. Chr. anführen:[39] Das Gelände ist geräumt worden, es gab große Scheiterhaufen; die Toten

---

gen. Zum Namen „Varuskrieg" s. dort den Beitrag von Vössing 2009: 21–26. Nuber 2009b: 54–58, bes. 54 nennt die Formel „juristisch inkorrekt". Zu Kenotaphien für vermisste Soldaten vgl. weitere Bsp. bei Carroll 2006: 168.

36 Zur Schlachtfeldarchäologie in Kalkriese vgl. Brock & Homann 2011: 37–46, etwa 43, 45 zu den Knochengruben/„Massengräbern", deren Inhalt mit Sicherheit einige Zeit auf der Oberfläche gelegen hatte. Vgl. auch Lehmann 2011: 75–78. Zu den Knochen und den Gruben (acht Gruben, übrigens nicht nur mit humanem Material, sondern diese enthalten auch Maultier- und Pferdeknochen) vgl. auch Wilbers-Rost 2009: 127–128, die auch versucht, den Zusammenhang zu dem literarisch erwähnten Tumulus herzustellen, dann s. weiter überblickend Großkopf 2007: 29–36; zusammenfassend nun auch Rost & Wilbers-Rost 2012: 168.

37 Onasandros strat. 36,1–2. Tac. ann. 4,73,3. Schörner 2007: 2–3. Vgl. auch Wesch-Klein 1993: 53 mit Verweis auf diverse Quellenpassagen.

38 Tac. hist. 2,70,1–4.

39 Brock & Homann 2011: 44. Siehe aber vor allem Reichmann 2009: 99–107; ebd. 107 zu den Scheiterhaufen für die menschlichen Überreste der Schlacht: Nicht verwechselt werden darf das Ganze mit einem Kampfereignis (Frankeneinfall 259 n. Chr.) und seinen Folgen, das in der zweiten Hälfte des 3. Jahrthunderts in Krefeld-Gellep stattfand – auch hier gibt es archäologisches Material (100 Humanbestattungen/Skelette, z.t. in Holzsärgen und auch mit Beigaben, 23 Pferde): Die Toten scheinen ebenfalls eine Weile auf dem Schlachtfeld gelegen zu haben, sie wurden dann in Verwesung befindlich, aber noch im anatomischen Zusammenhang, unter Beigabe von großen Mengen Kalk offenbar von den Verwandten oder engen Bekannten/Kameraden bestattet, wo sie gefallen

wurden ausgeplündert; wie in Kalkriese sind an Schlachtfeldrelikten nur Kleinteile übrig geblieben, größere Ausrüstungsbestandteile fehlen.[40] Als offizielles, kollektives Denkmal für Gefallene kann bislang nur das Ensemble aus Tropaeum Traiani von Adamklissi gelten:[41] Mausoleum und Altar gehören in die Zeit nach der der zweiten Kampagne des Ersten Dakerkrieges (102/103). Die Inschrift ehrt das Andenken der für die *res publica* gefallenen Soldaten in Form von Namenlisten, nach Regimentern in Kolumnen geordnet. Grundlage dafür dürften entsprechende Meldungen der Regimenter gewesen sein: *[in honorem et] memoriam fortis[simorum virorum qui pugnantes] pro re p(ublica) morte occubu[erunt].*[42] Valerius Maximus überliefert in dem Abschnitt *de iure triumphi*, dass die Feldherrn verpflichtet waren, auch die Zahl der „verlorenen Bürger" anzugeben, darauf mußte dem Senat ein Schwur geleistet werden – eine Buchhaltung des Todes war also nötig. Nach Cassius Dio ordnete Traian die jährliche Abhaltung von Totenopfern auf dem Altar an. Das Totengedenken ist in Adamklissi dem speziellen Anlass verbunden, aber weit ab von Rom und dem Stadtpublikum![43]

Warum war der römische Soldat nicht „denkmalfähig"?[44] Galt wie bei Onasander der Schlachtentod einfach als Preis des Sieges? Wenn die These Substanz hat, dass die Art, wie eine Gesellschaft sich ihrer Kriege und Toten erinnert, viel über diese aussagt[45] – was

---

waren; s.a. Reichmann 1999: 97–115. Umfassend zu beiden Fundkomplexen vgl. Reichmann 2006: 497–512; zuletzt vgl. auch die Zusammenfassung der Ergebnisse bei Reichmann 2007: 313–315.

40 Zum Beispiel s. Rost 2009a: 50–57, v.a. 52–54 und Wilbers-Rost 2009: 121–132; Rost 2009b: 68–76, v.a. 69–71, 72–73; Rost & Wilbers-Rost 2012a: 163–176. Zu den Kleinfunden aus Kalkriese, der Verteilung und der entsprechenden Interpretation (Kampfhandlungen, Plünderungs- und Bergungsprozesse, kultische Handlungen), vgl. jetzt auch die Schlußpublikation von Rost & Wilbers-Rost 2012b zur Verteilung der Kleinfunde auf dem Oberesch in Kalkriese mit einer Kartierung und Interpretation der römischen Militaria unter Einbeziehung der entsprechenden Befunde. Vgl. auch allgemein Meyer 2012: 151–161 mit Hinweis auf die erstaunliche Rohstoffmenge, die hier von germanischer Seite bei der Plünderung der Leichen theoretisch „erwirtschaftet" werden konnte.

41 Wesch-Klein 1993: 56–57 und Amiotti 1990: 207–213. Siehe auch vor allem Strobel 1984: 182–186, 231–236, 237–239. Einige ergänzende Bemerkungen und bibliographische Nachträge finden sich jetzt bei Strobel 2010: 230–231, 241, 249–250; s.a. Haynes 2013: 1–2 sowie zuletzt Cooley 2012: 67–71 (mit abweichenden Thesen zur Datierung).

42 CIL III 14214 = ILS 9107 = AE 1980, 794. Vgl. *[pro re p]ublica dimicans* auf dem privaten Denkmal eines *eques singularis* als möglichem Reflex offizieller Floskeln (?): s. Speidel 1994: 409 Nr. 756. CIL VI 1377 (= ILS 1098), die Ehreninschrift für M. Claudius Fronto auf der Basis einer Panzerstatue vom Forum Traiani, gestiftet auf Veranlassung des Kaiser Antoninus Pius, vermerkt: *... pro r(e) p(ublica) fortiter pugnans ceciderit.* Vgl. auch hier die Eidesformel bei Veg. mil. 2,5 „... *nec mortem recusaturos pro Romana republica...*" zum „Tod für den Staat" und Speidel 2011: 144–146.

43 Val. Max. 2,1. Cass. Dio 68,8,2. Die eigenen Verlustzahlen konnten gegebenenfalls als Argument dienen, Triumphe zu verweigern: Resch 2010: 123–124.

44 So formulieren Hettling & Echternkamp 2013: 126.

45 Onasandros strat. 42,21. Low 2010: 341 mit Anm. 1 und dem Verweis auf eine ganze Reihe von Untersuchungen zur (modernen) politischen Funktion von Kriegsdenkmälern. Insgesamt vgl, verschiedene Beiträge in Low et al. 2012. Grundsätzlich zum Zusammenhang von Krieg (mit all seinen Phänomenen) und Gesellschaft: Kuchler 2013: 10–11. Zur zentralen Bedeutung des Totengedenkens für Gemeinschaften und dem politischen Totenkult als Teil der politischen Kultur und als „anthropologischer Vorgabe", der den Bedürfnissen der (überlebenden) Gemeinschaft dient vgl.

sagt diese „Verweigerung“ dann für Rom aus? Fügten sich öffentlich gezeigte Verluste nicht ins Bild einer *pax Augusta*, die ja auf militärischem Erfolg beruhte; wäre damit das Eingeständnis des Machtverlustes, der Bedrohung verbunden gewesen? War anders als in Europa seit dem 18. Jahrhundert, wo die Legitimation staatlicher Gewaltausübung einen Kern der Staatlichkeit ausgemacht hat, gerade die Erklärung und Rechtfertigung des Sterbens für den Staat, in Rom nicht nötig?[46] War der Tod als Soldat einfach „normal“, im Eid vorgesehen? Des „Totenkultes als politischer Legitimation“ bedurfte Rom offensichtlich nicht.

Kriege gelten als wesentliche Quelle der Institution der Sklaverei und das galt auch für Römer in Kriegsgefangenschaft. Hier gibt es eine Unzahl von juristischen Texten, die sich mit der Gefangennahme und der Versklavung, dann mit den Folgen der Statusminderung römischer Bürger bzw. Soldaten beschäftigen. Der Verlust der Freiheit war gleichbedeutend mit dem Verlust der an das Bürgerrecht gebundenen Rechte und Rechtsbeziehungen, das bedeutete etwa auch Aufhebung von Ehen, Erlöschen von Besitz, Verlust der Testier- und Erbfähigkeit; der Kriegsgefangene wurde rechtsunfähig, seine Stellung entsprach im Prinzip der eines Toten. Wir wollen hier nicht sehr ausführlich darauf eingehen. Völkerrechtlich gesehen waren die Kriegsgefangenen *servi hostium*. An bestimmten Limesabschnitten war das ein Massenphänomen – man denke etwa an die Deportationen im Nahen Osten unter den Sasanidenkönigen Shapur I. und Chosroe I.[47] Natürlich traf das Schicksal nicht nur Soldaten, sondern auch Zivilisten, wie etwa die Inschrift des Augsburger Siegesaltares berichtet. Hier läßt sich auf das exzeptionelle Beispiel des Kaisers Valerian verweisen, der in die Kriegsgefangenschaft Shapurs I. geriet. In den sasanidischen Quellen erscheint er in Wort und Bild als vom König „mit eigenen Händen ergriffen“. Aurelius Victor nennt das katastrophale Geschehen im Sommer 260 n. Chr. *clades Valeriana*, womit die persönliche Verantwortung des Kaisers klar ist.[48]

klassisch auch Koselleck 1994: 9–20; zur Bedeutung des Totengedenkens für das kulturelle Gedächtnis vgl. Assmann 1999: 60–63 und auch die interessanten Gedanken bei Tritle 2000: 143–164. Einen eher beschränkten Überblick bietet dagegen, trotz des große und umfassende Erwartung weckenden Titels Koch 2013.

46 Ähnlich bereits bei Hölscher 2003: 14: Roms Truppen der Kaiserzeit seien professionelle Soldaten gewesen, der Krieg keine soziale und kulturelle Erfahrung, sondern eine „Staatsangelegenheit“. Kriegstote waren daher im Grunde ohne Belang: der Tod sei eher schändlich als ruhmvoll – nur der Sieg zählte. Vgl. dagegen aber die Wertung bei Cooley 2012: 76–77, 85.

47 Zur Rechtsstellung der Kriegsgefangenen vgl. Dig. 49,15,18. Volkmann 1990: 70–71. Vgl. jetzt aber systematisch Kettenhofen 1996: 298–308 mit ausführlicher Bibliographie.

48 Der Augsburger Altar: AE 1993,1231b. Aur. Vict. Caes. 33,2. Vgl. jüngst Glas 2014, zur Gefangennahme bzw. Gefangenschaft und dem Ende des Kaisers in der Kriegsgefangenschaft v.a. ebd. 167–186, insbes. 175–176 zu den unterschiedlichen Erzählversionen des Geschehens in den Quellen (Gefangennahme im Kampf, Hinterhalt bei Friedensverhandlungen, feige Selbstauslieferung), zu den sasanidischen Quellen/Bildquellen vgl. auch ebd. 51–57 mit weiteren Hinweisen zu den sasanidischen Quellen. Zu den „Staatsreliefs“ vgl. nun aber auch: Canepa 2013: 856–877. Vgl. auch grundlegend Kettenhofen 1982: 97–99; s.a. zusätzlich Dignas & Winter 2001: 41–42, 98–100. Zur Wirkungsgeschichte der Ereignisse und zum Valerianbild der späteren Überlieferung Goltz 2006: 329–356.

In den Quellen werden immer wieder Waffenstillstandsabkommen erwähnt, die die Rückführung dieser Personengruppen enthalten, an allen ‚großen Fronten', an denen Rom zu kämpfen hatte. Gefangenschaft war suspekt – eine Niederlage eben! Bei eventueller Rückkehr aus der Kriegsgefangenschaft wurde geprüft, ob Desertion vorgelegen hatte, schließlich wurde Desertion mit dem Tod geahndet.[49] Wie kann man erklären, dass die losgekauften Gefangenen aus der *clades Variana*[50] ihren Aufenthaltsort außerhalb Italiens nehmen mußten, ähnlich wie die mittels missio ignominiosa unehrenhaft entlassenen Soldaten,[51] wie die *„legiones Cannenses"*, eine Art „Strafregimenter für die Drückeberger von Cannae"? Öfter liest man, daß ein römischer Soldat nicht lebend gefangen genommen werden sollte – *aut vincere aut emori* lautete die Devise, Siegen oder Sterben. Valerius Maximus formuliert den Grundsatz, Tapferkeit ertrage keine Gefangenschaft! „Nie waren in einem Staat die Gefangenen weniger wert, als in unserem eigenen" schreibt Livius und der „Fahneneid" fordert ja geradezu, nie den Tod für den Staat zu verweigern.[52]

Erinnerungskultur in Rom

Wenige katastrophale Niederlagen der Frühzeit Roms, wie der dies Alliensis (18. Juli), der Jahrestag des keltischen Sieges an der Allia (387/86 v. Chr.), sind als dies ater oder dies religiosus in den Kalender aufgenommen worden.[53] Weitaus häufiger war das Gedenken an Siege, an erfüllte Schlachtgelübde, die im Kalender thematisiert wurden. Um den Sieg der Gallier, die Erstürmung Roms, entwickelte sich eine kollektives Trauma: *metus Gallicus*.[54] Das bedeutete aber nicht, dass der Zweck dieser negativen Auszeichnung des Tages das Gedenken an die Niederlage selbst war, sondern Zweck war die religiös motivierte Vermeidung von Unheil, das die Götter an diesen Tag gekoppelt hatten und durch das an diesem Tag eingetretene Ereignis angezeigt hatten.[55] Nur insofern waren diese Tage „Erinnerungszeichen", sie galten als *religiosi*, die sakralen oder profanen Tätigkeiten ruhten ganz oder teilweise; es gab an den wenigen Daten der großen Niederlagen auch „kein

---

49 Desertion: Dig. 49,16,5,6. Todesstrafe: Dig. 49,16,5,1. Selbst monographische Untersuchungen zum Militärstrafrecht vernachlässigen die hier angeschnittenen Fragen: vgl. Brand 1968 und Renz 1972. Vgl. aber Jung 1982: 882–1013, der Teilaspekte behandelt.

50 Siehe etwa Lica 2001: 496–501. Zur Benennung *„clades Variana"* vgl. mit allen relevanten Quellen Wolters 2008: 119 mit Anm. 60.

51 Zu dieser Art der Entlassung aus dem Dienst vgl. Schmetterer 2012: 89; s.a. Phang 2008: 139, 145–146.

52 Cic. off. 3,114. Val. Max. 3,2,7. Liv. 22,59,1. Beck 2006: 209. Frontin. strat. 4,1,25 berichtet, die Legionen, die den Dienst verweigert hatten, seien nach Sizilien „wie in die Verbannung" geschickt worden und auf Beschluß des Senates hätten sie 7 Jahre nur Gerste als Verpflegung erhalten.

53 Rich 2013: 548–549. Vgl. etwa auch Walter 2006: 46 und Walter 2004: 204–207.

54 Beck 2006: 204–218, hier 204. S.a. Zimmermann 2009: 42. Zur „Gallierangst" vgl. insbes. Bellen 1985 und Kneppe 1994: 54–57.

55 Vgl. auch Walter 2004: 205 sowie Rüpke 1990: 179. Siehe auch Zimmermann 2009: 41–42. Zur Rolle der Götter bei Katastrophen s. allgemein Toner 2013: 72–76.

kultisches Korrelat".[56] An diesen Tagen war eine Kriegführung nicht günstig, sie wurden im Kalender eingeschaltet, um unbewußtes Fehlverhalten, das an diesen Tagen zur Katastrophe führen könnte, zu verhindern[57] – in der Praxis der Kriegführung war das aber im Endeffekt irrelevant. Im Handbuch des Frontinus werden Empfehlungen gegeben, wie man trotz ungünstiger *Omina* zur Schlacht motiviert und auch, wie man Mißerfolge und Niederlagen verheimlicht, um die Soldaten nicht zu entmutigen! Auch konnten die Gallier-Niederlage und der Brand Roms positiv umgedeutet oder pragmatisch bewertet werden: als Neugründung der Stadt, Wiederherstellung des Friedens mit den Göttern.[58] Dass eine Niederlage auch mit Verstössen gegen religiöse Vorschriften erklärt werden konnte, bot der Führungselite Schutz; fehlendes Wohlwollen der Götter schmälerte nicht die Kompetenz des Feldherrn und bot die Möglichkeit zur Umdeutung der Ursache der Niederlage.[59]

Es gibt in Rom keine Rituale, die Niederlagen thematisieren, den Verlierer einer Schlacht oder Krieges bestrafen, keine Rituale, die sich auf den Kriegstod bezögen,[60] die Kaiserzeit scheint frei von kommemorativer Selbstgeißelung.

Schlußbemerkungen

Das Principatssystem seit Augustus förderte die Machtposition des Militärs und forderte unablässiges Zurschaustellen militärischer Erfolge und der *virtus* durch den Kaiser,[61] der dieser Verbindung bedurfte. Bei der Stilisierung des Princeps als „heroischem Führer" konnten Niederlagen nicht seine Niederlagen sein. Die Niederlage eines Feldherrn war ein noch ausstehender Sieg[62] – und ein Friedensschluß, der anders zustandegekommen wäre als durch Sieg, wäre eine Bedrohung des Systems, von Staat und Gesellschaft, gewesen, ein Beweis der Schwäche, der politisch folgenreich hätte sein können: Man konnte Niederlagen nicht wirklich zugeben![63] In den Quellen gibt es gute Beispiele dafür, dass besiegte Kommandeure, die sieggewohnt waren, auffällige Verhaltensweisen an den Tag

56 Rüpke 1990: 26.

57 Rüpke 1995: 231; vgl. auch Rüpke 2006: 564–566; s.a. Resch 2010: 308–309.

58 Vgl. insgesamt v. Ungern-Sternberg 2000: 207–222.

59 Resch 2010: 310–311.

60 Rüpke 1995: 235.

61 Zur *virtus* als zentralem Tugend-Begriff der römischen Gesellschaft insgesamt seit der Republik vgl. beispielsweise die Bemerkungen bei Lendon 2007: 509–515 und umfassend für die Republik: McDonnell 2006 passim. Zur Rolle des militärischen Erfolges bei der Akzeptanz der Person des Kaisers und dem „Wechselspiel" zwischen Soldaten und kaiserlichem Feldherrn, das sich daraus ergibt, vgl. auch noch einmal besonders Campbell 1984: 382–401, ebd. 385 zu Severus Alexander als Beispiel für einen Kaiser, dem aufgrund fehlender *virtus* am Ende keine Loyalität mehr entgegen gebracht wurde.

62 Rüpke 1995: 235.

63 Rosenstein 2007: 226–244, hier 236. Dazu s. a. De Libero 2012: 31. Schon die „Erneuerung Roms" nach der Schlacht an der Allia bedeutete kein Infragestellen des staatsrechtlichen Zustandes der *res publica*: v. Ungern-Sternberg 2000: 222.

legten, wenn die Rollen getauscht waren: Man lehnte Kapitulation ab, weil Römer vom Feind keine Bedingungen akzeptierten oder man versucht, den Spieß umzudrehen, die Niederlage zu übergehen: wie P. Licinius Crassus, der 171 v. Chr. von Perseus von Makedonien besiegt worden war: Als ihm Unterhändler eine Abmachung unterbreiteten, forderte er sie seinerseits auf, sich dem Senat von Rom zu unterwerfen.[64]

Andere Beispiele zeigen: Wer Frieden schloß, kapitulierte und die Niederlage besiegelte, der wurde vom Senat wegen dieses „Alleinganges“ bestraft.[65] Wie gesagt: Die Niederlage ist ein ausstehender Sieg – erlitt man sie, durfte man auf keinen Fall durch Vertrag und Verhandlungen Fakten schaffen – das war keine akzeptierte Alternative zur Unterwerfung des Feindes! Und so zeigt auch „Cannae“ in der römischen Literatur, dass „die Römer selbst in ihrer düstersten Stunde ihre erhabene Gesinnung behalten hatten“.[66] „The Romans' refusal to concede defeat ...“ (Goldsworthy) ist das schon genannt worden.[67] Oder, wie der Satiriker Lucilius formulierte: die Römer seien zwar öfter besiegt und in vielen Schlachten überwunden worden, einen Krieg aber hätten sie nicht verloren – das sei alles, was zähle![68]

Daraus resultiert auch in der Kaiserzeit, dass die Verdrängung einer Niederlage einen Beitrag zur Stabilität der Herrschaft leistete, die ja Sieghaftigkeit als elementarste Legitimitätsgrundlage hatte. Niederlagen verdrängen, Siege betonen – das war Tagesgeschäft des Kaisers, zum hellen Schein; blutige Gespenster (wie Varus den Caecina) suchten den *imperator* bestenfalls in dunkler Nacht auf, wenn böse Träume das Verdrängte zu verarbeiten suchten. Vielleicht hatte auch Hadrian böse Träume wegen der römischen Verluste in Iudaea – „wir und das Heer sind wohlauf“, eine Formel, die ihm offenbar selber schal schien?

Bibliographie

Amiotti 1990 = Amiotti, G., Il “monumento ai caduti” di Adamklissi, in: M. Sordi (cur.), “Dulce et decorum est pro patria mori”. La morte in Combattimento nell'antichità, Milano 1990, 207–213.

Assmann 1999 = Assmann, J., Das kulturelle Gedächtnis. Schrift, Erinnerung und politische Identität in frühen Hochkulturen, München 1999.

64 Pol. 27,8. Liv. 42,62,7. Diese und andere Beispiele bei Barton 2007: 248–249. Siehe auch De Libero 2012: 31–32.

65 Ein weiteres charakteristisches Beispiel ist das *foedus Numantinum* und die Behandlung des C. Hostilius Mancinus: s. etwa De Libero 2012: 30–34 – zu den Caudinischen Pässen s. Ebd.: 33, 36f. Mancinus soll später von sich selbst eine Statue als „Gedemütigter“ errichtet haben: Plin. nat. 34,18, nackt, mit gebundenen Händen (s.a. Vell. 2,1,5). Vgl. auch Resch 2010: 155.

66 Beck 2006: 209, 210. Von der Schwierigkeit, eine Niederlage einzugestehen: vgl. auch Zimmermann 2013: 261–265.

67 Goldsworthy 2007: 96–97.

68 De Libero 2012: 31 zu Lucilius mit weiteren Hinweisen. „The Romans always win“ – zu diesem Selbstvertrauen vgl. Campbell 2002: 70–76.

Baltrusch 2012 = Baltrusch, E., P. Quinctilius Varus und die *bella Variana*, in: Baltrusch, E. et al. (Hrsg.), 2000 Jahre Varusschlacht. Geschichte – Archäologie – Legenden, Berlin 2012, 117–134.

Barton 2007 = Barton, C.A., The Price of Peace in Ancient Rome, in: Raaflaub, K.A. (ed.), War and Peace in the Ancient World, Oxford 2007, 245–255.

Baumer et al. 1991 = Baumer, L.E. et al., Narrative Systematik und politisches Konzept in den Reliefs der Trajanssäule. Drei Fallstudien, Jahrbuch DAI 106 (1991), 261–295.

Beck 2006 = Beck, H., Cannae – traumatische Erinnerung, in: Stein-Hölkeskamp, E. & Hölkeskamp, K.-J. (Hrsg.), Erinnerungsort der Antike, München 2006, 204–218.

Bellen 1985 = Bellen, H., Metus Gallicus – Metus Punicus. Zum Furchtmotiv in der römischen Republik, Stuttgart 1985.

Bichler 2009 = Bichler, R., Probleme und Grenzen der Rekonstruktion von Ereignissen am Beispiel antiker Schlachtbeschreibungen. Zur Fragestellung im Rahmen des Generalthemas der Tagung (Das Ereignis. Zum Nexus von Struktur- und Ereignisgeschichte), in: Fitzenreiter , M. (Hrsg.), Das Ereignis. Geschichtsschreibung zwischen Vorfall und Befund, London 2009 (IBAES X), 17–34.

Brand 1968 = Brand, C.E., Roman Military Law, Austin 1968.

Brock & Homann 2011 = Brock, Th. & Homann, A., Schlachtfeldarchäologie. Auf den Spuren des Krieges, Stuttgart 2011.

Campbell 1984 = Campbell, J.B., The Emperor and the Roman Army 31 BC–AD 235, Oxford 1984.

Campbell 2002 = Campbell, B., War and Society in Imperial Rome. 31 BC–AD 284, London – New York 2002.

Canepa 2013 = Canepa, M.P., Sasanian Rock Reliefs, in: D. T. Potts (ed.), The Oxford Handbook of Ancient Iran, Oxford 2013, 856–877.

Carl et al. 2004 = Carl, H. et al. (Hrsg.), Kriegsniederlagen. Erfahrungen und Erinnerungen, Berlin 2004.

Carroll 2006 = Carroll, M., Spirits of the Dead. Roman Funerary Commemoration in Western Europe, Oxford 2006.

Christ 1977 = Christ, K., Zur augusteischen Germanienpolitik, Chiron 7 (1977) 149–205.

Clauss 2010 = Clauss, M., Kriegsniederlagen im Mittelalter. Darstellung – Deutung – Bewältigung, Paderborn u.a. 2010.

Coarelli 2000 = Coarelli, F., The Column of Trajan, Rome 2000.

Cooley 2012 = Cooley, A., Commemorating the War Dead of the Roman World, in: Low, P. et al. (eds.), Cultures of Commemoration. War Memorials Ancient and Modern, Oxford 2012, 63–88.

Coulston 2001 = Coulston, J., The archaeology of Roman conflict, in: Freeman, P.W.M. & Pollard, A. (eds.), Fields of Conflict: Progress and Prospect in Battlefield Archaeology, Oxford 2001 (BAR Int. Ser. 958), 23–49.

Davies 1989 = Davies, R., Service in the Roman Army, Edinburgh 1989.

Delbrück 2000 = Delbrück, H., Geschichte der Kriegskunst 1. Das Altertum (ND 1964, Berlin – New York 2000).

De Libero 2002 = De Libero, L., Vernichtung oder Vertrag? Bemerkungen zum Kriegsende in der Antike, in: Wegner, B. (Hrsg.), Wie Kriege enden. Wege zum Frieden von der Antike bis zur Gegenwart, Paderborn u.a. 2002 (Krieg in der Geschichte 14), 3–23.

De Libero 2002 = De Libero, L., Surrender in Ancient Rome, in: Afflerbach, H. & Strachan, H. (eds.), How Fighting ends. A History of Surrender, Oxford 2012, 29–38.

de Souza = de Souza, Ph., *Parta victoriis pax*: Roman emperors as peacemakers, in: de Souza, Ph. & France , J. (eds.), War and Peace in Ancient and Medieval History, Cambridge 2008, 76–106.

Dignas & Winter 2001 = Dignas, B. & Winter, E., Rom und das Perserreich. Zwei Weltmächte zwischen Konfrontation und Koexistenz, Berlin 2001.

Dillon 2006 = Dillon, Sh., Women on the Columns of Trajan and Marcus Aurelius and the Visual Language of Roman Victory, in: Dillon, Sh. & Welch, K.E. (eds.), Representations of War in Ancient Rome, Cambridge 2006, 244–271.

Echternkamp et al. 2010 = Echternkamp, J. et al. (Hrsg.), Perspektiven der Militärgeschichte. Raum, Gewalt und Repräsentation in historischer Forschung und Bildung, München 2010.

Eck 2007a = Eck, W., Rom und Judaea. Fünf Vorträge zur römischen Herrschaft in Palaestina, Tübingen 2007.

Eck 2007b = Eck, W., Rom herausfordern: Bar Kochba im Kampf gegen das Imperium Romanum. Das Bild des Bar Kochba-Aufstandes im Spiegel der neuen epigraphischen Überlieferung, Rom 2007.

Eck 2010a = Eck, W., P. Quinctilius Varus – seine senatorische Laufbahn und sein Handeln in Germanien: Normalität oder aristokratische Unfähigkeit?, in: R. Aßkamp & T. Esch (Hrsg.), Imperium – Varus und seine Zeit. Beiträge zum internationalen Kolloquium des LWL-Römermuseums am 28. und 29. April 2008 in Münster, Münster 2010, 13–28.

Eck 2010b = Eck, W., Friedenssicherung und Krieg in der römischen Kaiserzeit. Wie ergänzt man das römische Heer?, in: Eich, A. (Hrsg.), Die Verwaltung der kaiserzeitlichen römischen Armee. Studien für Hartmut Wolff, Stuttgart 2010, 87–110.

Eck 2013 = Eck, W., Die kaiserliche Bürgerrechtspolitik im Spiegel der Militärdiplome – ein Thema Hartmut Wolffs, Passauer Jahrb. 55 (2013), 9–24.

Eck 2014 = Eck, W., Der Bar Kochba-Aufstand der Jahre 132–136 und seine Folgen für die Provinz Syria-Palästina, in: Eck, W., Judäa – Syria Palästina. Die Auseinandersetzungen einer Provinz mit römischer Politik und Kultur, Tübingen 2014, 229–244.

Faust 2012 = Faust, St., Schlachtenbilder der römischen Kaiserzeit. Erzählerische Darstellungskonzepte in der Reliefkunst von Trajan bis Septimius Severus, Rahden/Westf. 2012.

Feistner & Neecke 2004 = Feistner, E. & Neecke, M., Vom ‚Überlesen' der Niederlage: Das Rolandslied und seine Rezeption im Deutschen Orden, in: Carl, H. et al. (Hrsg.), Kriegsniederlagen. Erfahrungen und Erinnerungen, Berlin 2004, 15–26.

Ferris 2009 = Ferris, I., Hate and War. The Column of Marcus Aurelius, Stroud–Gloucestershire 2009.

Gerlinger 2008 = Gerlinger, St., Römische Schlachtenrhetorik. Unglaubwürdige Elemente in Schlachtendarstellungen, speziell bei Caesar, Sallust und Tacitus, Heidelberg 2008.

Glas 2014 = Glas, T., Valerian. Kaisertum und Reformansatz in der Krisenphase des Römischen Reiches, Paderborn 2014.

Goldsworthy 2007 = Goldsworthy, A., War, in: Sabin, Ph. et al. (eds.), The Cambridge History of Greek and Roman Warfare, vol. 2, Cambridge 2007, 76–121.

Goltz 2006 = Goltz, A., Zerrbilder eines Herrschers und Christenverfolgers. Zur Rezeption Kaiser Valerians in Spätantike, Mittelalter und Neuzeit, in: Johne, K.-P. et al. (Hrsg.),

Deleto paene imperio Romano. Transformationsprozesse des Römischen Reiches im 3. Jahrhundert und ihre Rezeption in der Neuzeit, Stuttgart 2006, 329–356.

Griebel 2013 = Griebel, J., Der Kaiser im Krieg. Die Bilder der Säule des Marc Aurel, Berlin–Boston 2013.

Großkopf 2007 = Großkopf, B., Die menschlichen Überreste der Fundstelle Kalkriese-Oberesch, in: Lehmann, G.A. & Wiegels, R. (Hrsg.), Römische Präsenz und Herrschaft im Germanien der augusteischen Zeit. Der Fundplatz von Kalkriese im Kontext neuerer Forschungen und Ausgrabungsbefunde, Göttingen 2007, 29–36.

Haynes 2013 = Haynes, I., Blood of the Provinces. The Roman Auxilia and the Making of Provincial Society from Augustus to the Severans, Oxford 2013.

v. Hesberg 2010 = von Hesberg, H., Die Wiedergabe von Kriegsgefangenen und Sklaven in der römischen Bildkunst, in: Heinen, H. (Hrsg.), Antike Sklaverei: Rückblick und Ausblick. Neue Beiträge zur Forschungsgeschichte und zur Erschließung der archäologischen Zeugnisse, Stuttgart 2010, 179–191.

Hettling & Echternkamp 2013 = Hettling, M. & Echternkamp, J., Heroisierung und Opferstilisierung. Grundelemente des Gefallenengedenkens von 1813 bis heute, in: Hettling, M. & Echternkamp, J. (Hrsg.), Gefallenengedenken im globalen Vergleich. Nationale Tradition, politische Legitimation und Individualisierung der Erinnerung, München 2013, 123–158.

Hölscher 2000 = Hölscher, T., Die Säule des Marcus Aurelius: Narrative Struktur und ideologische Botschaft, in: Scheid, J. & Huet, V. (éds.), Autour de la colonne Aurélienne. Geste et image sur la colonne de Marc Aurèle à Rome, Turnhout 2000, 89–105.

Hölscher 2009 = Hölscher, T., Images of War in Greece and Rome: Between Military Practice, Public Memory, and Cultural Symbolism, The Journal of Roman Studies 93 (2003), 1–17.

Hope 2009 = Hope, V., Roman Death. The Dying and the Dead in Ancient Rome, London - New York 2009.

Johne 2006 = K.-P. Johne, Die Römer an der Elbe. Das Stromgebiet der Elbe im geographischen Weltbild und im politischen Bewusstsein der griechisch-römischen Antike, Berlin 2006.

Jung 1982 = Jung, J.H., Die Rechtsstellung der römischen Soldaten. Ihre Entwicklung von den Anfängen bis auf Diokletian, Berlin 1982 (Aufstieg und Niedergang der römischen Welt II 14), 882–1013.

Kehne 2009 = Kehne, P., Der historische Arminius...und die Varusschlacht aus cheruskischer Perspektive, in: 2000 Jahre Varusschlacht. Mythos, Stuttgart 2009, 104–113.

Kettenhofen 1982 = Kettenhofen, E., Die römisch-persischen Kriege des 3. Jahrhunderts n. Chr. nach der Inschrift Šāhpurs I. an der Ka'be-ye Zartošt (ŠKZ), Wiesbaden 1982.

Kettenhofen 1996 = Kettenhofen, E., s. v. Deportations II, Encyclopaedia Iranica VII (1996), 298–308.

Kienast 2009 = Kienast, D., Augustus. Princeps und Monarch, Darmstadt [4]2009.

Kienast 2011 = Kienast, D., Römische Kaisertabelle. Grundzüge einer römischen Kaiserchronologie, Darmstadt [5]2011.

Kneppe 1994 = Kneppe, A., Metus Temporum. Zur Bedeutung von Angst in Politik und Gesellschaft der römischen Kaiserzeit des 1. und 2. Jahrhunderts n. Chr., Stuttgart 1994.

Koch 2013 = Koch, J., Von Helden und Opfern. Kulturgeschichte des deutschen Kriegsgedenkens, Darmstadt 2013.

Koselleck 1994 = Koselleck, R., Einleitung, in: Koselleck, R. & Jeissmann, M. (Hrsg.), Der politische Totenkult. Kriegerdenkmäler in der Moderne, München 1994, 9–20.

Koselleck 2000 = Koselleck, R., Erfahrungswandel und Methodenwechsel. Eine historisch-anthropologische Skizze, in: Koseleck, R. (Hrsg.), Zeitschichten. Studien zur Historik, Frankfurt 2000, 27–77.

Kovács 2009 = Kovács, P., Marcus Aurelius' Rain Miracle and the Marcomannic Wars, Leiden 2009.

Kuchler 2013 = Kuchler, B., Kriege. Eine Gesellschaftstheorie gewaltsamer Konflikte, Frankfurt 2013.

Kühne & Ziemann 2000 = Kühne, T. & Ziemann, B. (Hrsg.), Was ist Militärgeschichte?, Paderborn u.a. 2000.

Lehmann 2007 = Lehmann, G.A., Tacitus und die Dokumente – einige Überlegungen, in: Lehmann, G.A. & Wiegels, R. (Hrsg.), Römische Präsenz und Herrschaft im Germanien der augusteischen Zeit. Der Fundplatz von Kalkriese im Kontext neuerer Forschungen und Ausgrabungsbefunde, Göttingen 2007, 419–430.

Lehmann 2011 = Lehmann, G.A., Imperium und Barbaricum. Neue Befunde und Erkenntnisse zu den römisch-germanischen Auseinandersetzungen im nordwestdeutschen Raum – von der augusteischen Okkupationsphase bis zum Germanien-Zug des Maximinus Thrax (235 n. Chr.), Wien 2011.

Lendon 2007 = Lendon, J.E., War and Society, in: Sabin, Ph. et al. (eds.), The Cambridge History of Greek and Roman Warfare, vol. 1, Cambridge 2007, 509–515.

Lepper & Frere 1988 = Lepper, F. & Frere, Sh., Trajan's Column. A New Edition of the Cichorius Plates, Gloucester 1988.

Lica 2001 = Lica, V., *Clades Variana* and *postliminium*, Historia 50 (2001), 496–501.

Lipp 20000 = Lipp, A., Diskurs und Praxis, Militärgeschichte als Kulturgeschichte, in: Kühne, T. & Ziemann, B. (Hrsg.), Was ist Militärgeschichte?, Paderborn 2000, 212–227.

Low 2010 = Low, P., Commemoration of the war dead in classical Athens: remembering defeat and victory, in: Pritchard, D.M. (ed.), War, Democracy and Culture in Classical Athens, Cambridge 2010, 341–358.

Low et al. 2012 = Low, P. et al. (eds.), Cultures of Commemoration. War Memorials Ancient and Modern, Oxford 2012.

Maier 1987 = Maier, F.G., Neque quies gentium sine armis. Krieg und Gesellschaft im Altertum, Opladen 1987.

McDonnell 2006 = McDonnell, M., Roman Manliness. Virtus and the Roman Republic, Cambridge 2006.

Meyer 2012 = Meyer, M., *hostium aviditas*. Beute als Motivation germanischer Kriegführung, in: Baltrusch, E. et al. (Hrsg.), 2000 Jahre Varusschlacht. Geschichte – Archäologie – Legenden, Berlin 2012, 151–161.

Morillo 2013 = Morillo, St., What is Military History?, Cambridge [2]2013.

Müller 2009 = Müller, R.-D., Militärgeschichte, Köln u.a. 2009.

Nowosadtko 2001 = Nowosadtko, J., Krieg, Gewalt und Ordnung. Einführung in die Militärgeschichte, Tübingen 2002.

Nuber 2009a = Nuber, H.-U., P. Quinctilius Varus siegte...als *legatus* Augusti in Süddeutschland, in: 2000 Jahre Varusschlacht. Imperium, Stuttgart 2009, 106–113.

Nuber 2009b = Nuber, H.-U., Die Tragische Figur. Publius Quinctilius Varus, in: Schalles, H.-J. & Willer, S. (Hrsg.), Marcus Caelius. Tod in der Varusschlacht, Darmstadt 2009, 54–58.

Overmans 1999 = Overmans, R. (Hrsg.), In der Hand des Feindes. Kriegsgefangenschaft von der Antike bis zum Zweiten Weltkrieg, Köln 1999.

Phang 2008 = Phang, S.E., Roman Military Service. Ideologies of Discipline in the Late Republic and Early Principate, Cambridge 2008.

Pirson 1996 = Pirson, F., Style and Message on the Column of Marcus Aurelius. Papers of the British School at Rome 64 (1996), 139–180.

Reichmann 1999 = Reichmann, Ch., Archäologische Spuren der sogenannten Bataverschlacht vom November 69 n. Chr. und von Kämpfen des 3. Jahrhunderts n. Chr. im Umfeld des Kastells Gelduba (Krefeld-Gellep), in: Schlüter, W. & Wiegels, R. (Hrsg.), Rom, Germanien und die Ausgrabungen von Kalkriese, Osnabrück 1999, 97–115.

Reichmann 2006 = Reichmann, Ch., Kriegsgräber, in: Pirling, R. & Siepen, M. (Hrsg.), Die Funde aus den römischen Gräbern von Krefeld-Gellep, Stuttgart 2006 (GDV-B 20), 497–512.

Reichmann 2007 = Reichmann, Ch., Die Bataverschlacht, in: Uelsberg, G. (Hrsg.), Krieg und Frieden. Kelten – Römer – Germanen, Darmstadt 2007, 313–315.

Reichmann 2009 = Reichmann, Ch., Die Schlacht bei Gelduba (Krefeld-Gellep) im Herbst 69 n. Chr., in: Meller, H. (Hrsg.), Schlachtfeldarchäologie. Battlefield Archaeology. 1. Mitteldeutscher Archäologentag vom 09. Bis 11. Oktober 2008 in Halle (Saale), Halle 2009 (Tagungen des Landesmuseums für Vorgeschichte Halle 2), 99–107.

Renz 1972 = Renz, R.F., The legal position of the soldier and veteran in the Roman Empire, Diss. Fordham Univ. 1972.

Resch 2010 = Resch, K., Die Freiheit des Feldherrn. Der Handlungsspielraum römischer Feldherren, 218–133 v. Chr., Berlin 2010.

Rich 2012 = Rich, J., Roman attitudes to defeat in battle under the Republic, in: F. M. Simón et al. (eds.), Vae Victis! Perdedores en el mundo antiguo, Barcelona 2012 (Collecció Instrumenta 14), 83–111.

Rich 2013 = Rich, J., Roman Rituals of War, in: Campbell, B. & Tritle, L.A. (eds.), The Oxford Handbook of Warfare in the Classical World, Oxford 2013, 542–568.

Richter 2004 = Richter, D., Das römische Heer auf der Trajanssäule. Propaganda und Realität, Mannheim – Möhnesee 2004.

Rogg 2013 = Rogg, M., Kompass Militärgeschichte. Ein historischer Überblick für Einsteiger, Freiburg 2013.

Rosenstein 2007 = Rosenstein, N., War and Peace, Fear and Reconciliation at Rome, in: Raaflaub, K.A. (eds.), War and Peace in the Ancient World, Oxford 2007, 226–244.

Rost 2009a = Rost, A., Characteristics of Ancient Battlefields: Battle of Varus (9 AD), in: Scott, D. et al. (Hrsg.), Fields of Conflict. Battlefield Archaeology from the Roman Empire to the Korean War, Washington 2009, 50–57.

Rost 2009b = Rost, A., Das Schlachtfeld von Kalkriese. Eine archäologische Quelle für die Konfliktforschung, in: 2000 Jahre Varusschlacht. Konflikt, Stuttgart 2009, 68–76.

Rost & Wilbers-Rost 2012a = Rost, A. & Wilbers-Rost, S., Kalkriese – Archäologische Spuren einer römischen Niederlage, in: Baltrusch, E. et al. (Hrsg.), 2000 Jahre Varusschlacht. Geschichte – Archäologie – Legenden, Berlin 2012, 163–176.

Rost & Wilbers-Rost 2012b = Rost, A. & Wilbers-Rost, S., Kalkriese 6. Verteilung der Kleinfunde auf dem Oberesch in Kalkriese. Kartierung und Interpretation der römischen Militaria unter Einbeziehung der Befunde, Mainz 2012.
Rüpke 1990 = Rüpke, J., Domi militiae. Die religiöse Konstruktion des Krieges in Rom, Stuttgart 1990.
Rüpke 1995 = Rüpke, J., Wege zum Töten, Wege zum Ruhm: Krieg in der Römischen Republik, in: von Stietencron, H. & Rüpke, J. (Hrsg.), Töten im Krieg, München 1995, 213–240.
Rüpke 2006 = Rüpke, J., Tempel, Daten, Rituale – die Götter als Langzeitgedächtnis der Gesellschaft, in: Stein-Hölkeskamp, E. & Hölkeskamp, K.-J. (Hrsg.), Erinnerungsort der Antike, München 2006, 564–566.
Salazar 2013 = Salazar, Ch.F.,Treating the Sick and Wounded, in: Campbell, B. & Tritle, L.A. (Hrsg.), The Oxford Handbook of Warfare in the Classical World, Oxford 2013, 294–311.
Schalles & Willer 2009 = Schalles, H.-J. & Willer, S. (Hrsg.), Marcus Caelius. Tod in der Varusschlacht, Darmstadt 2009.
Schmetterer 2012 = Schmetterer, Ch., Die rechtliche Stellung römischer Soldaten im Prinzipat, Wiesbaden 2012.
Schörner 2007 = Schörner, H., Sepulturae graecae intra urbem. Untersuchungen zum Phänomen der intraurbanen Bestattungen bei den Griechen, Möhnesee 2007.
Speidel 1994 = Speidel, M.P., Die Denkmäler der Kaiserreiter. Equites Singulares Augusti, Köln – Bonn 1994.
Speidel 2010 = Speidel, M.A., *Pro Patria Mori*... La Doctrine du Patriotisme Romain dans l'Armée Impériale, Cahiers Glotz 21 (2010), 139–154.
Stäcker 2003 = Stäcker, J., *Princeps* und *miles*. Studien zum Bindungs- und Nahverhältnis von Kaiser und Soldat im 1. und 2. Jahrhundert n. Chr., Hildesheim 2003.
Stoll 2007 = Stoll, O., 'Nulla erunt bella, nulla captivitas'? Aspekte der Kriegsgefangenschaft und Gefangene als Mediatoren römischer Technologie im Sasanidenreich, in: Günther, S. et al. (Hrsg.), Pragmata. Beiträge zur Wirtschaftsgeschichte der Antike im Gedenken an Harald Winkel, Wiesbaden 2007, 117–149.
Strobel 1984 = Strobel, K., Untersuchungen zu den Dakerkriegen Trajans. Studien zur Geschichte des mittleren und unteren Donauraumes in der Hohen Kaiserzeit, Bonn 1984.
Strobel 2010 = Strobel, K., Kaiser Traian. Eine Epoche der Weltgeschichte, Regensburg 2010.
Timpe 1962 = Timpe, D., Die Bedeutung der Schlacht von Carrhae, Museum Helveticum 19 (1962), 104–129.
Timpe 1970 = Timpe, D., Arminius-Studien, Heidelberg 1970.
Toner 2013 = Toner, J., Roman Disasters, Cambridge 2013.
Tirtle 2000 = Tritle, L.A., From Melos to My Lai. War and Survival, London – New York 2000.
v. Ungern-Sternberg 2000 = von Ungern-Sternberg, J., Eine Katastrophe wird verarbeitet: Die Gallier in Rom, in: Brun, Ch. (Hrsg.), The Roman middle Republic. Politics, Religion, and Historiography c. 400–133 B.C., Rom 2000, 207–222.
Volkmann 1990 = Volkmann, H., Die Massenversklavungen der Einwohner eroberter Städte in der Hellenistisch-Römischen Zeit, Stuttgart 21990 (Forsch. zur Antiken Sklaverei 22).
Vössing 2009 = Vössing, K., Propaganda. Der „Varuskrieg", in: Schalles, H.-J., & Willer, S. (Hrsg.), Marcus Caelius. Tod in der Varusschlacht, Darmstadt 2009, 21–26.

Walter 2004 = Walter, U., *Memoria* und *res publica*. Zur Geschichtskultur im republikanischen Rom, Frankfurt 2004.

Walter 2006 = Walter, U., Kalender, Fasten und Annalen – die Ordnung der Erinnerung, in: Stein-Hölkeskamp, E. & Hölkeskamp, K.-J. (Hrsg.), Erinnerungsort der Antike, München 2006, 40–58.

Wegner 2002 = Wegner, B. (Hrsg.), Wie Kriege enden. Wege zum Frieden von der Antike bis zur Gegenwart, Paderborn u.a. 2002 (Krieg in der Geschichte 14).

Wesch-Klein 1993 = Wesch-Klein, G., Funus publicum. Eine Studie zur öffentlichen Beisetzung und Gewährung von Ehrengräbern in Rom und den Westprovinzen, Heidelberg 1993.

Whitby 2007 = Whitby, M., Reconstructing Ancient Warfare, in: Sabin, Ph. et al. (eds.), The Cambridge History of Greek and Roman Warfare, vol.1, Cambridge 2007, 54–81.

van Wickevoort Crommelin 1995 = van Wickevoort Crommelin, B.R., *Quintili Vare, legiones redde*! Die politische und ideologische Verarbeitung einer traumatischen Niederlage, in: Franzius, G. (Hrsg.), Aspekte römisch-germanischer Beziehungen in der Frühen Kaiserzeit, Rahden/Westf. 1995, 1–43.

Wilbers-Rost 2009 = Wilbers-Rost, S., Total Roman Defeat at the Battle of Varus (9 AD), in: Scott, D. et al. (Hrsg.), Fields of Conflict. Battlefield Archaeology from the Roman Empire to the Korean War, Washington 2009, 121–132.

Wolters 2003 = Wolters, R., Hermeneutik des Hinterhalts: die antiken Berichte zur Varuskatastrophe und der Fundplatz von Kalkriese, Klio 85 (2003), 131–170.

Wolters 2008 = Wolters, R., Die Schlacht im Teutoburger Wald. Arminius, Varus und das römische Germanien, München 2008.

Wolters 2009 = Wolters, R., Rache, Anspruch und Verzicht. Die römische Germanienpolitik nach der Varuskatastrophe, in: 2000 Jahre Varusschlacht. Imperium, Stuttgart 2009, 210–216.

Wolters 2012 = Wolters, R., Die Schlacht im Teutoburger Wald. Varus, Arminius und das römische Germanien, in: Baltrusch, E. et al. (Hrsg.), 2000 Jahre Varusschlacht. Geschichte – Archäologie – Legenden, Berlin 2012, 3–21.

Zanker 1998 = Zanker, P., Die Barbaren, der Kaiser und die Arena. Bilder der Gewalt in der römischen Kunst, in: Sieferle, R.P. & Breuninger, H. (Hrsg.), Kulturen der Gewalt. Ritualisierung und Symbolisierung von Gewalt in der Geschichte, Frankfurt 1998, 53–86.

Zanker 2000 = Zanker, P., Die Frauen und Kinder der Barbaren auf der Markussäule, in: Scheid, J. & Huet, V. (éds.), Autour de la colonne Aurélienne. Gestes et images sur la colonne de Marc Aurèle à Rome, Turnhout 2000, 163–174.

Zimmermann 2009 = Zimmermann, M., „...als wären sie selbst dabei gewesen". Antike Kriegslandschaften in Bild und Text, in: Schild, G. & Schindling, A. (Hrsg.), Kriegserfahrungen. Krieg und Gesellschaft in der Neuzeit. Neue Horizonte der Forschung, Paderborn 2009, 41–81.

Zimmermann 2013 = Zimmermann, M., Gewalt. Die dunkle Seite der Antike, München 2013.

Der Kaisereid von Gangra – Neue Überlegungen zum Text

Christian Marek

Im zehnten Buch der Briefe des jüngeren Plinius, das den Briefwechsel mit Kaiser Traian enthält, schildert Brief Nr. 52 einen bemerkenswerten Vorgang: „Den Tag, an dem du durch Übernahme der Regierung das Reich vor Schaden bewahrt hast, haben wir freudig, wie du es verdienst, gefeiert, indem wir die Götter baten, dich der Menschheit, deren Schutz und Sicherheit an deinem Leben hängt, gesund und blühend zu erhalten."[1] Bestandteil der Jahr für Jahr am selben Tag wiederholten Zeremonie war ein Eid, wie es der folgende Satz verdeutlicht: „Wir haben auch den Soldaten den Eid feierlich vorgesprochen, während die Provinzialen in gleicher Anhänglichkeit dasselbe schworen."[2]

Die Vereidigung der *commilitones cum provincialibus* unter Vortritt des Statthalters fand in einer Provinz statt, die nicht weit entfernt ist von der Landschaft Paphlagonien. Hier hat ein Jahrhundert zuvor eine der wohl frühesten Veranstaltungen dieser Art stattgefunden, deren Bedeutung die Beteiligten hoch genug schätzten, um an sie für alle Zeit in Stein verewigt öffentlich zu erinnern. Die Inschrift ist bekannt als ‚Der Kaisereid von Gangra'.

Auf diese Inschrift wurde der im Norden Kleinasiens reisende belgische Epigraphiker, Archäologe und Religionshistoriker Franz Cumont aufmerksam, als ihm der Bischof von Amasya, ein Grieche namens Anthimos, von dem Fund im Jahre 1900 bei einer orthodoxen Kirche in Vezirköprü berichtete. In Dörfern und Kleinstädten der ganzen Gegend siedelten damals – vor dem Ersten Weltkrieg – zahlreiche Griechen, ‚Rum' (Römer) wie sie von den Türken noch heute genannt werden. Der Stein wurde in das ‚Museum des Imperiums' nach Istanbul gebracht, das knapp 20 Jahre zuvor von dem reichen Efendi Osman Hamdi Bey, Maler, Kunstsammler und frisch ernannten Antikendirektor an der Hohen Pforte gegründet worden war. Cumont publizierte die *editio princeps* in den *Comtes Rendus* der *Académie des Inscriptions & Belles Lettres* 1900 und gleich darauf in der *Revue des Études Grecques* 14, 1901 sowie, im selben Jahr, in der *Revue archéologique* 39. Der Text fand wenige Jahre später Eingang in Wilhelm Dittenbergers *Orientis Graecae Inscriptiones Selectae* Nr. 532 von 1905, in Cagnats *Inscriptiones Graecae ad Res Romanas Pertinentes*

1 Plin. ep. 10,52: *Diem, domine, quo servasti imperium, dum suscipis, quanta mereris laetitia celebravimus precati deos, ut te generi humano, cuius tutela et securitas saluti tuae innisa est, incolumen florentemque praestarent* (dt. Übersetzung von H. Kasten).

2 Ibid.: *Praeivimus et commilitonibus ius iurandum more solemni, eadem provincialibus certatim pietate iurantibus.*

Band 3 Nr. 137 von 1906, und im *Appendix Titulorum Graecorum* von Herrmann Dessaus zweitem Band der *Inscriptiones Latinae Selectae* Nr. 8781 von 1906.[3]

Grösster Aufmerksamkeit seitens der Forschung erfreute sich der hier zum ersten und einzigen Mal in einer vollständigen Version überlieferte Text eines Kaisereids, wobei die mit diesem Text verbundenen Implikationen für die rechtlichen und ideologischen Aspekte des augusteischen Prinzipats betont wurden. Im Mittelpunkt unseres Interesses steht indes nicht der Eidestext selbst, sondern die ihm in der Inschrift vorausgehenden Angaben in Zeilen 1–7 und die ihm nachgestellten Ausführungsbestimmungen in Zeilen 36–42. In der Einleitung in Zeile 4 ist als Ort der Eidesleistung Gangra genannt, die alte Residenz der paphlagonischen Könige.[4]

Ἀπὸ αὐτοκράτορος Καίσ[αρος]
θεοῦ υἱοῦ Σεβαστοῦ ὑπατεύ[σαντος τὸ]
δωδέκατον ἔτους τρίτου, π[ροτέραι]
νωνῶν Μαρτίων, ἐν Γάνγροις ΕΝ . Λ[---------- ὅρ-]
κος ὁ τελεσθ[εὶς ὑ]πὸ τῶ[ν] κατοικ[ούντων Πα-]
φλαγονία[ν καὶ τῶν πραγ]ματευομ[ένων πα-]
ρ' αὐτοῖς Ῥ[ωμαίων. vacat ?]

Nach dem Text des Eides (Zeilen 8–35) folgt in den Zeilen 36–42:

Κατὰ τὰ αὐτὰ ὤμοσαν καὶ οἱ Ε[-----------]
πάντες ἐν τοῖς κατὰ ΤΑϹΥΓ̣[---------Σε-]
βαστήοις παρὰ τοῖς βωμοῖ[ς τοῦ Σεβαστοῦ.]w
Ὁμοίως τε Φαζιμωνεῖται οἱ [τὴν νῦν Νεάπο-]
λιν λεγομένην κατοικοῦν[τες ὤμοσαν σύμ-]
παντες ἐν Σεβαστήωι παρὰ τ[ῶι βωμῶι τοῦ]
Σεβαστοῦ.

Vezirköprü, der Fundort der Inschrift, ist durch weitere Inschriftenfunde gesichert als Ortslage der von Strabon als Phazemon bezeichneten Siedlung, die Pompeius zur Neapolis erhob, und die sich in der frühen Kaiserzeit in Neoclaudiopolis umbenannte. Die umliegende Landschaft trug den Namen Φαζημωνῖτις.[5] Denselben Namen trägt das am Schwur beteiligte Kollektiv in Zeile 39: Φαζιμωνεῖται, und hinzugefügt ist das auf

3 Neueste Edition mit ausführlicher Forschungsgeschichte: Sørensen 2015; s. auch Marek 2015: 309–311.

4 Zu Gangra bes. Robert 1980: 206

5 Strabon 12,3,38.

der Grundlage des Strabontextes zuverlässig ergänzte οἱ [τὴν καὶ Νεάπο]|λιν λεγομένην κατοικοῦν[τες].[6]

Das Datum des Kaisereides ist auf der Grundlage der Angaben in Zeilen 3–4 – „sie zeigen einen Kenner des römischen Kalenders in Paphlagonien“[7] – mit dem zwölften Konsulat des Augustus und „am Tag vor den märzlichen Nonen“ auf den 6. März des Jahres 3 v. Chr. fixiert. Es war der Jahrestag der neun Jahre früher erfolgten Wahl des Augustus zum *Pontifex Maximus*. Augustus war *cos*. XII im Jahr 5 v. Chr. und *cos*. XIII 2 v. Chr. Die genaue Datierung des Kaisereides beruht damit auf der Angabe ἔτους τρίτου der lokalen Aera. Eine Ortsangabe lautet: „in Gangra“. Bereits zur Zeit der *editio princeps* zu Beginn des 20. Jahrhunderts war durch Münzen und Inschriften – insbesondere eine städtische Ehrung für den Caesar Carinus – für die Ära von Phazemon/Neapolis das Epochenjahr 6/5 v. Chr. errechnet worden. Für Gangra selbst führen Berechnungen der auf Münzen und in Inschriften überlieferten Daten in unmittelbare Nähe dieses Jahres, desgleichen die Ärendaten der Inschriften von Pompeiopolis für Cn. Claudius Severus, den Schwiegersohn des Kaisers Marcus Aurelius, und für die Kaiserin Salonina, die Gattin des Gallienus und Mutter Valerians II. Seither spricht die Mehrzahl der Forscher von einer im Jahr 6/5 v. Chr. beginnenden „Ära der paphlagonischen Städte.“[8]
Bekanntlich hat Pompeius vom paphlagonischen Binnenland nur die beiden auf seine Initiative hin entstandenen Neugründungen Pompeiopolis und Neapolis in die damals eingerichtete Doppelprovinz *Pontus et Bithynia* aufgenommen. Gangra blieb Residenz von Dynasten, zunächst Attalos, ab 40 v. Chr. Kastor II., wenige Jahre später Deiotaros Philadelphos.[9] Die östliche, ‚pontische‘ Teilprovinz (der auch Paphlagonien angehörte) überdauerte in dieser Form nicht. In keiner der künftigen Ordnungen befanden sich die paphlagonischen Städte jemals wieder in der bereits unter Marcus Antonius vor 31 v. Chr. erheblich verkleinerten Provinz *Pontus et Bithynia*, die jedenfalls bis in die zweite Hälfte des 3. Jahrhunderts bestand.

Seit Augustus 25 v. Chr. die Provinz Galatia gründete, befanden sich die mit der gemeinsamen Ära datierenden Städte Paphlagoniens unter der Aufsicht des *legatus Augusti pro praetore* in Ankyra. Paphlagonien war zunächst nicht Provinzgebiet. Die Phazemonitis, obgleich rechts (östlich) des Halys gelegen, gehörte laut Strabon noch zur Landschaft Paphlagonien. Der Geograph führt in 12,3,9 die Grenzen Paphlagoniens aus und beginnt mit der Ostgrenze: Τοὺς δὲ Παφλαγόνας πρὸς ἕω μὲν ὁρίζει ὁ Ἅλυς ποταμός – „Was die Paphlagonier betrifft, so bildet im Osten der Halys die Grenze“, und er wiederholt wenige Zeilen darunter dasselbe: πρὸς ἕω μὲν τοίνυν ὁ Ἅλυς ὅριον τῶν Παφλαγόνων, „im Osten ist der Halys Grenze des Gebiets der Paphlagonier“, fügt aber kurz darauf hinzu: τῆς δὲ χώρας ταύτης διῃρημένης εἴς τε τὴν μεσόγαιαν καὶ τὴν ἐπὶ θαλάττῃ – „Von diesem Gebiet, das in zwei Teile zerfällt, den binnenländischen und den am Meer“ – διατείνουσαν ἀπὸ τοῦ Ἅλυος μέχρι Βιθυνίας ἑκατέραν – „jeder von beiden sich vom Halys bis Bithynien erstreckend“, τὴν μὲν

6 Dazu Sørensen 2015: 20.
7 Cancik 2003: 33.
8 Leschhorn1993: 170–175.
9 Marek 1993: 26–41.

παραλίαν ἕως τῆς Ἡρακλείας εἶχεν ὁ Εὐπάτωρ – „besass Eupator die Küste bis Herakleia", – τῆς δὲ μεσογαίας τὴν μὲν ἐγγυτάτω ἔσχεν – „und vom Binnenland besass er das am nächsten gelegene", – ἧς τινα καὶ πέραν τοῦ Ἅλυος διέτεινε – „von dem ein Teil sogar über den Halys hinaus reichte." – καὶ μέχρι δεῦρο τοῖς Ῥωμαίοις ἡ Ποντικὴ ἐπαρχία ἀφώρισται – „bis dahin reichte auch die pontische Provinz bei den Römern" – τὰ λοιπὰ δ' ἦν ὑπὸ δυνάσταις καὶ μετὰ τὴν Μιθριδάτου κατάλυσιν – „das Übrige blieb auch nach Mithridates' Untergang unter der Herrschaft von Dynasten". Es ist exakt dieser binnenländische Teil Paphlagoniens jenseits des Halys (πέραν τοῦ Ἅλυος), mit dem Stabon die Phazemonitis meint.

Tønnes Bekker-Nielsen hat in einer ausführlichen Argumentation Zweifel an dieser Zuordnung geäussert und das Land als zu ‚Pontos' gehörig erachtet, – ‚Pontos' sowohl im Sinne einer Landschaftsbezeichnung, als auch im Sinne der in der Kaiserzeit bestehenden, mit Bithynia vereinten Provinz.[10] Hauptstütze seiner Auffassung ist die Einleitung in Strabon 12,3,38, wo der Geograph die Phazemonitis zu einem Gebiet rechnet, das in seiner Beschreibung „von Pontos" noch übrig sei: λείπεται δὴ τοῦ Πόντου τὰ μεταξὺ ταύτης τε τῆς χώρας καὶ τῆς Ἀμισηνῶν καὶ Σινωπέων πρός τε τὴν Καππαδοκίαν συντείνοντα καὶ Γαλάτας καὶ Παφλαγόνας. – „Übrig ist somit von Pontos noch das Gebiet, das sich zwischen diesem Land und dem der Amisener und der Sinopier gegen Kappadokien, die Galater und die Paphlagonier hin erstreckt." Aber Πόντος bezeichnet hier – wie im ganzen Kapitel 12,3 – das Territorium des ehemaligen Mithradatischen Königreiches, zu dem auch der nördliche Teil Paphlagoniens gehörte. Das wird deutlich aus 12,3,9: περὶ μὲν δὴ τῶν ἐν τῇ μεσογαίᾳ Παφλαγόνων ἐροῦμεν ὕστερον τῶν μὴ ὑπὸ τῷ Μιθριδάτῃ – „Von den Paphlagoniern im Binnenland, die nicht dem Mithradates untertan waren, werden wir später sprechen",[11] – νῦν δὲ πρόκειται τὴν ὑπ' ἐκείνῳ χώραν, κληθεῖσαν δε Πόντον, διελθεῖν – „jetzt geht es darum, das Gebiet, das ihm unterstand und Pontos genannt wurde, durchzugehen." Strabon beginnt diese Beschreibung mit der Küste Paphlagoniens (Amastris, Abonuteichos, Sinope), setzt sie an der Küste nach Osten hin fort über Amisos, Themiskyra, Sidene, Pharnakeia bis nach Trapezus, um von dort – nach einem philologischen Exkurs (20–27) – in einem Bogen nach Süden ins Landesinnere zu Kleinarmenien und westwärts durch Phanarhoia, Kabeira, Komana, Zela zur Phazemonitis und Amaseia zu gelangen (38); er beendet (40: λοιπὴ δ' ἐστίν) die Rundreise mit jenem nördlichen Teil des paphlagonischen Binnenlandes – der Sinopitis an der Küste benachbart (συναφὴς τῇ Σινωπίδι) –, der zum Königreich Pontos gehört hatte und folglich in die von Pompeius geschaffene Provinz Pontus integriert wurde (τῆς Ποντικῆς ἐπαρχίας). Die von Strabon 12,3,9 angekündigte Beschreibung des Teils von Paphlagonien, der nicht unter der Herrschaft des Mithradates stand – τὰ ἐν τῇ μεσογαίᾳ ... τὰ μὴ ὑπὸ τῷ Μιθριδάτῃ – wird in Kapitel 41 aufgenommen.

Die Phazemonitis war mithin Teil des Königreiches Pontos und war als solcher wie das übrige ‚mithradatische', d.h. das nördliche Paphlagonien, von Pompeius als *provincia* Pontus annektiert worden, gemeinsam mit diesem aber unter Antonius auch wieder dynastischer Herrschaft überlassen worden. Die mit Pompeiopolis und Gangra gemeinsame Ära (6/5 v. Chr.) und die Beteiligung an der Aktion des Kaisereides im März des Jahres

10 Bekker-Nielsen 2014.

11 Damit ist der südliche Teil Paphlagoniens mit Gangra gemeint, der nicht Teil des Königreiches war.

3 v. Chr. zwingt zu der Annahme einer irgendwie gearteten Union dieser Städte, einer Union, die sich in der Kaiserzeit durch Paphlagonia benennen lässt.

Von Anfang an hat man sich gefragt, auf welche Instanz die Initiative zu der Vereidigung einer in Paphlagonien ansässigen Bevölkerung zurückgehe. Franz Cumont schwankte zwischen einer römischen Behörde und der Vertretung der Provinzialen selbst, d.h. einem *koinon*. Bereits vor Augustus ist das Phänomen der ‚Provinziallandtage' in Kleinasien präsent, sicher in Asia, der ältesten römischen Provinz um die Mitte des 1. Jahrhunderts v. Chr.,[12] sehr wahrscheinlich auch in Bithynia: Die (insgesamt 5) Briefe des Brutus an die Bithynier[13] – womit nur das *koinon* gemeint sein kann – gelten vielen Forschern zwar als unecht, aber die Stelle bei Cassius Dio zum Jahr 29 (51,20,7), wonach der neue Princeps den ‚Bithynern' erlaubte, ihm in Nikomedeia einen heiligen Bezirk einzurichten, setzt ihrem Wortlaut nach eine provinziale Organisation voraus.[14] Für den pontischen Teil der Provinz gibt es vor der claudischen Epoche kein direktes Zeugnis.

Darüber, welcher Landtagsorganisation die paphlagonischen Städte seit der Zeit der neuen, von Augustus eingeführten Provinzordnung in Anatolien angehörten, herrscht in der Forschung bis heute Verwirrung. Eine Mehrzahl von Gelehrten hängt der Idee an, ein *koinon* von Pontus-Bithynia, das einst unter Pompeius entstanden war, habe in der Kaiserzeit unverändert fortbestanden.[15] Für Stephen Mitchell wurzelt eine angebliche ‚Pontic identity' in dieser alle Provinz-Neuformationen überdauernden Zusammengehörigkeit als *koinon*:

> The evidence for the use of the ethnic [‚pontikos'] needs to be combined with the extremely complicated problems concerning the extent and nature of the Pontic koinon, the origin of which can probably be traced back to the creation of Pompeius' province. It can be used as an argument for the view ... that there was only a single Pontic koinon in Asia Minor.[16]

Seine Theorie wird von Xavier Loriot unterstützt, von diesem nur dahingehend modifiziert, dass das *koinon* von Pontus nicht vor der Flavischen Epoche entstanden war, gleichwohl die territoriale Ausdehnung der früheren pompeianischen Provinz besass.[17]

Jenseits des bithynischen war jedenfalls bereits unter Augustus, bald nach der Einrichtung der Provinz Galatia im Jahre 25 v. Chr. ein weiteres *koinon* entstanden, und zwar in Ankyra. Die älteste Priesterliste am Roma-Augustus Tempel beginnt 5/4 v. Chr. Der

12 Sherk 1969; RDGE 52 [*Epistula magistratus Romani ad Miletos aliosque*]: πρὸς τὸ κοινὸν τῶν Ἑλλήνων γέγραφα.
13 Ed.: Torraca 1959.
14 Ohne überzeugende Begründungen, so z.B. Deininger 1966.
15 Zuerst Brandis 1896.
16 Mitchell 2002: 50. In den Inschriften der Kaiserzeit bezeichnet Ποντικός nicht ausschliesslich Bewohner der Provinz in Kleinasien, die zuerst von Pompeius eingerichtet wurde. Vgl. IosPE I2 79: ἐπεὶ Ὀρόντας Ὀλβιοπολείτας Αβαβου υἱὸς ἀνδρὸς οὐ μόνον τᾶς πατρίδος, ἀλλὰ καὶ σύμπαντος τοῦ Ποντικοῦ πρατιστεύσαντος ἔθνεος.
17 Loriot 2006.

Tempel war vor Augustus' Tod fertig. In der Zwischenzeit muss das *koinon* der Galater entstanden sein, d.h. wenige Jahre vor den Ereignissen im nördlich benachbarten Paphlagonien, die zum Kaisereid von Gangra führten.

In auffälliger Parallele zu dem Vorgang der Herrscherverehrung 26 Jahre früher in Bithynien sind die Beteiligten hier ebenfalls sowohl die Einheimischen: οἱ κατοικοῦντες Παφλαγονίαν (Zeile 5–6; vgl. bei Cass. Dio 51,20,7: ξένοι, Ἕλληνάς σφας ἐπικαλέσας) als auch die Römer: οἱ παρ' αὐτοῖς πραγματευόμενοι Ῥωμαῖοι (Zeile 6–7; vgl. bei Cass. Dio, a.a.O.: οἱ Ῥωμαῖοι οἱ παρ' αὐτοῖς ἐνοικοῦντες).[18]

Die Eidesleistung dieser Bevölkerung wird auf drei verschiedene Ortsangaben verteilt, Zeile 4, Zeilen 36: κατὰ τὰ αὐτὰ ὤμοσαν und 39: ὁμοίως τε. Diese beiden Zeilen sind auf dem Stein nach links ausgerückt. An der ersten Stelle (Zeile 4) befindet sich hinter der Ortsangabe ἐν Γάνγροις und der Buchstabensequenz EN . Λ eine Lücke am Zeilenende, bis der Text mit ὅρ-]|κος ὁ τελεσθ[εὶς] ὑπὸ wieder aufgenommen werden kann. Ergänzungsvorschläge verschiedener Forscher haben gemeinsam, dass sie eine weitere, spezifizierende Ortsangabe wiedergeben. Bücheler und Cumont ergänzen: ἐν [κ]ά[στροις]; Haussoulier: ἐν [π]α[νηγύρει]; Dittenberger und Dessau: ἐν [τ]ἀ[γορᾶι]; Grégoire: ἐν [Κ]α[ισαρήωι].[19] Zunächst ist mit Sørensen festzuhalten, dass der in diesen Ergänzungen als Alpha gelesene Buchstabe kein Alpha, sondern nur ein Lambda sein kann, da das Alpha sonst stets mit einem waagrechten Querbalken auf der Spitze geschrieben wird. Weiterhin ist man nicht gezwungen, der Einschränkung auf eine mit Präposition ἐν eingeleitete Ortsangabe zu folgen. Verschiedene andere Lösungen sind epigraphisch vertretbar: So könnte es einfach geheissen haben: Ἐν Γάνγροις ἐν[γ]λ[υφθεὶς ὅρ-]|κος ὁ τελεσθ[εὶς] ὑπὸ τῶ[ν] κατοικ[ούντων Πα-]|φλαγονία[ν – „In Gangra aufgeschriebener Eid, der von den Bewohnern Paphlagoniens geschworen wurde." Eine vielleicht noch bessere Lösung ist: ἐν[η]λ[ίκων ὅρ-]|κος ὁ τελεσθ[εὶς] ὑπὸ τῶ[ν] κατοικ[ούντων Πα-]|φλαγονία[ν – „Eid der Erwachsenen, der von den Bewohnern Paphlagoniens geschworen wurde."[20]

An der zweiten Stelle (Zeilen 36–37) befinden sich ebenfalls Lücken an den Zeilenenden. Es werden eine oder mehrere Gruppen von Paphlagoniern genannt, die sich irgendwo (ἐν ....) befanden und daselbst den Eid an näher definierten Orten schworen, die als Sebasteia bezeichnet sind: ἐν τοῖς κατὰ τὰϹΥ̣Γ̣[----- Σε-]|βαστήοις. Franz Cumont und Theodore Reinach haben Ergänzungen vorgelegt, die allgemein akzeptiert worden sind:[21] Κατὰ τὰ αὐτὰ ὤμοσαν καὶ οἱ ἐν̣ [τῆι χώραι]| πάντες ἐν τοῖς κατὰ τὰς ὑ[παρχίας Σε-]|βαστήοις παρὰ τοῖς βωμοῖ[ς τοῦ Σεβαστοῦ] – „Ebenso hat den Eid die ganze Bevölkerung auf dem Land in den Sebasteia der Unterbezirke an den Altären des Augustus geleistet."

18 Damals, in Bithynien, war den Römern freilich nur die Verehrung der Roma und des Divus Iulius gestattet.

19 Ausführlich mit Belegen Sørensen 2015: 18.

20 I. Perge 11 (Kaiserzeit) ἀναλοῦσθαι ὑπὸ τῶν κωμαρχῶν εἴς τε θυσίας τοῦ θεοῦ καὶ εἰς εὐωχίαν τῶν κατοικούντων τὴν κώμην ἐνηλίκων. Milet I 3,149 (Milet u. Pidasa): ὀμόσαι δὲ ἐμ Πιδάσοις καὶ τοὺς ἄλλους Πιδασεῖς τοὺς ὄντας ἐπιδήμους καὶ ἐν ἡλικίαι ὑπάρχοντας τὸν αὐτὸν ὅρκον.

21 Sørensen 2015: 19–20.

Eingehender Prüfung halten diese Ergänzungen jedoch nicht stand. Mit *chora* kann nur das Stadtterritorium gemeint sein. Das hieße, man hätte hier die Landbewohner Gangras von den Stadtbürgern gesondert aufführen wollen; doch wird oben in Zeile 5–6 mit dem Ausdruck „Bewohner Paphlagonias" (κατοικοῦντες Παφλαγονίαν) keine Einschränkung gemacht, die die zusätzliche Nennung der Landbewohner erforderte. Zwingender noch scheint mir ein weiterer Einwand zu sein: Sebasteia sind entweder Tempel, heilige Bezirke (*temene*) oder Feste. Wegen des Zusatzes παρὰ τοῖς βωμοῖ[ς τοῦ Σεβαστοῦ] – „an den Altären des Augustus" müssen hier regelrecht ausgebaute Kultstätten gemeint sein. Es ist jedoch so gut wie ausgeschlossen, dass sich damals, 3 v. Chr., zahlreiche derartige Sebasteia in der *chora* von Gangra befunden hätten. Diese heiligen Bezirke des Kaiserkultes in seiner frühesten Phase können nur in den Stadtzentren zu suchen sein.

Schließlich die Ergänzung von ὑ[παρχίας – „Unterbezirke": Auf dem Stein ist nach dem Ypsilon eine senkrechte Haste zu sehen, das Faksimile in *Studia Pontica* bildet noch den Teil einer waagrechten Haste ab, so dass ein Pi oder ein Gamma in Frage kommen. Cumont merkt im Kommentar der *editio princeps* an, dass ihm die Ergänzung von Théodore Reinach vorgeschlagen wurde.[22] In dem Bemühen, sie durch einschlägige Parallelen abzustützen, verweist er dafür auf Strabon, zuerst auf zwei Stellen in Buch 4, Kapitel 1, das Gallien behandelt. Allerdings haben die Handschriften nur an einer der beiden ὑπαρχία (4,1,9), während an der anderen (4,1,3) ταύτης τε τῆς ἐπαρχίας sich auf Gallia Narbonensis bezieht, die von der Ἰβερική abgegrenzt wird. Die Formulierung καὶ τῆς Ἰβερικῆς kann allerdings so verstanden werden, dass Strabon die Iberike ebenfalls als eine ἐπαρχία auffasst. Eine dritte von Cumont herangezogene Strabonstelle (12,3,37) führt nach Kleinasien. Der Geograph beschreibt die Landschaft um Zela in Zentralpontos und erklärt: Πομπήιος δὲ πολλὰς ἐπαρχίας προσώρισε τῷ τόπῳ – „Pompeius aber hat dem Ort viele eparchiai zugeschlagen." Das erklärt Cumont merkwürdigerweise als korrupt und setzt ὑπαρχία dafür ein. Der Kunstgriff hatte Folgen. Stephen Mitchell schreibt in seinem Buch Anatolia:

> These passages appear to give the technical term by which these rural districts were known. However, eparchia is the familiar and common Greek word normally used by Strabo for all or part of a Roman province, not for a modest rural district, and there is much to be said for the suggestion that what Strabo actually wrote in these cases was hyparchia, less well-attested but familiar as a term used to describe a subdivision of a satrapy in the Seleucid and, by implication, the Persian empire.[23]

Auf dieser Grundlage entschloss sich Stefan Radt, in den Text seiner Ausgabe von Strabons *Geographika* an dieser Stelle einzugreifen: „Cumonts vergessene Korrektur (!) des überlieferten ἐπαρχίας hat Mitchell [...] zu Ehren gebracht."[24]
Strabon, der sein Werk in der Zeit des Tiberius zum Abschluss brachte, verwendet an 27 Stellen das Wort ἐπαρχία, an der einzigen – schon genannten im Kapitel über Gallien

22 Cumont 1901: 29. Dazu Sørensen 2015: 20 Anm. 22.
23 Mitchell 1993: 91.
24 Radt 2008: 397–398.

(4,1,9) – , wo die Handschriften ὕπαρχια bieten, hat man deshalb ἐπαρχία konjiziert. Für 24 von den 27 Stellen lässt sich die Wortbedeutung „römische Provinz" eindeutig sichern. In immerhin drei Fällen sind andere, nichtrömische, in der Regel kleinere Einheiten gemeint. Ausser der Stelle, wo Strabon die Zelitis in Pontos beschreibt, kommt eine weitere in Buch 11,14,4 mit der Aufzählung verschiedener Regionen Armeniens in Betracht: ἐστὶ δὲ καὶ ἡ Φαυηνὴ τῆς Ἀρμενίας ἐπαρχία καί ἡ Κωμισηνὴ καὶ Ὀρχιστηνή. Die dritte Stelle in Buch 16,1,18 führt nach Persien: ἐπαρχίαι δ' εἰσὶν αὗται τῆς Ἐλυμαίας ἥ τε Γαβιανὴ καὶ ἡ Μασσαβατική. Eine korrupte Überlieferung des Strabontextes an allen drei Stellen ist höchst unwahrscheinlich, und die „Korrektur" von eparchia auf der Grundlage, dass dieses Wort ausschliesslich einer römischen Gebietseinheit vorbehalten sei, ist unbegründet.

Ob die persischen Satrapien in Bezirke unterteilt waren, die von Griechen als ὑπαρχίαι im technischen Sinne bezeichnet wurden, ist nicht zu beweisen. Die Hypothese gründet sich auf den Gebrauch des Wortes ὕπαρχος – „Unterführer", das einen Satrapen meinen kann (so bei Herodot). Ein aus dem Apollonion von Didyma stammendes hellenistisches Dossier der Mitte des 3. Jahrhunderts v. Chr. handelt von einer Veräusserung von Ländereien an Laodike, die geschiedene Gemahlin von Antiochos II. Im Zusammenwirken verschiedener Instanzen ist an einer Stelle ein ὕπαρχος genannt, also hier ein Titel in der seleukidischen Funktionärshierarchie.[25] Das Wort ὑπαρχία kommt auf Papyrus im ptolemaiischen Phoinikien und auf Pergament in der parthischen Elymais vor.[26] Epigraphisch ist es nur ein einziges Mal überliefert. Es handelt sich um eine in Phrygien gefundene, 1891 edierte hellenistische Inschrift.[27] Sie ehrt einen Funktionär ἐπὶ τῶν προσόδων, und als ehrende Instanz sind genannt: οἱ ἐν τῆι περὶ Ἔριζαν ὑπαρχίαι φυλακῖται καὶ οἱ κατοικοῦντες ἐν Μοξουπόλειο καὶ Κριθίνηι. Auf dieser Stelle beruht die Theorie vom „Unterbezirk" einer Satrapie im Seleukidenreich, wie sie u.a. im Artikel *Hyparchia* des NP von Karl-Wilhelm Welwei vertreten wird. Ob diese Angabe überhaupt nur auf einen mit diesem Ortsnamen Eriza verbundenen Bezirk, oder etwa auf weitere Teile oder gar auf das ganze des Seleukidenreiches bezogen werden kann, lässt sich nicht entscheiden. Letzeres ist zu bezweifeln.

Von den nachfolgenden Reichsbildungen in Kleinasien kennt die gesamte Überlieferung weder für das pergamenische, noch das bithynische, noch das pontische, noch das kappadokische Königreich noch für das römische Kleinasien ὑπαρχίαι. Ich schlage daher an der Stelle im Kaisereid von Gangra eine andere, viel einfachere Ergänzung vor: Κατὰ τὰ αὐτὰ ὤμοσαν καὶ οἱ ἐν̣ [ταῖς πόλεσι]| πάντες ἐν τοῖς κατὰ τὰ σύγ[γραφα Σε-]|βαστήοις παρὰ τοῖς βωμοῖ[ς τοῦ Σεβαστοῦ.][28] – „Ebenso haben den Eid alle in den Städten geschworen, und zwar in den gemäss schriftlicher Vereinbarung benannten Sebasteia an den Altären des Augustus." Die Formel κατὰ τὰ σύνγραφα ist epigraphisch belegt. Diese Ergänzung steht

25 OGIS 225 IV, Z. 36.

26 SB V 8008.

27 Bérard 1891: 556 Nr. 38; OGIS 238; Minns 1915: 22–65.

28 IG XII 9,188: τὴν συμμαχί[ην κατὰ τ]ὰ σύνγραφα. (5.–4. Jahrhundert v. Chr.). Vgl. Ramsay 1897: 144 Nr. 32: ὁ δῆμος ὁ Μο[σσυνέων καὶ] οἱ εἰς τὸ σύγγρ[αφον στή]λη καὶ στεφάν[ῳ ἐτίμησαν]; Möglicherweise auch: κατὰ τὰς ὑπ̣[ογραφὰς.

in sachlicher Übereinstimmung mit dem Gedanken, dass zur damaligen Zeit Sebasteia nicht überall im Land verstreut, sondern in den wenigen urbanen Zentren zu suchen sind. Es folgen die Angaben der einzelnen Städte und Sebasteia, wo die Paphlagonier ausser in Gangra den Eid schworen, an erster Stelle Phazemon/Neapolis. Vielleicht ist diese Gemeinde hier als einzige deswegen genannt, weil die vorliegende Abschrift in Stein aus Neapolis stammt. Es ist aber fraglich, ob der Text überhaupt mit Zeile 42 endete, oder ob nicht unten in dem abgebrochenen und abgesägten Teil weitere Städte aufgeführt wurden, etwa: ὁμοίως τε Πομπηιοπολῖται ὤμοσαν ἐν Σεβαστήωι κτλ. Zwar ist die letzte Zeile nicht bis zum rechten Rand ausgeschrieben, doch finden sich ähnliche Absätze mit Zeilenumbrüchen auch im oberen Teil der Inschrift, auf jeden Fall in Zeile 7.

Der hier erkennbare Vorgang beschreibt die gemeinsame Aktion einer Union namens Paphlagonia. Ob wir diese als *provincia*/ ἐπαρχία bezeichnen, soll hier nicht diskutiert werden. Unabweisbar ist die Union auf der Ebene der Provinzeialen selber, das heisst wir haben es mit einem paphlagonischen *koinon* zu tun, das den Kaiserkult organisierte. Es ist nicht identisch mit dem Nachbar*koinon* Galatias im Süden, obgleich sein Gebiet demselben Statthalter unterstand. Überhaupt nicht vereinbar ist es mit einem pontischen *koinon* auf der Grundlage der pompeianischen Provinz Pontus.

Bibliographie

Bérard 1891 = Bérard, V., Inscriptions d'Asie Mineure. Carie, Lycie, Pisidie, Pamphylie, Phrygie, Bulletin de correspondance hellénique 15 (1891), 538–562.

Bekker-Nielsen 2014 = Bekker-Nielsen, T., To Be or not to Be Paphlagonian? A Question of Identity, in: Bekker-Nielsen, T. (ed.), Space, Place and Identity in Northern Anatolia, Stuttgart 2014 (Geographica Historica 29), 63–74.

Brandis 1896 = Brandis, C.G., Studien zur römischen Verwaltungsgeschichte: I. Wann wurde Pontus et Bithynia kaiserliche Provinz?, Hermes 31 (1896), 161–173.

Cancik 2003 = Cancik, H., Der Kaisereid. Zur Praxis der römischen Herrscherverehrung, in: Cancik, H. & Hitzl, K. (Hrsg.), Die Praxis der Herrscherverehrung in Rom und seinen Provinzen, Tübingen 2003, 29–45.

Cumont 1900 = Cumont, F., Inscription grecque de Vézir-Keupru dans l'ancienne Paphlagonie (Asie Mineure), Académie des inscriptions et belles-lettres. Comptes rendus des séances de l'Académie 44 (1900), 687–691.

Cumont 1901 = Cumont, F., Un serment de fidélité à l'empereur Auguste, Revue des études grecques 14 (1901), 26–45.

Cumont 1903 = Cumont, F., La Galatie maritime de Ptolemée, Revue des études grecques 16 (1903), 25–27.

Deininger 1966 = Deininger, J., Brutus und die Bithynier, Rheinisches Museum für Philologie 109 (1966), 356–372.

Leschhorn 1993 = Leschhorn, W., Antike Ären, Stuttgart 1993.

Loriot 2006 = Loriot, X., Le culte impérial dans le Pont sous le Haut-Empire, in: Vigourt , A. et al. (éds.), Pouvoir et réligion dans le monde Romain, en hommage à Jean-Pierre Martin, Paris 2006, 521–540.

Marek 1993 = Marek, C., Stadt, Ära und Territorium in Pontus-Bithynia und Nord-Galatia, Tübingen 1993.

Marek 2015 = Marek, C., Epigraphy and the Provincial Organization of Paphlagonian Cities in the Roman Empire, in: Winther-Jacobsen, K. & Summerer, L. (eds.), Landscape Dynamics and Settlement Patterns in Northern Anatolia during the Roman and Byzantine Period, Stuttgart 2015 (Geographica Historica 32), 307–328.

Minns 1915 = Minns, E.H., Parchments oft he Parthian Period from Avroman in Kurdistan, The Journal of Hellenic Studies 35 (1915), 22–65.

Mitchell 1993 = Mitchell, S., Anatolia. Land, Men, and Gods in Asia Minor, Oxford 1993.

Mitchell 2002 = Mitchell, S., In Search of the Pontic Community in Antiquity, in: Bowman, A.K. et al. (eds.), Representations of Empire. Rome and the Mediterranean World, Oxford 2002 (Proceedings of the British Academy 114), 35–64.

Radt 2008 = Radt, S., Strabons Geographika Band 7, Buch IX–XIII. Kommentar, Göttingen 2008.

Ramsay 1897 = Ramsay, W.M., The Cities and Bishoprics of Phrygia being an essay of the local history of Phrygia from the earliest time to the Turkish conquest, vol. 1/1, Oxford 1897.

Robert 1980 = Robert, L., A travers l'Asie Mineure. Poètes et prosateurs, monnaies grecques, voyageurs et géographie, Paris 1980.

Sherk 1969 = Sherk, R.K., Roman Documents from the Greek East, Baltimore 1969.

Sørensen 2015 = Sørensen, S.L., A Re-examination of the Imperial Oath from Vezirköprü, Philia 1(2015) 14–32.

Torraca 1959 = Torraca, L., Marco Giunio Bruto, Epistole Greche, Neapel 1959.

Die Inschriften als Archiv der römischen Wirtschaftsgeschichte

Helmuth Schneider

I.

In einem damals vielbeachteten Aufsatz hat Dieter Timpe 1971 die Frage nach den Beziehungen zwischen Alter Geschichte und dem Ansatz der Soziologie erörtert[1] und dabei im wesentlichen zwei Argumente vorgetragen: In der Antike hätten – so Timpe – einerseits „weder die Historiker noch die Philosophen [...] einen umfassenden Begriff des Sozialen und eine allgemeine Vorstellung von sozialer Aktion und Interaktion als Kategorie der Wirklichkeit und speziell von deren Verhältnis zur Zeitdimension der Geschichte gehabt“[2] und andererseits sei „der allgemeine Gegenstand der Soziologie, die ‚Gesellschaft‘, [...] eine Kategorie der Wirklichkeit, die erst seit dem 18. Jh. so einzigartig interessant und aufschlussreich geworden ist.“[3] Zu dieser Einschätzung gelangt Timpe vor allem durch einen Überblick über die antike Geschichtsschreibung von Herodot bis hin zu den römischen Historikern Sallust und Tacitus, wobei die Diskrepanz zwischen moderner Geschichtswissenschaft und antiker Historiographie betont wird: „Die Gesellschaft der Kaiserzeit haben zwar Rostovtzeff und Syme, aber hat nicht Tacitus zum Thema gemacht, der in bezug auf memoria digna die Geschichte der frühen Kaiserzeit hinter die der Republik stellt und damit keineswegs allein stand.“[4] Diese Sicht hat aber zunächst für Timpe keine Folgen für Thematik und Methodik der Althistorie; erst in dem zweiten Abschnitt des Aufsatzes[5] geht Timpe dann auf den Gegenstand der Alten Geschichte ein und kommt dabei zu einem klaren Ergebnis: „Die heute vorherrschende wohlmeinende Theorie einer fortschreitenden Annäherung und Durchdringung sozialwissenschaftlicher und historischer Arbeitsweise entspricht der Praxis um so mehr, je näher das Arbeitsfeld an die Gegenwart rückt und um so weniger, je ferner es ihr liegt,“ ein Sachverhalt, dessen Ursache Timpe darin sieht, „dass die Wissenschaft von der Gesellschaft [...] an die Erfahrungen

1 Timpe 1971. Es handelt sich um den Text eines Vortrags, der auf dem deutschen Historikertag in Köln am 3. 4. 1970 gehalten worden ist.

2 Timpe 1971: 6.

3 Timpe 1971: 6–7.

4 Timpe 1971: 5.

5 Hier diskutiert Timpe die Frage, welche Position der Antike zukommt, wenn in einem modernen Ansatz der Geschichtswissenschaft die Vorstellung einer „politisch-staatlichen Verlaufsgeschichte“ aufgegeben wird.

der Neuzeit gebunden bleibt, aus denen ihre Begriffe und Theorien überwiegend destilliert sind.“[6]

Daneben wird aber auch ein gravierender Mangel an Quellen für sozialhistorische Analysen konstatiert: „Vermutlich kann man infolge der einseitig selektiven Wirkung der Quellenlage in der alten Geschichte Vorgänge der den Sozialwissenschaftler interessierenden Art im allgemeinen weniger genau studieren als Abläufe und intentionale Zusammenhänge.“[7] Das Ergebnis seiner Überlegungen formuliert Timpe in folgender Weise: „Die antike Sozialgeschichte hat für die alte Geschichte nicht die gleiche Bedeutung wie die moderne für die neuere Geschichte, d. h., der sozialgeschichtliche Aspekt ist hinsichtlich der Gesamtüberlieferung exzentrischer, und viele Fragen, die im Brennpunkt moderner sozialwissenschaftlicher Forschung stehen, lassen sich konkret hier überhaupt nicht behandeln.“[8] Die Ausführungen Timpes verdienen noch heute deswegen Beachtung, weil sie eine in der deutschen Althistorie um 1970 weit verbreitete Ablehnung sozialhistorischer sowie sozialwissenschaftlicher Ansätze programmatisch zum Ausdruck brachten und in den Jahren nach 1971 von manchen Althistorikern als eine verbindliche Position angesehen wurden.

Allerdings ist in der Frage der Beziehungen zwischen Alter Geschichte und Sozialwissenschaften sehr schnell ein Wandel eingetreten; so konnte Géza Alföldy seinen 1976 publizierten Aufsatz über die römische Gesellschaft mit folgender Feststellung beginnen: „Die zweifellos wichtigste Veränderung innerhalb der Geschichtswissenschaft, die unsere Generation erlebt, ist die Durchdringung dieser Wissenschaft mit Fragestellungen und Methoden der Soziologie. Auch die Althistorie bleibt von diesem Wandel nicht unberührt.“[9]

Es bleibt zu fragen, inwieweit die Auffassungen Timpes der internationalen Forschungspraxis auf dem Gebiet der Alten Geschichte vor 1970 entsprachen und inwieweit die Quellenlage eine Erforschung der antiken Sozial- und Wirtschaftsgeschichte tatsächlich nur in einem sehr begrenzten Umfang zulässt. Zunächst ist in diesem Zusammenhang darauf hinzuweisen, dass bereits in den Jahrzehnten vor 1970 eine Reihe bedeutender wissenschaftlicher Werke zur antiken Sozial- und Wirtschaftsgeschichte publiziert worden sind; an erster Stelle sind die beiden bereits vor 1945 erschienenen Monographien von Michael I. Rostovtzeff und die monumentale Darstellung der antiken Wirtschaftgeschichte von F. M. Heichelheim zu nennen;[10] daneben können weitere wichtige Arbeiten zur griechischen, hellenistischen und römischen Wirtschaftsgeschichte wie etwa die Bücher von Paul Cloché, Claire Préaux und Oliver Davies angeführt werden.[11] Gerade

6 Timpe 1971: 10.

7 Timpe 1971: 11.

8 Timpe 1971: 11.

9 Alföldy 1976: 1. Alföldy belegt seine Auffassung vor allem durch den Hinweis auf die englischsprachige Forschung, insbesondere auf die Einsichten und Thesen von R. MacMullen. Bereits 1975 hatte G. Alföldy selbst eine umfassende Darstellung der römischen Sozialgeschichte publiziert: Alföldy 1975.

10 Rostovtzeff 1926. Rostovtzeff 1941. Heichelheim 1938.

11 Cloché 1931. Préaux 1939. Davies 1935.

das Werk von Préaux zum ptolemäischen Ägypten gilt bis heute als ein Standardwerk wirtschaftshistorischer Forschung. Einer sehr speziellen Thematik, der Entwicklung der Getreidemühle in der Antike, widmete L. A. Moritz zwei Jahrzehnte später eine Monographie.[12] Mit welchem Erfolg englische Althistoriker sich unmittelbar vor 1970 der antiken Sozial- und Wirtschaftsgeschichte zuwandten, mag der Hinweis auf zwei englische Arbeiten verdeutlichen: A. H. M. Jones hat in seiner 1964 publizierten, umfassenden Darstellung der Spätantike in längeren Kapiteln die wirtschaftlichen Verhältnisse dieser Zeit ausführlich beschrieben, und P. A. Brunt analysierte in einer brillanten Studie die Rolle der stadtrömischen Unterschichten in der Politik der Zeit der späten Republik.[13] Bemerkenswert ist ferner die Tatsache, dass das von Joseph Vogt begründete große Projekt der Mainzer Akademie zur Erforschung der antiken Sklaverei bei Timpe unbeachtet bleibt, denn hier ist mit den Sklaven eine soziale Gruppe der Antike zum zentralen Gegenstand althistorischer Untersuchungen gemacht worden, die sozialhistorisch orientiert waren.[14]

Nur indem Timpe die vorliegenden älteren Publikationen zur antiken Sozial- und Wirtschaftsgeschichte übergeht, kann er seine kritische Einstellung gegenüber einer antiken Sozialgeschichte begründen. Die Feststellung, dass der sozialhistorische Ansatz „kaum für die althistorische Forschung geeignet ist, da „die Wissenschaft von der Gesellschaft [...] an die Erfahrungen der Neuzeit gebunden bleibt," wird der Forschungspraxis in der Zeit vor 1970 keineswegs gerecht, im Gegenteil, Gesellschaft und Wirtschaft, die seit Max Weber als zentrale Themen der Sozialwissenschaften zu gelten haben, waren in der althistorischen Forschung vor 1970 als Felder wissenschaftlicher Untersuchungen und Analysen durchaus präsent. Dies gilt ungeachtet der Meinung Alföldys, Rostovtzeffs Werk ‚The Social and Economic History of the Roman Empire' sei zur Zeit seines Erscheinens eher „untypisch" gewesen, während für die frühen 70er Jahre dann die Publikation „zahlreicher grundlegender Werke zur römischen Sozialgeschichte" zu konstatieren sei.[15] Der Aufschwung der sozialhistorischen Forschung in der Alten Geschichte nach 1970 ist gewiss nicht zu bestreiten, aber der Hinweis darauf sollte nicht dazu führen, die älteren Arbeiten auf diesem Gebiet zu unterschätzen. Vor allem gilt auch festzuhalten, dass gerade die Werke von Rostovtzeff eine große Resonanz besaßen und schnell in andere Sprachen übersetzt wurden.

Die von Timpe gestellte Frage nach den antiken Quellen für eine sozial- und wirtschaftshistorische Forschung bedarf ebenfalls einer eingehenden Erörterung. Wenn Tim-

12 Moritz 1958.

13 Jones 1964: 767–872. Zwischen 1953 und 1970 publizierte Jones zudem mehrere grundlegende Aufsätze zur römischen Wirtschaft, die später wiederum in einem Aufsatzband (Jones 1974) abgedruckt worden sind. Brunt 1966.

14 Vgl. hierzu Vogt 1965.

15 Alföldy 1976: 1. Alföldy erwähnt hier vornehmlich englische Arbeiten (P. Garnsey, P. A. Brunt, T. P. Wiseman, E. Badian, P. R. C. Weaver, M. I. Finley, R. MacMullen und R. Duncan-Jones). Nach Alföldy hatte die deutsche Althistorie demnach bis zur Mitte der 70er Jahre keinen nennenswerten Anteil an dem Trend zur Erforschung der antiken Sozial- und Wirtschaftsgeschichte. Zu ergänzen ist die Liste der von Alföldy genannten Arbeiten noch durch K. D. Whites grundlegende Darstellung der römischen Landwirtschaft (White 1970).

pe von der „selektiven Wirkung der Quellenlage in der alten Geschichte" spricht und die Auffassung vertritt, sozialhistorische Entwicklungen könnten aufgrund dieser Tatsache nicht in derselben Weise wie die politische Ereignisgeschichte untersucht werden, sind zwei Einwände möglich: Zum einen können die Quellen der Alten Geschichte nicht auf Historiographie und Philosophie reduziert werden, zum anderen ist es problematisch, die wissenschaftliche Fragestellung von dem eigenen Erkenntnis- und Problemhorizont einer Gesellschaft abhängig zu machen. Es ist zu betonen, dass für den Bereich der Sozial- und Wirtschaftsgeschichte Texte jenseits von Historiographie und Philosophie und darüber hinaus auch die archäologischen Zeugnisse von eminenter Bedeutung sind. Die große Anzahl und die Vielfalt der Quellen zur römischen Wirtschaftsgeschichte wird vor allem in Tenney Franks monumentalen ‚Economic Survey of Ancient Rome' (1933–1940) deutlich. Unter den literarischen Quellen zur antiken Wirtschaft ist insbesondere die antike Fachliteratur zu nennen; so bieten die Texte der Agrarschriftsteller, die medizinischen Schriften oder Vitruvs systematisches Handbuch zur Architektur zahlreiche und wertvolle Informationen; dasselbe gilt auch für solche Werke wie die ‚naturalis historia' des älteren Plinius oder die ‚Deipnosophistai' des Athenaios. Ferner vermitteln die überlieferten Reden und Briefe, darunter vor allem das umfangreiche Corpus der Briefe von und an Cicero, wichtige Einsichten in soziale sowie wirtschaftliche Strukturen und Entwicklungen der Antike.

Einen besonderen Stellenwert für die Sozial- und Wirtschaftgeschichte der Antike besitzen daneben die Inschriften, die Münzen und die Papyri. Die Numismatik untersucht weit über die Fragen der Ikonographie des Münzbildes, des Herrscherportraits und der politischen Programmatik hinausgehend die Funktion der Münzen als Geld, die Prägung und die Verbreitung der Münzen und hat auf diese Weise wichtige Erkenntnisse zur Geldwirtschaft und zur Monetarisierung der antiken Wirtschaft gewonnen;[16] die Papyrologie erschließt die zahlreichen Dokumente zur Wirtschaft des griechischen und römischen Ägypten.[17] Daneben sind die archäologischen Zeugnisse, die Überreste der materiellen Kultur, die bereits in den Monographien Rostovtzeffs unter den Quellen eine besondere Beachtung fanden, für die Forschung von hoher Relevanz. Auf dem Gebiet der antiken Sozial- und Wirtschaftsgeschichte ist die Quellenlage damit insgesamt jedenfalls nicht schlechter als auf dem Feld der politischen Geschichte, die ja auch eine Reihe von Problemen kennt, die aufgrund der lückenhaften Quellenlage schwer zu lösen sind.[18]

---

16 Howgego 1995. Reden 2010.

17 Rupprecht 1994: 154–183.

18 Zu Recht stellt Alföldy 1986: 28 fest, dass „der Mangel an entsprechenden Quellen [...] in vielen Bereichen der Alten Geschichte zweifellos unüberwindliche Grenzen" setzt; die schwierige Quellenlage ist sicherlich kein exklusives Merkmal der sozial- und wirtschaftshistorischen Forschungen zur Antike. In der Diskussion über die Auffassungen Finleys zur Quellenlage der Althistorie (Alföldy 1986: 37–39) gelangt Alföldy sogar zu einem Ergebnis, das der Sicht Timpes diametral entgegengesetzt ist (S. 38): „Die Rede eines Politikers ohne ein zeitgenössisches Protokoll, eine Schlacht ohne den Bericht eines Teilnehmers oder zumindest eines Zeitgenossen sind später in der Tat kaum mehr genau rekonstruierbar und können in den ‚Sekundärquellen' völlig verkehrt dargestellt werden [...]. Was demgegenüber als ‚Strukturgeschichte' zu bezeichnen ist, lässt sich m. E. auch über längere

In den folgenden Ausführungen soll die Frage nach dem Erkenntniswert der Inschriften für die wirtschaftshistorische Forschung gestellt (II) und dann die Bedeutung einzelner längerer Inschriften mit dem Text eines Gesetzes oder eines Ediktes als Quelle für die römische Wirtschaftsgeschichte erörtert werden (III). Daneben sind aber auch kürzere Inschriften, die etwa das Eingreifen der Principes in die wirtschaftlichen Verhältnisse dokumentieren, von Belang; auch einzelne Grabinschriften von Handwerkern und Händlern können wichtige Informationen bieten (IV). Überaus wichtig für unsere Kenntnis der römischen Wirtschaft war gerade auch die systematische Auswertung einer Vielzahl von Inschriften unter einer bestimmten Fragestellung (V). Abschließend sollen hier solche Gruppen von Inschriften behandelt werden, die den Charakter eines eigentlichen Archivs einer Person oder weniger Personen besitzen und deren Geschäftsführung dokumentieren. Solche Inschriften wurden an einem Ort gefunden wurden und weisen gemeinsame Merkmale hinsichtlich der Schrift, dem Beschreibstoff und der spezifischen Form der Texte auf (VI). Dabei ist zu betonen, dass die genannten Inschriften im Rahmen dieses Aufsatzes nicht umfassend interpretiert werden können; es kommt hier vielmehr darauf an, die Bedeutung der Inschriften und das Potential epigraphischer Untersuchungen für die antike Wirtschaftsgeschichte insgesamt sowie die Vielfalt von Themen, Fragestellungen und Methoden auf diesem Gebiet exemplarisch deutlich zu machen.

II.

Die systematische Erfassung und Einordnung römischer Inschriften erfolgt traditionell in Inschriftenklassen, zu denen nach Ernst Meyer die Staatsurkunden, darunter Texte von Gesetzen und Senatsbeschlüssen, ferner Kalender und Fasten, außerdem die Bauinschriften, die Weihinschriften, die Ehreninschriften, die Grabinschriften sowie die Kleininschriften (*instrumentum domesticum*) gehören.[19] Eine ähnliche Ordnung der Inschriften wie bei Meyer findet sich auch bei Manfred Schmidt,[20] während Alison E. Cooley und F. Beltrán andere Akzente setzen, aber bei einer auf formalen Kriterien beruhenden Systematik bleiben. Cooley geht von den traditionellen Inschriftenklassen aus, die sie etwa durch die ‚rock-cut inscriptions' erweitert. Beltrán hingegen unterscheidet vor allem

Zeiten hinweg verhältnismäßig genau rekonstruieren, selbst wenn keine lückenlose Kette jeweils ‚zeitgenössischer' Quellen vorhanden ist. Das gilt z. B. für die Geschichte der sozialen Gliederung, sozialer Abhängigkeiten und Gegensätze, sozial wie politisch bedeutsamer Verhaltensformen o. ähnl."

19 Meyer 1973.

20 Schmidt 2004: Kalender und Fasten, *instrumenta publica* (Gesetze, Senatsbeschlüsse, Militärdiplome, Patronats- und Freundschaftstafeln), Weihinschriften, Ehreninschriften, Bauinschriften (darunter Meilensteine und Grenzsteine), Grabinschriften, Dipinti und Graffiti sowie Kleininschriften. Eine gute Einführung und eine Auswahl von Inschriften mit Kommentar bietet Schumacher 1990. Vgl. ferner Millar 1983 und Gordon 1983. Gordon bietet eine Sammlung von 100 vorwiegend aus Rom stammenden Inschriften mit ausführlichem Kommentar und einem Photo; instruktiv ist auch der Überblick über die epigraphische Forschung von Eck 1997b.

zwischen den ‚public inscriptions', die im wesentlichen eine „commemorative function" besitzen, und den ‚private and domestic inscriptions'; diesen beiden Gruppen werden die einzelnen Inschriftenklassen zugeordnet, wobei zu den öffentlichen Inschriften etwa auch die ‚funerary inscriptions' gehören.[21]

In den Einführungen zur Epigraphik hatte die Klassifizierung der Inschriften lange Zeit Vorrang vor der Frage nach dem Quellenwert der Inschriften für die Untersuchung bestimmter Themenbereiche der römischen Geschichte. Bei Meyer wie später bei Schmidt fehlen eben solche Kapitel, wie sie bei Hans-Albert Rupprecht in der Einführung in die Papyrologie zu finden sind, so über Staat und Verwaltung, Recht, Sozial- und Wirtschaftsgeschichte, Religion sowie über Literatur, Erziehung und Schule im ptolemäischen und römischen Ägypten; hier werden die Erkenntnisse der Papyrologie auf diesen Gebieten zusammengefasst.[22] Cooley stellt zu Recht die Frage nach den Zielen der Klassifizierung von Inschriften und konstatiert, dass sie dazu dienen kann, entweder „to facilitate our own historical studies" oder aber „to understand the nature of epigraphic culture".[23] Für die römische Epigraphik war es lange Zeit nahezu selbstverständlich, dass bestimmte, sich aus dem Material der Inschriften selbst ergebene Fragen und Methoden im Vordergrund der Forschung standen; die Bemerkung Alföldys über die „Mehrheit der Forscher, die ihre Methoden, wie seit eh und je üblich, ausgehend von der Beschäftigung mit den Quellen oder zumindest von vornherein in Anlehnung an die Quellen entwickelt,"[24] trifft in hohem Maße auf die epigraphische Forschung zu, was sicherlich auch mit der Aufgabe der Edition neugefundener Inschriften und mit der Arbeit an den großen Corpora zusammenhängt. Bevorzugte Themenbereiche der Epigraphik waren traditionell die Prosopographie der römischen Führungsschichten, die Analyse der Karrieren einzelner Senatoren und Equites,[25] ferner die Untersuchung der auf Inschriften, vor allem auf Grabinschriften dokumentierten Namen oder die Analyse der Titulatur der Principes. Eine große Aufmerksamkeit wurde in der Epigraphik einzelnen Inschriftengattungen wie den Cursusinschriften,[26] den Meilensteinen[27] oder den Militärdiplomen zuteil, was im Fall der Militärdiplome auch auf die zahlreichen neuen Funde zurückzuführen ist.

Ohne Zweifel hat die Epigraphik durch Sammlung und Interpretation der Inschriften in vielen Bereichen der althistorischen Forschung die notwendigen Grundlagen geschaffen; Arbeiten, in denen wichtige Probleme der römischen Verwaltungs-, Sozial- und

21 Cooley 2012: 127–220 (epitaphs, 128; honorific inscriptions, 145; building inscriptions 152; juridical epigraphy, 168; religious inscriptions, 178; instrumentum domesticum 185; inscriptions within artistic media, 207; graffiti, 211; rock-cut inscriptions, 213). Beltrán 2015a: 89f. Zu den public inscriptions gehören nach Beltrán die Ehreninschriften, Grabinschriften, Inschriften mit religiösem Inhalt und die official inscriptions (laws, decrees, senatus consulta etc.).

22 Rupprecht 1994: 43ff.; 94ff.; 154ff.; 184ff.; 203ff.

23 Cooley 2012: 127.

24 Alföldy 1986: 22

25 Alföldy 1986: 31–32.

26 Eck 1997b: 107.

27 Cooley 2012:

Wirtschaftsgeschichte untersucht worden sind, beruhen wesentlich auf der Auswertung der Inschriften. Als Beispiel hierfür sind unter vielen anderen gerade die Arbeiten von Werner Eck zur römischen Verwaltung und insbesondere zur römischen Wasserversorgung oder von Dennis Kehoe zu den Inschriften über die großen Domänen in Afrika zu nennen.[28] Obgleich für die stadtrömische Wasserversorgung mit *de aquis urbis Romae* des Sextus Iulius Frontinus eine antike Schrift vorliegt, die in systematischer Weise die Wasserversorgung der Stadt Rom darstellt, wäre jeder Versuch, Technik und Organisation der stadtrömischen Wasserversorgung ohne Berücksichtigung der Inschriften und der archäologischen Überreste zu beschreiben, von vornherein zum Scheitern verurteilt. Die Epigraphik, die in dem Aufsatz Timpes unbeachtet bleibt, bietet demnach für viele Themen der Alten Geschichte und so auch für die Sozial- und Wirtschaftsgeschichte den Zugang zu wertvollen Informationen, weswegen die Auswertung der Inschriften auf den entsprechenden Forschungsgebieten gegenwärtig Standard althistorischer Untersuchungen ist. Beachtenswert ist allerdings die Feststellung von Jonathan Edmondson, in neueren Arbeiten zur antiken Wirtschaftsgeschichte, etwa in Moses Finleys ‚The Ancient Economy' oder in ‚The Cambridge Economic History of the Greco-Roman World' seien die Inschriften nicht ihrem Quellenwert entsprechend berücksichtigt worden.[29]

In neueren Arbeiten zur Epigraphik fand das Gebiet der antiken Wirtschaft durchaus Beachtung. Das 1991 erschienene Buch von Lawrence Keppie über die römischen Inschriften bietet neben den Abschnitten ‚Administration of an empire', ‚The army and the frontiers', ‚Temples and altars to the gods' auch ein Kapitel ‚Trade, economy and the business world',[30] und in ähnlicher Weise ordnet Joyce Reynolds in ihrem Überblick über die lateinische Epigraphik die Inschriften systematisch nach Forschungsgebieten, wobei sie auch auf die Inschriften zur Wirtschaft (economic life) eingeht.[31] Anders als bei Keppie und Reynolds beschränken sich die Ausführungen zur antiken Wirtschaft in dem von John Bodel herausgegebenen Buch über die antike Epigraphik allein auf das *instrumentum domesticum*,[32] das bereits Gegenstand eines von William Vernon Harris herausgegebenen Aufsatzbandes war.[33] Aus diesen Forschungen, geht nach Harris die Bedeutung der Marktwirtschaft und der hohe Grad der Integration der Märkte im Imperium Romanum hervor.[34] Die neueren englischen Handbücher zur Epigraphik gehen allerdings nicht ausführlich auf die Bedeutung der Inschriften für die römische Wirtschaftsgeschichte ein. So beschränkt sich das Kapitel über die Wirtschaft bei Cooley weitgehend auf das *instrumentum domesticum*,[35] und das umfangreiche von Bruun und Edmondson herausgegebene Werk zur römischen Epigraphik widmet nur ein einziges Kapitel der römischen

28 Eck 1995a. Eck 1995b. Eck 1997a. Kehoe 1988.

29 Edmondson 2015: 671f. Finley 1973. Scheidel & Morris & Saller 2007. Kritisch bemerkt Edmondson zu diesem Band, er enthalte „very little discussion of epigraphic evidence."

30 Keppie 1991: 110–115.

31 Reynolds 1996: 544–545. Vgl. dazu ferner Kloft 1992: 54–62.

32 Pucci 2001.

33 Harris 1993.

34 Harris 1993: 186–189.

35 Cooley 2012: 82–104.

Wirtschaft, in dem Landwirtschaft und Bergbau im Zentrum stehen, während die epigraphischen Zeugnisse für das Handwerk nur geringe Beachtung finden;[36] das Preisedikt des Diocletianus, das Alexander Demandt immerhin als die neben den ‚*res gestae*' des Augustus und der ‚*lex de imperio Vespasiani*' „bedeutendste lateinische Inschrift überhaupt" bezeichnet,[37] wird in diesem Kapitel nicht einmal erwähnt.[38]

Jede Auswertung der epigraphischen Zeugnisse hat zu beachten, dass die lateinischen Inschriften nicht auf alle Regionen des Imperium Romanum und auf die verschiedenen Epochen der römischen Geschichte gleich verteilt sind.[39] Wie Werner Eck betont, stammt etwa die Hälfte der bekannten lateinischen Inschriften aus Italien (ca. 160.000 bis 170.000) und hier wiederum vor allem aus Rom (zwischen 90.000 und 100.000 Inschriften), aus Städten wie Ostia, Puteoli und Aquileia,[40] aus Latium und Campanien sowie aus der Poebene. Die ‚epigraphische Kultur' verbreitete sich von Rom ausgehend unterschiedlich schnell in den Provinzen, so in Nordafrika erst im späten 1. und im 2. Jh. n. Chr.[41] Überblickt man die Epochen der römischen Geschichte, so stellen die Inschriften der Republik nur einen Bruchteil der insgesamt in den Corpora edierten Inschriften dar;[42] mit dem Beginn des Principats unter Augustus steigt die Zahl der Inschriften stark an, es beginnt „das eigentliche Zeitalter der epigraphischen Kultur." Aus dem 3. Jh. n. Chr. sind deutlich weniger Inschriften überliefert, in der Spätantike setzen dann die christlichen Inschriften ein.[43] Für viele Provinzen gibt es aus dieser Epoche vergleichsweise wenige epigraphische Zeugnisse.[44]

Die lateinischen Inschriften stammen vorwiegend aus den Städten und sind somit ein Element der urbanen Kultur;[45] dies ist gut fassbar in weitgehend ausgegrabenen Städten wie Ostia oder Pompeii;[46] selbst in weit von Rom und Italien entfernten Städten wie Köln oder Mainz wurden zahlreiche Inschriften gefunden, wobei Grabsteine von Soldaten in jenen Städten, die Standort von Legionen waren, eine besondere Rolle spielen.[47] Die

36 Edmondson 2015.
37 Demandt 2007: 6.
38 Vgl. Crawford 2016: 331.
39 Eck 1997b: 98. Vgl. Beltrán 2015b: 136–140.
40 Eck 1997b: 99. Jeweils mehrere tausend Inschriften stammen aus Ostia, Puteoli oder Aquileia. Vgl. Beltrán 2015b:138f.
41 Eck 1997b: 99. Zur Verbreitung von Inschriften in den Provinzen vgl. auch Millar 1983: 124–125.
42 Eck 1997b: 98. Nach Eck stammen nur ca. 3700 Inschriften aus der Königszeit und der Zeit der Republik, „also gerade etwas mehr als 1%."
43 Eck 1997b: 98–99.Vgl. Alföldy 1991. Beltrán 2015b: 139f.
44 Dies gilt insbesondere für Britannien, die germanischen Provinzen, die Provinzen auf dem Balkan und auf der Iberischen Halbinsel; vgl. Eck 1997b: 99.
45 Millar 1983: 124.
46 Für Pompeii liegt jetzt eine Sammlung der Inschriften vor: Hüttemann 2010. Beachtenswert sind in Pompeii auch die Graffiti, die über viele Aspekte des Alltagslebens Aufschluss geben; eine Auswahlsammlung bietet Hunink 2011.
47 Galsterer 1975. Selzer 1988.

ländliche Welt ist in den Inschriften folglich deutlich weniger gut dokumentiert als die Gesellschaft und Wirtschaft der Städte.[48]

In den östlichen Provinzen des Imperium Romanum kommen die griechischen Inschriften hinzu, die neben den Entscheidungen der Principes oder der Provinzstatthalter auch die für die römische Welt üblichen Texte etwa zu Ehrungen oder zur Bautätigkeit aufweisen. Dieser Tatbestand veranlasste bereits H. Dessau, in den 2. Band der *Inscriptiones Latinae Selectae* ausgewählte griechische Inschriften aufzunehmen.[49] Der Umfang und die Bedeutung dieses Materials wird vor allem in den Editionen dieser Inschriften von Wilhelm Dittenberger und René Cagnat sichtbar.[50] Ferner ist zu beachten, dass es nicht nur Inschriften auf Stein oder auf Bronzetafeln gibt, sondern dass hier auch die Inschriften auf Holz oder auf Ton zu berücksichtigen sind; insbesondere die Wachstäfelchen (*tabulae ceratae*) enthalten wertvolle Informationen zum Wirtschaftsleben der römischen Städte am Golf von Neapel.[51]

In vielen Fällen ist nicht allein der Text einer Inschrift für die Interpretation ausschlaggebend; wichtig sind neben dem Text auch die Maße der Inschrift und der Inschriftträger; es macht einen erheblichen Unterschied, ob wir es mit einer monumentalen Inschrift oder mit einem unscheinbaren Text zu tun haben; die Schrift, die Kostbarkeit des gewählten Materials oder der Ort der Aufstellung verraten etwas über die Finanzkraft und die Ambitionen derer, die eine Inschrift in Auftrag gegeben haben. Ein glänzendes Beispiel für diesen Sachverhalt ist die Grabinschrift des Flavius Zeuxis aus Hierapolis; die Publikation der griechischen Inschrift sagt allein wenig über die finanzielle Situation und soziale Stellung dieses Händlers aus; erst die Größe seines Grabmals lässt hierüber ein Urteil zu.[52] Wie das bekannte monumentale Grabmal des Bäckers M. Vergilius Eurysaces an der Porta Maggiore in Rom deutlich macht, ist für das Verständnis der Inschriften von Handwerkern auch das zugehörige Relief von Bedeutung;[53] im Fall der Inschrift des Iucundus verdeutlicht das Relief den ländlichen Hintergrund des Verstorbenen.[54] Die Größe und die Qualität eines Reliefs sowie die Art und Weise, in der ein Verstorbener in der Werkstatt bildlich dargestellt wird, geben Aufschluss über die Selbstauffassung, die

---

48 Edmondson 2015. Beispiele von Inschriften mit Bezug zur Landwirtschaft sind etwa der Meilenstein von Polla (CIL I² 638 = ILS 23), die Inschrift von Saepinum über die Schafherden (CIL IX 2438), der Grabstein des Iucundus (CIL XIII 7070 = ILS 8511) und die Grabinschrift des Schnitters aus Mactar (CIL VIII 11824 = ILS 7457). Von Bedeutung ist ferner ein Kalender landwirtschaftlicher Arbeiten, das Monologium rusticum Colotianum (CIL VI 2305 = ILS 8745).

49 ILS II 2, Berlin 1906, Appendix titulorum Graecorum, 8762–8883.

50 W. Dittenberger, *Orientis Graeci Inscriptiones Selectae*, Band II, Leipzig 1905, VIII: I*mperii Romani provinciae orientales* (OGIS 435–723). R. Cagnat, *Inscriptiones Graecae ad res Romanas pertinentes* (IGR) I, III und IV, Paris 1911, 1906, 1927.

51 Eck 1998. Zu den Inschriften auf den Bleirohren römischer Wasserleitungen (*fistulae aquariae*) der Stadt Rom vgl. Eck 1997a.

52 Die Inschrift stammt aus römischer Zeit: IGR IV 841. Syll.³ 1229. Ein Photo des Grabmals: Keppie 1991: 112.

53 ILS 7460. Zu den Reliefs auf dem Grabmal des Eurysaces vgl. Rostovtzeff 1957: plate IV und Zimmer 1982: Nr. 18. Hawkins 2016: 1–2.

54 Abbildung bei Selzer 1988: Nr. 116.

finanziellen Möglichkeiten und die soziale Stellung derer, die den Grabstein aufstellen ließen. In diesem Zusammenhang sind gerade auch die Grabsteine mit Portraits von Freigelassenen und ihren Familienangehörigen beachtenswert; sie sind oft mit Abbildungen der für ihre Profession charakteristischen Werkzeuge versehen.[55]

Da die Herausgeber des *Corpus Inscriptionum Latinarum*, der wichtigsten Sammlung römischer Inschriften, das epigraphische Material entsprechend der geographischen Herkunft geordnet haben,[56] ist abgesehen von den Bänden über das *instrumentum domesticum* (XV), über die Militärdiplome (XVI) und die Meilensteine (XVII) ein direkter Bezug der einzelnen Bände zu bestimmten Forschungsfeldern – sieht man einmal von Arbeiten zu einer bestimmten Stadt oder Provinz ab – nicht ohne weiteres erkennbar. Anders verhält es sich mit der von Heinrich Dessau herausgegebenen Sammlung der *Inscriptiones Latinae Selectae*;[57] hier finden sich etwa Abschnitte mit Inschriften der Principes und der Angehörigen ihrer *domus* (*Tituli imperatorum domusque imperatoriae*), der Mitglieder des *ordo senatorius* oder der *equites*. Entscheidend für die Wirtschaftsgeschichte sind die Abschnitte im zweiten Teil von Band 2 zu den *collegia*, zu den verschiedenen Berufszweigen und zum *instrumentum domesticum*. Damit sind zahlreiche für die wirtschaftshistorische Forschung relevante Inschriften in diesem Band vereinigt.[58]

Wie Fergus Millar betont, stellt die Auswertung von Inschriften die wirtschaftshistorische Forschung vor schwierige methodische Probleme. So ist es nicht leicht, isolierte Informationen in ihren wirtschaftshistorischen Kontext einzuordnen: „But the limitation which faces us in collecting either isolated items of economic evidence [...] or extended formal documents relating to economic life, is that we still cannot place this evidence within any worthwhile framework." Die Erkenntnispotentiale der Epigraphik auf dem Gebiet der antiken Wirtschaftsgeschichte sind daher nach Auffassung von Millar sehr begrenzt: „All serious work on ancient economic history using inscriptions would have to be conducted with the consciousness that all that can be achieved is preliminary collection and analysis of groups of relevant data."[59]

So berechtigt diese Sicht auch sein mag, so soll doch in den folgenden Ausführungen eine andere Perspektive gewählt werden; es geht darum, den Beitrag der Epigraphik zu unserer Kenntnis der antiken Wirtschaft zu beschreiben und die Inschriften als Quellengattung von anderen Textgattungen abzugrenzen. Dabei ist zunächst auf einen entscheidenden Sachverhalt hinzuweisen: Die römischen Inschriften gehören in ihrer weit überwiegenden Mehrheit zu den Primärquellen;[60] es handelt sich im engeren Wortsinn

55 Vgl. hierzu Zanker 1975 und Zimmer1982: Nr. 8. 9. 10. 11. 28. 35. 46. 128. 129. 172.

56 Eine Übersicht über die Bände des CIL bieten Eck 1957b: 94 und Bodel 2001: 159–165.

57 H. Dessau, *Inscriptiones Latinae Selectae*, Berlin 1892–1916. Zu ILS vgl. auch Bodel 2001: 170–172. Cooley 2012: 344–345. Zu Dessau vgl. Gerhardt 2012.

58 *Collegia*: ILS 7211–7300. *Tituli ministrorum vitae privatae, opificum, artificum*: ILS 7366–7817. *Tituli instrumenti domestici*: ILS 8561–8742.

59 Millar 1983: 112.

60 Es gibt Ausnahmen, so etwa die Inschriften des Forum Augusti zu den bedeutenden Persönlichkeiten der Republik (ILS 50–60); sie sind Sekundärquellen für die Geschichte der Republik, stellen aber gleichzeitig ein Dokument für das Geschichtsbewusstsein und die Geschichtspolitik der augu-

um Dokumente, die Aufschluss geben über die Zeit, in der sie entstanden. Als Dokumente sind sie nicht an die subjektive Sicht eines Historikers oder Politikers gebunden, sondern bieten ein in vielen Fällen unverfälschtes zeitgenössisches Zeugnis eines Sachverhaltes oder aber den Text eines Gesetzes sowie einer Entscheidung des Princeps.[61] Die Tatsache, dass bei einer Reihe von Inschriften, etwa im Fall der Ehreninschriften, die Intention bestand, die Nachwelt über ein bestimmtes Ereignis, nämlich die Ehrung eines Angehörigen der politischen Führungsschicht oder der lokalen Elite, zu informieren,[62] ändert hieran wenig, denn die Ehreninschrift dokumentiert primär eine Ehrung, meist die Aufstellung einer Statue, und nennt den Geehrten sowie die wichtigsten Stationen seiner politischen Karriere. Erfolgt die Ehrung aufgrund einer Zuwendung des Geehrten etwa an seine Heimatstadt, besitzen wir außerdem ein Zeugnis des Euergetismus der lokalen politischen Führungsschicht.

Inschriften sind in manchen Fällen Abschriften von Dokumenten, die in Archiven aufbewahrt wurden,[63] und bieten also den Zugang zu den Dokumenten der politischen Verwaltung; aber auch Inschriften, die auf eine private Initiative zurückgehen wie etwa die Grabinschriften von Handwerkern, können aufgrund ihrer inhaltlichen Aussagen als Dokumente der römischen Sozial- und Wirtschaftsgeschichte angesehen werden. Römische Geschäftsleute verfügten über ein eigenes Archiv, die *tabulae*, und Funde solcher Archive sind für die Wirtschaftsgeschichte besonders aufschlussreich. Wie der Neuhistoriker, der nicht allein bereits publizierte Texte wie Memoiren, Reden, Flugschriften oder Briefen auswertet, sondern immer wieder die Archive aufsucht, um hier weitere Quellen zu finden, so steht dem Althistoriker für die wirtschaftshistorische Forschung neben den überlieferten literarischen Texten mit den Inschriften gleichsam ein antikes Archiv zur Verfügung.[64]

III.

Für die Erforschung der antiken Wirtschaft sind gerade solche Inschriften von Bedeutung, die den Text von Gesetzen oder in der Principatszeit von Edikten des Princeps wiedergeben. Solche Texte gewähren allerdings keinen direkten Einblick in die Aktivitäten

---

steischen Zeit dar. Zu den Quellengattungen vgl. K. Arnold 1998. Primär- und Sekundärquellen: Arnold 1998: 44.

61 Finley 1987: 39–61.

62 Vgl. Arnold 1998: 45 zu E. Bernheim, der in Anlehnung an Droysen ‚Tradition' und ‚Überreste' unterscheidet, wobei ‚Tradition' eine „Überlieferung mit Blick auf eine Unterrichtung der Mit- und Nachwelt" meint.

63 Ein solcher Fall wird von Millar 1983: 105–108 ausführlich analysiert (Tabula von Banasa). Bei den Militärdiplomen handelt es sich um Texte, die im Archiv aufbewahrt und gleichzeitig dem Empfänger ausgehändigt wurden.

64 Der Begriff ‚Archiv' impliziert hier nicht Vollständigkeit der bewahrten Urkunden. Auch in den Archiven des späten Mittelalters oder der Frühen Neuzeit sind viele Dokumente verloren gegangen, und was der Historiker hier vorfindet, ist das mehr oder weniger zufällig erhaltene Material.

und Interessen der wirtschaftlichen Akteure, immerhin zeigen sie, wie die römische Republik oder später die Principes Einfluss auf die Wirtschaft nahmen und auf Probleme und Konflikte im Bereich der Wirtschaft reagierten.[65] In einigen Fällen werden auch Bittgesuche von Bevölkerungsgruppen, die aus verschiedenen Gründen mit ihrer Lage unzufrieden waren, und die jeweilige Antwort des Princeps wiedergegeben. Gerade solche Inschriften, die einen Schriftwechsel präsentieren, bieten wichtige Informationen zur Verwaltung, zu wirtschaftlichen Strukturen und sozialen Konflikten im Imperium Romanum; sie zeigen vor allem, wie die Situation etwa auf den großen Gütern der Principes in Nordafrika von den betroffenen *coloni* wahrgenommen worden ist.

Die epigraphisch überlieferten großen Texte zur römischen Wirtschaft setzen in der Zeit der späten römischen Republik mit der *lex agraria* auf der *tabula Bembina* ein.[66] Das Gesetz, das auf das Jahr 111 v. Chr. datiert werden kann, gehört damit in die Reihe der bei Appianos erwähnten Agrargesetze der Zeit nach den Gracchen.[67] Lange Zeit wurde die Frage diskutiert, mit welchem der von Appianos genannten Gesetze die *lex* von 111 v. Chr. identisch ist. Während E. Badian annimmt, dass es sich bei der Inschrift um das zweite der von Appianos genannten Agrargesetze und damit um die bei Cicero genannte *lex Thoria* handelt, sind E. S. Gruen und jetzt auch S. T. Roselaar der Auffassung, die *lex agraria* von 111 v. Chr. biete den Text des dritten bei Appianos erwähnten Gesetzes.[68]

Allein schon die Unsicherheit über die Zuordnung der epigraphisch überlieferten *lex* zu den Gesetzen bei Appianos macht deutlich, wie unklar und lückenhaft dessen Angaben zum Inhalt der nachgracchischen Agrargesetze sind. An dieser Stelle kommt es nicht darauf an, die Frage nach der Stellung der *lex agraria* von 111 v. Chr in der Geschichte der römischen Agrargesetzgebung noch einmal zu erörtern, sondern zu zeigen, dass die Inschrift weit mehr Informationen bietet als der kurze Text bei Appianos, der zwar mehrere Bestimmungen des zweiten Gesetzes anführt, aber im Fall des dritten Gesetzes weder

65 Drexhage & Konen & Ruffing 2002: 27–37.

66 CIL I² 585. Vgl. auch E. H. Warmington, Remains of Old Latin IV, Archaic Inscriptions Nr. 60. Crawford 1996: 113–180. Die Tabula Bembina, auf der neben der *lex agraria* auch die *lex Acilia de repetundis* aufgezeichnet war, gehörte Pietro Bembo und ist damit seit dem frühen 16. Jahrhundert bezeugt. Vgl. hierzu W. Nippel 2013: 18–19 und zu Pietro Bembo Hintzen 2012.

67 Die Datierung des Gesetzes ist durch die Angaben von Consuln und Censoren gesichert; Zeile 1 verweist das Gesetz auf den *ager publicus* im Jahr der Consuln P. Mucius Scaevola und L. Calpurnius Piso, also auf das Jahr 133 v. Chr., die Zeilen 86 und 88 erwähnen die Censoren des Jahres 115 L. Caecilius Metellus und Cn. Domitius Ahenobarbus, und Zeile 29 nennt die Consuln M. Livius Drusus und L. Calpurnius Piso (cos. 112 v. Chr.).

68 Die Agrargesetze der Zeit nach den Gracchen: App. civ. 1,27. Roselaar 2010: 256–271. Die *lex Thoria*: Cic. Brut. 136. Siehe ferner Cic. de orat. 2,284. Zur Diskussion vgl. u. a. Badian 1962: 211–214. Badian 1968. Gruen 1968: 100–102. Johannsen 1971. Roselaar 2010: 261–271; vgl. vor allem 271 mit der Zusammenfassung ihrer Ausführungen: „In my view the only possible reconstruction is that the *Lex Thoria* war the second post-Gracchan law, passed in about 119/118, and that the *Lex agraria* of 111 was the third." Ein Consens in dieser Frage ist nicht erreicht worden. Dieselbe Auffassung wie Badian 1962: 213 vertritt auch F. De Martino 1985: 137. Nippel 2013: 19 weist darauf hin, dass bereits Carolus Sigonius im 16. Jh. der Auffassung war, die inschriftlich überlieferte *lex* sei mit dem dritten bei Appian genannten Gesetz identisch. Zu Sigonius vgl. Simons 2012.

den Antragsteller noch den Zeitpunkt des Gesetzes angibt und auf den Inhalt allein mit der kurzen Feststellung eingeht, ein Volkstribun habe die Abgaben für den Besitz öffentlichen Landes (φόρους) beseitigt.[69] Nichts deutet bei Appianos darauf hin, dass dieses Gesetz umfangreiche Regelungen über den *ager publicus* in Africa und auf dem Territorium von Korinth enthält und dabei auch frühere Landzuweisungen in Africa bestätigt.[70]

Die Bestimmungen über das Land, das in Italien zum Zeitpunkt der Gesetzgebung des Ti. Gracchus *ager publicus* war, sind umfassend und beschränken sich keineswegs auf die Beseitigung der φόροι, sie betreffen zunächst solche Ländereien auf dem *ager publicus*, die in Besitz genommen oder vererbt worden waren und die nicht größer waren als gesetzlich erlaubt, dann das von der Agrarkommission römischen Bürgern durch Los zugeteilte oder das zurückgegebene Land, ferner Grundstücke in Städten oder Dörfern und schließlich solche Flächen, die von den IIIviri zugeteilt und in *formae* und *tabulae* eingetragen worden waren.[71] Mit der prägnanten Aussage *is ager privatus esto* wird der Rechtsstatus der genannten Ländereien unmissverständlich festgelegt.[72]

Das Land der *viasii vicani* bleibt *ager publicus*, soweit es von den IIIviri angewiesen worden war.[73] Das Gesetz erklärt auch jene Ländereien zu Privatland, die nach 133 v. Chr. bis zu einer Größe von dreißig *iugera* okkupiert worden sind, um es zu bebauen, eine Bestimmung, die sicherlich den Interessen der Bauern entsprach.[74] Auf dem *ager compascuus*, der wohl im Besitz einer Gruppe von Bürgern oder einer Gemeinde war,[75] konnten Kleinbesitzer überdies bis zu 10 Stück Großvieh mit Jungen weiden lassen, ohne eine Abgabe zu zahlen.[76] Es ist bemerkenswert, dass der Tatbestand der gewaltsamen Vertreibung vom Land im Gesetz erwähnt wird und ein Rechtsweg für die Wiederherstellung der alten Besitzverhältnisse vorgesehen ist.[77] Auch solche Ländereien des *ager publicus*, die im Austausch für das zur Gründung einer Stadt (*oppidum*) oder einer *colonia* benötigte und konfiszierte Land übergeben worden sind, werden durch das Gesetz zu Privatbesitz erklärt.[78] Ausdrücklich untersagt das Gesetz, das Weideland, das aufgrund der Bestimmungen der *lex* öffentliches Eigentum blieb, in *ager compascuus* umzuwandeln oder in

69 App. civ. 1,27.

70 Zum Gesetz vgl. Hinrichs 1966. Roselaar 2010: 271–278. Wichtig ist der Kommentar bei Crawford 1996: 153–180. Africa: Zeile 45–95. Korinth: Zeile 96–106.

71 Zeile 1–7. Die Bestimmungen in den Zeilen 4–7 sind aufgrund der Lückenhaftigkeit des Textes unklar. Crawford 1996: 153. Roselaar 2010: 272.

72 Zeile 14. Zur Formel *is ager privatus esto* vgl. Zeile 23. Zum Rechtsstatus vgl auch die Formulierung Z. 27: *[is ager locus do]mneis priuatus ita, utei quoi optuma lege privatus est, esto.*

73 Zeile 11–12. So Crawford 1996: 159. Roselaar 2010: 275.

74 Zeile 13–14. Roselaar 2010: 274f.

75 Vgl. Crawford 1996: 161: The essential feature of *ager compascuus* is that it is land which a specific group owns or has rights over, whether a community, as in the Sententia Minuciorum (CIL I^2 584 = ILLRP 517, ll. 32–5) or as group of individuals, as in Dig. VIII,5,20,1 (Scaevola).

76 Zeile 14–15.

77 Zeile 18: *ex possesione vi eiectus est* Vgl. dazu auch die Bemerkung Appians (civ. 1,27), die Reichen hätten den Landbesitz der Armen entweder aufgekauft oder mit Gewalt an sich gebracht. Vgl. Crawford 1996: 164.

78 Zeile 22–23. Crawford 1996: 164. Roselaar 2010: 273.

Besitz zu nehmen und eine Nutzung als Weidefläche zu verhindern; es wird gestattet, auf diesem Land eine begrenzte Zahl von Ochsen, Pferden, Maultieren und Eseln weiden zu lassen, ohne dass dafür eine Abgabe zu entrichten war.[79] Dies gilt auch für die Nutzung der Triftpfade und öffentlichen Straßen bei der Wanderung der Herden.[80] Längere Abschnitte regeln ferner alle Fragen der rechtlichen Beilegung von Konflikten, die sich bei der Durchführung des Gesetzes ergaben.[81] Die politische Situation, in der das Gesetz verfasst worden ist, kommt deutlich in der Klausel zum Ausdruck, dass ein Amtsträger, der es ablehne, auf ein späteres, gegen die Bestimmungen der *lex agraria* gerichtetes Gesetz einen Eid abzulegen, straffrei bleiben solle.[82]

Für die Provinz Africa ordnet das Gesetz an, dass einer der beiden durch das Gesetz ernannten IIviri die Besitzverhältnisse in der Provinz überprüfen soll;[83] öffentliches Land in der Provinz, das zuvor in Rom gekauft worden war oder in Zukunft gekauft werden sollte, erhielt in Africa den Status eines *ager privatus vectigalisque*, es handelte sich also um privaten Besitz, der zugleich als Boden in der Provinz abgabenpflichtig war.[84] Daneben existierte Land, das von den *vectigalia* befreit war.[85] Die Situation in Africa war auch deswegen kompliziert, weil nach dem Dritten Punischen Krieg freien Städten wie Utica und daneben den Kindern des Massinissa Land zugeteilt worden war.[86] Ausgenommen von den Bestimmungen des Gesetzes ist das Land, das bei der Gründung der Kolonie auf dem Gebiet der Stadt Carthago an römische Bürger verteilt worden war.[87] Auch über die Ernten wurden Verfügungen getroffen, wobei Wein und Olivenöl eigens erwähnt werden.[88] Auf dem Gebiet von Korinth sollte ein aufgrund der *lex* eingesetzter IIvir das öffentliche Land verkaufen; dafür sah das Gesetz die Vermessung des Landes und die Aufstellung von Grenzsteinen vor.[89]

Schon dieser keineswegs vollständige Überblick über die einzelnen Bestimmungen der *lex agraria* zeigt, dass im Bericht von Appian wesentliche Informationen über die Agrargesetzgebung der Zeit nach den Gracchen fehlen und unsere Kenntnis der Agrargeschichte des späten 2. Jh.s v. Chr. lückenhaft wäre, wenn der Text des Gesetzes verloren gegangen wäre.

Ein weiteres wichtiges Beispiel für die Bedeutung der epigraphischen Überlieferung im Bereich der römischen Wirtschaftsgeschichte stellt die auf zwei Bronzetafeln aufge-

79 Zeile 24–26. Crawford 1996: 165. Roselaar 2010: 276.
80 Zeile 26. Crawford 1996: 166. Roselaar 2010: 277.
81 Zeile 33–39. Crawford 1996: 168–169.
82 Zeile 40. Crawford 1996: 169. Vgl. zur Forderung, einen Eid auf ein Agrargesetz zu leisten, App. civ. 1,29.
83 Zeile 52–53. Vgl. Zeile 57. 59. Hinrichs 1966: 284–285. 291. Crawford 1996: 170.
84 Zeile 49. 66. 75. Vgl. Hinrichs 1966: 285. Crawford 1996: 171.
85 Zeile 78–82. Hinrichs 1966: 288.
86 Zeile 79. 81. Hinrichs 1966: 288. Crawford 1996: 176.
87 Zeile 45. Hinrichs 1966: 285.
88 Zeile 95. Crawford 1996: 180.
89 Zeile 97. Crawford 1996: 180.

zeichnete Bergwerksordnung für Vipasca im Südwesten der Iberischen Halbinsel dar.[90] Bis zum Fund dieser aus der Zeit des 2. Jahrhunderts n. Chr. stammenden Inschriften in den Jahren 1876 und 1906 beruhte die Kenntnis über den Abbau von Silber und Gold in den Bergwerken und im Tagebau der spanischen Provinzen in der Zeit der späten Republik und des frühen Principats weitgehend auf den entsprechenden Kapiteln in den Werken von Diodoros, Strabon und Plinius.[91] Nach Diodoros begann der Abbau von Silber auf der Iberischen Halbinsel bereits in vorrömischer Zeit; zunächst waren vor allem die Phoiniker am Handel mit Silber beteiligt, das von den Einheimischen gefördert worden ist, später betrieben die Karthager Silberbergwerke.[92] Die Einrichtung der römischen Provinzen führte dann zu grundlegenden organisatorischen Veränderungen beim Abbau von Edelmetallen;[93] die Italiker, die sich im Bergbau engagierten und vor allem an hohen Gewinnen interessiert waren, setzten in den Bergwerken eine große Zahl von Sklaven ein, die unter extrem schlechten Bedingungen arbeiten mussten.[94] Strabon, der sich hier auf Polybios beruft, berichtet, dass in den Silberbergwerken bei Carthago Nova 40.000 Menschen arbeiteten und dass pro Tag Silber im Wert von 25.000 Drachmen gefördert wurde. Zu Strabons Zeiten waren die Silberbergwerke aus öffentlichem Eigentum aber in Privatbesitz übergegangen, während die Goldbergwerke weiterhin in öffentlichem Besitz geblieben sind.[95] Badian hat mit guten Argumenten die These vertreten, dass die Republik die Bergwerke an *societates publicorum* verpachtete; allerdings fehlen für die Zeit der Republik jegliche Aussagen über gesetzliche Regelungen zum Bergbau in den hispanischen Provinzen und über die Organisation des Abbaus der Erze durch die *societates*.[96]

Wie die *lex metallis dicta*[97] zeigt, haben die Verhältnisse sich in der Zeit bis zum 2. Jahrhundert n. Chr. grundlegend verändert; in dem Bergwerksdistrikt von Vipasca, der einem *procurator* unterstand, wurden die einzelnen Stollen an *occupatores* verpachtet; der Fiscus konnte seinen Anteil an einer Grube verkaufen (§§ 1–2. § 6). Deutlich erkennbar ist dabei das Interesse an einem ununterbrochenen Betrieb der Gruben: Ausdrücklich war festgelegt, dass ein Pächter mehrerer Gruben, der in einem Stollen auf eine Erzader gestoßen war, die Arbeit in den übrigen Stollen nicht einstellen durfte (§ 3). Wurde in einer Grube nach einer für die Beschaffung der Ausgaben eingeräumten Frist von fünfundzwanzig Tagen die Arbeit aufgenommen, diese dann aber für einen Zeitraum von zehn Tagen eingestellt, wurde einem anderen das Recht zugestanden, die Grube in Besitz zu nehmen (§ 4). Dasselbe gilt für eine Grube, die vom Fiscus verkauft worden war

90 *Lex metalli Vipascensis*: CIL II 5181 = ILS 6891. *Lex metallis dicta*: FIRA I 104. Deutsche Übersetzung der beiden Inschriften bei Freis 1984: Nr. 83 und 84.

91 Diod. 5,35–38. Strab. 3,2,8–10. Plin. nat. 33,67–78. 95–98. Zum römischen Bergbau auf der Iberischen Halbinsel vgl. Domergue 1990.

92 Diod. 5,35,4. 5,38,2. Vgl. Plin. nat. 33,96–97.

93 Zur Organisation des Bergbaus durch Cato im Jahr 195 v. Chr. vgl. Liv. 34,21,7.

94 Diod. 5,36,3–4. 5,38,1. Vgl. dazu Domergue 1990: 335–337. 353–358.

95 Strab. 3,2,10. Zu Silberbergwerken in privatem Besitz vgl. Plut. Crassus 2. Tac. ann. 6,19,1.

96 Badian 1972: 31–34. Vgl. Domergue 2008: 193.

97 *Lex metallis dicta*: FIRA I 104. Vgl. Flach 1979. Hirt 2010: 227. 262–269. Zur Verwaltung der hispanischen Bergwerke vgl. Domergue 1990: 279–307. Domergue 2008: 198.

und sechs Monate ununterbrochen nicht in Betrieb war; in diesem Fall war ein neuer Pächter verpflichtet, nach der Übernahme der Grube dem Fiscus wie üblich die Hälfte des geförderten Erzes abzuliefern (§ 5). Die Betreiber der Gruben durften Anteilseigner haben, die entsprechend ihrem Anteil an der Grube die Kosten zu tragen hatten (§§ 6–7). Ein Verkauf oder Kauf von Anteilen einer Grube, die vom Fiscus gekauft und für die der Preis bezahlt worden war, musste dem *procurator* angezeigt werden (§ 8). Weitere Bestimmungen dienten der Kontrolle des Erzabbaus: Sie sahen Strafen für den Fall vor, dass Erze in der Nacht zu den Schmelzöfen gebracht oder Erze gestohlen wurden (§§ 9–10). Es entspricht den Rechtsgrundsätzen der Zeit, dass für Freie und Sklaven ein unterschiedliches Strafmaß vorgesehen war: Im Fall eines Diebstahls von Erzen sollte ein Sklave ausgepeitscht und unter der Bedingung verkauft werden, dass er bis zu seinem Lebensende in Ketten blieb und sich in keinem Bergwerksstrikt mehr aufhalten durfte, während ein Freier bestraft werden sollte, indem sein Besitz konfisziert und er selbst aus dem Bergwerksdistrikt ausgewiesen wurde (§ 10). Es gab umfangreiche Vorschriften zur Sicherung der Stollen; auch hier wird jegliche Zuwiderhandlung bestraft (§§ 11–17). Die letzte der überlieferten Vorschriften legt fest, dass die Grenzen der zugewiesenen Grube zu beachten sind und über diese Grenzen hinaus weder Stollen vorgetrieben werden noch Schlacken gesammelt werden dürfen (§ 18).[98]

Einen guten Einblick in die Verhältnisse einer Siedlung im Bergwerkdistrikt gewährt das zweite Fragment, die *lex metalli Vipascensis*.[99] Gegenstand der Bestimmungen sind zuerst die Abgaben bei Kauf einer Grube (§ 1), die Tätigkeit des Ausrufers, der die Waren und Gegenstände, die verkauft werden sollen, öffentlich anbietet und Auktionen durchführt (§ 2) und die Verpachtung des Bades (§ 3); weiterhin wurde die Erlaubnis, als Schuhmacher (§ 4) oder als Barbier (§ 5) tätig zu sein oder eine Wäscherei zu betreiben (§ 6), an *conductores* vergeben; Schullehrer waren von öffentlichen Leistungen, die der *procurator* der Bevölkerung auferlegte, befreit (§ 8). Einige Bestimmungen standen in direktem Zusammenhang mit dem Bergbau und der Förderung von Erzen; so hatte der Käufer einer Grube, die der *procurator* verkauft hatte, eine einprozentige Abgabe an den Pächter der Verkaufsgebühr zu zahlen (§§ 1 und 2); die Verarbeitung von Schlacken und Erzsplittern wurde ebenfalls verpachtet (§ 7). Um einen Rechtstitel für eine Grube, die in Besitz genommen war, zu erhalten, war eine Eintragung nötig, für die an den Pächter dieser Eintragungssgebühr eine Zahlung zu leisten war (§ 9).

In diesem Text finden sich genaue Anordnungen zur Verpachtung einzelner Tätigkeiten oder Einrichtungen in der Siedlung; der *procurator* legte dabei die Preise fest, die für die Tätigkeit oder Nutzung einer Einrichtung den Pächtern zu zahlen waren, und gewährte dem Pächter gleichzeitig ein Monopol für diese Tätigkeit innerhalb der Siedlung. Der Pächter wiederum hatte damit die Verpflichtung, die ordnungsgemäße Durchführung der übernommenen Aufgaben, etwa den Betrieb des Bades, zu gewährleisten; der Schuhmacher hatte ein hinreichendes Angebot an Schuhen bereitzuhalten und der

98 Die Interpretation einzelner Bestimmungen bereitet erhebliche Schwierigkeiten, die auch damit zusammenhängen, dass der Text nur fragmentarisch überliefert ist.

99 CIL II 5181, ILS 6891. Vgl. Flach 1979 und die kurzen Bemerkungen bei Hirt 2010: 226–227.

Pächter, der die Erlaubnis hatte, das Barbiergewerbe auszuüben, hatte eine genügende Anzahl von Barbieren zu stellen (§§ 3–5). Insgesamt lässt die Bergwerksordnung von Vipasca ein deutliches Interesse des Fiscus erkennen, die Versorgung der Bevölkerung in der Siedlung sicherzustellen und neben den Erträgen aus dem Abbau der Erze möglichst hohe Einnahmen durch die Vergabe von Konzessionen zu erzielen.

In der Siedlung lebten auch Frauen und Kinder, was die Existenz von Familien wahrscheinlich macht. Es gab für Frauen bestimmte Badezeiten, und sie hatten für die Nutzung des Bades einen doppelt so hohen Preis wie Männer zu zahlen. Wie die Erwähnung von Lehrern zeigt, war für den Unterricht von Kindern gesorgt. In der Siedlung herrschte ein bescheidener Wohlstand, und Mindeststandards an Hygiene und Sauberkeit waren mit der Existenz des Bades und der Möglichkeit, Kleidung reinigen zu lassen, gegeben.

In dem Bergwerksdistrikt wurden auch Sklaven verkauft und gekauft, wobei für jeden Sklaven eine Abgabe in Höhe von 3 Denaren zu zahlen war (§ 2). Angesichts der Tatsache, dass ein Verkauf von mehr als fünf Sklaven erwähnt wird, ist anzunehmen, dass es sich nicht um Gelegenheitsverkäufe handelte, sondern Sklavenhändler in der Siedlung auftraten; auf diese Weise konnten die Pächter der Gruben die für den Abbau der Erze notwendigen Arbeitskräfte beschaffen. Sklaven wurden außerdem neben freien Arbeitskräften (*mercennarii*) für die Aufbereitung von Schlacken und Erzsplittern eingesetzt (§ 7). In der *lex metallis dicta* werden Sklaven im Zusammenhang mit den Strafandrohungen bei Diebstahl von Erzen oder bei Verletzung der Sicherheitsvorschriften erwähnt; zu den Arbeits- und Lebensbedingungen dieser Sklaven finden sich allerdings keine Aussagen. Es sollte jedoch keine allgemeine Tendenz zu einer grundlegenden Verbesserung der Situation der Sklaven im Bergbau angenommen werden. Andere Quellen wie etwa der Bericht des Galenos über die Gewinnung von Kupfervitriol auf Zypern sprechen hier eine deutliche Sprache.[100]

Die Inschriften gewähren einen faszinierenden Einblick in die Verwaltung eines Bergwerksdistriktes und in die Organisation des Erzabbaus; sie führen die Maßnahmen zur Sicherung der Stollen an und erwähnen die Strafandrohungen für Verstöße gegen die Bergwerksordnung. Aufschlussreich sind gerade auch jene Abschnitte der *lex metalli Vipascensis*, in denen einerseits die Ausübung von Berufen geregelt ist, die nicht direkt den Abbau und die Verhüttung der Erze betreffen, und die andererseits Hinweise auf die soziale Situation der Bevölkerung und auf die Existenz von Frauen, Kindern und Sklaven in dem Bergwerksdistrikt geben. Es ist sicherlich richtig, dass die beiden ohnehin nur lückenhaft überlieferten Inschriften von Vipasca nicht alle Fragen zum Bergbau in der Principatszeit beantworten und viele Probleme ungelöst bleiben, aber immerhin bieten sie für einen Bergwerksdistrikt relevante Informationen, die gerade angesichts weitgehend fehlender literarischer Texte zum Bergbau der Principatszeit für unsere Kenntnis eines der wichtigen Zweige der römischen Wirtschaft von entscheidender Bedeutung sind.

Ähnliches gilt auch für die epigraphischen Zeugnisse zur Agrarstruktur der Provinzen in der Principatszeit. So enthalten mehrere Inschriften des 2. Jahrhunderts n. Chr.

100 Schlange-Schöningen 2003: 284–289. Vgl. auch Schumacher 2001: 107–115.

ausführliche Angaben zur Verwaltung der großen Landgüter in der Provinz Africa und vor allem zur Lage der *coloni*, die auf diesen Besitzungen arbeiteten.[101] Aus der Literatur ist bekannt, dass es im 1. Jahrhundert v. Chr. in Africa zu einer starken Konzentration des Großgrundbesitzes gekommen war: Nach Plinius besaßen sechs Grundbesitzer die Hälfte der Provinz; sie wurden unter Nero ermordet und ihre Landgüter konfisziert. Außerdem scheinen in Africa gelegene Ländereien in großem Umfang durch testamentarische Verfügungen in Besitz der Principes gelangt zu sein.[102] Diese Tatsache erklärt, dass die Inschriften aus Africa sich auf Güter im Besitz des Princeps beziehen, aber gleichwohl auf private Ländereien früherer Zeiten verweisen. Bemerkenswert ist das verwaltungstechnische Verfahren, das in den Inschriften dokumentiert wird: Es handelt sich um Entscheidungen der Procuratoren oder des Princeps selbst.

Die früheste, umfangreiche Inschrift aus der Zeit des Traianus enthält genaue Bestimmungen über die Verwaltung des Gutes Villa Magna Variana, über den Anbau und die Anpflanzungen sowie über Pflichten und Rechte der *coloni*.[103] Die Procuratoren Licinius Maximus und Felicior, ein Freigelassener des Princeps, gestatten den *coloni*, deren *villa* auf dem *fundus* liegt, die bisher landwirtschaftlich nicht genutzten, *subcesiva* genannten Flächen gemäß der *lex Manciana* zu bebauen, deren Bestimmungen in dem Text übernommen werden.

Auf diese Weise gibt die Inschrift indirekt den Inhalt dieser *lex* wieder, die – wie Dennis Kehoe annimmt – T. Curtilius Mancia (cos. 55 n. Chr.) erlassen hatte, wobei unklar bleibt, in welcher Funktion Mancia in Africa tätig war und ob die *lex Manciana* die Verhältnisse auf den Ländereien in Africa generell oder nur auf den Gütern in Privatbesitz oder aber auf den Besitzungen des Princeps regelte. Es ist jedenfalls erkennbar, dass zentrale Bestimmungen der *lex* die Abgaben und die Arbeiten der *coloni* auf einem Gut betrafen.[104]

Demnach waren die *coloni*, denen die eigenständige Nutzung des Landes zugestanden war,[105] verpflichtet, die Ernteerträge zu deklarieren und vom Dreschplatz weg den dritten Teil der Weizen- sowie Gerstenernte, den vierten Teil der Bohnen, von der Presse den dritten Teil an Wein sowie den dritten Teil an Olivenöl abzuliefern.[106] Das von den *coloni* bebaute Land konnte an Kinder aus einer rechtmäßigen Ehe vererbt werden oder als Sicherheit gegeben werden.[107] Den Bauern war damit garantiert, dass ihnen das Land nicht

101 CIL VIII 25902. VIII 25943. CIL VIII 10570 = ILS 6870. Flach 1978: 441–492. Kehoe 1988: 28–70.

102 Plin. nat. 18,35. Zum Großgrundbesitz in Africa vgl. Kehoe 1988: 10–12. 73–75.

103 CIL VIII 25902. Text mit englischer Übersetzung: Kehoe 1988: 29–37. Deutsche Übersetzung bei Freis 1984: Nr. 73. Die Inschrift kann aufgrund des Siegesbeinamens Parthicus auf 116/117 n. Chr. datiert werden.

104 Kehoe 1988, 48–55. Zu den Besitzungen Mancias vgl. Plin. epist. 8,18. Die *lex Manciana* wird zu Beginn der Inschrift mehrmals erwähnt: 1,5. 1,8. 1,11f. 1,24.

105 1,9: *usum proprium*.

106 1,25–29.

107 4,2–9.

genommen werden konnte, solange sie es bewirtschafteten.[108] Dies stärkte ohne Zweifel ihre Motivation, für die Erhaltung der Bodenqualität zu sorgen und den Wert der von ihnen bewirtschafteten Ländereien durch Anlage von Pflanzungen oder Errichtung von Gebäuden zu erhöhen. Ferner hatten die *coloni*, die auf dem Gut ansässig waren, an sechs Tagen des Jahres für die *conductores* zu arbeiten, sie wurden an jeweils zwei Tagen zum Pflügen und zu Erntearbeiten herangezogen, an zwei Tagen mussten sie für Arbeiten jeder Art zur Verfügung stehen.[109]

Die Inschrift hat die Funktion, die Entscheidung der Procuratoren über den Anbau auf den *subcesiva* genannten Flächen öffentlich bekannt zu machen. Es bestand die Intention, bislang nicht bewirtschaftete Flächen, die für den Anbau wohl weniger geeignet waren, landwirtschaftlich zu nutzen. Das Interesse an einer Ausweitung der Anbaufläche ist sicherlich darin zu sehen, dass von den Bauern damit auch höhere Abgaben gefordert werden konnten. Dass für die *coloni* ein Anreiz geschaffen werden sollte, etwa Feigenbäume zu pflanzen oder Weingärten anzulegen, zeigt vor allem die Gewährung der Steuerfreiheit für die ersten fünf Jahre nach Anlage der Pflanzungen; im Fall von Olivenbaumpflanzungen wird dieser Vorteil sogar für zehn Jahre eingeräumt.[110] Wie aus der Inschrift hervorgeht, war die römische Verwaltung bestrebt, die Erträge der großen Güter zu steigern und auf diese Weise über mehr Agrarerzeugnisse für die Versorgung der Armee, der Städte in Africa oder der Stadt Rom selbst zu verfügen.[111]

Für die Verwaltung des Gutes Villa Magna Variana waren *conductores* und *procuratores* des Princeps zuständig; die Oberaufsicht übten die *procuratores* aus, während die *conductores*, die für eine festgesetzte Frist ein Gut pachteten, die Aufgabe hatten, die Abgaben festzulegen und einzuziehen; da die *coloni* Arbeitsdienste für die *conductores* zu leisten hatten, ist anzunehmen, dass diese einen Teil des Gutes in Eigenregie bewirtschafteten und dafür auf zusätzliche Arbeitskräfte angewiesen waren. Wahrscheinlich galten die Regelungen der *lex Manciana* in der Zeit des Traianus auch für Güter in Privatbesitz; ein Indiz hierfür ist die Nennung der *vilici dominorum* in der Inschrift.[112]

Die Inschrift ist für die römische Wirtschaftsgeschichte deswegen von besonderem Interesse, weil deutlich wird, dass auf den großen Gütern in der Provinz Africa vor allem freie Bauern arbeiteten, die als Kleinpächter (*coloni*) das Land bewirtschafteten. Die Pachtverhältnisse waren durch zwei grundlegende Tatsachen bestimmt: Dem Pächter war die langfristige Nutzung des Landes solange garantiert, als er die Felder tatsächlich bebaute. Dies sicherte einerseits die soziale Existenz der *coloni*, andererseits mussten die *procuratores* nicht wie im Fall einer kurzfristigen Verpachtung immer wieder nach geeigneten Pächtern suchen. Bei der Pacht handelte es sich um eine Teilpacht, um die Abgabe eines festgelegten Teils der Ernte. Anders als bei der Geldpacht mit einem festen Betrag trug der *colonus* nicht allein das Risiko von Missernten, sondern für Besitzungen des

108 4,9–12.

109 4,22–27.

110 2,20–12.

111 Kehoe 1988: 6. 41.

112 3,19–20. Kehoe 1988: 48–50.

Princeps erhielt der Fiscus in einem solchen Fall auch deutlich geringere Abgaben. Missernten führten also nicht unmittelbar zu einer Existenzkrise der Pachtbauern. Allerdings war den Bauern die Verfügungsgewalt über einen Teil ihrer Ernte genommen. Da keine Angaben zur Größe des von den einzelnen *coloni* bewirtschafteten Landes vorliegen, ist nicht zu klären, ob die *coloni* den Teil der Ernte, den sie behalten konnten, für den Eigenbedarf benötigten oder ob sie darüber hinaus Getreide, Öl und Wein auf den lokalen Markt bringen und dort verkaufen konnten.[113]

Eine Inschrift aus der Zeit des Hadrianus bietet den Text mehrerer Schriftstücke, die sich ebenfalls auf die Verwaltung der Besitzungen des Princeps in der Provinz Africa beziehen. In diesem Fall wird ein Verwaltungsakt durch Zitieren archivierter Schriftstücke dokumentiert.[114] Ausgangspunkt des Vorgangs ist eine an die *procuratores* gerichtete Petition der *coloni* eines Landgutes im Besitz des Princeps; die *coloni* bitten darum, Land zu erhalten, das in Sumpfgebieten und Wäldern liegt, um es entsprechend den Bestimmungen der *lex Manciana* mit Olivenbäumen und Weinstöcken zu bepflanzen; damit soll eine Regelung, die schon für den benachbarten *saltus Neronianus* galt, übernommen werden.[115] Es folgt die Antwort der *procuratores* Verridius Bassus und Ianuarius an Martialis, der aufgefordert wird, *coloni* nicht daran zu hindern, brachliegendes Land, sumpfige Flächen oder bewaldetes Land zu bebauen, und ein Schreiben der *procuratores* Earinus und Doryphorus, die Primigenius auffordern, die Schriftstücke an frequentierten Plätzen öffentlich bekannt zu machen.

Beigefügt ist eine Erklärung (*sermo*) der *procuratores* des Hadrianus;[116] dieses Schreiben, eine frühere Entscheidung über die Inbesitznahme von zuvor nicht genutzten Ländereien, wird als Präzedenzfall herangezogen, um die jetzt getroffene Verfügung zu begründen. Der *sermo* verweist auf den Befehl des Hadrianus, alle für die Anpflanzung von Olivenbäumen oder Wein oder für den Getreideanbau geeigneten Felder zu bebauen, und gestattet dementsprechend, die Teile des *saltus Blandianus* und *Udensis* sowie die Teile, die von dem *saltus Lamianus* und *Domitianus* dem *saltus Tuzritanus* hinzugefügt worden sind, in Besitz zu nehmen, soweit diese nicht von den *conductores* bewirtschaftet werden. Die Rechte der *coloni*, die solche Flächen in Besitz nahmen, werden gemäß der *lex Hadriana de rudibus agris* (Gesetz über die brachliegenden Felder) aufgelistet; sie haben das volle Besitzrecht, das Recht der Nutzung und das Recht, das Land ihren Erben zu hinterlassen. Die Abgaben der *coloni* werden entsprechend der *lex Manciana* festgelegt: Ein Drittel der geernteten Früchte ist abzuliefern, wobei für neu gepflanzte Olivenbäume in den folgenden zehn Jahren und für Obstbäume in den folgenden sieben Jahren keine Abgaben zu leisten sind; für Obst gilt ferner, dass nur für die verkauften Früchte Abgaben erhoben werden, die Produktion für den Eigenbedarf der *coloni* demnach abgabenfrei war.

113 Zur Ökonomie der Teilpacht vgl. Kehoe 1988: 155–163.

114 CIL VIII 25943. Der mit Hilfe der Inschrift CIL VIII 26416 ergänzte Text mit englischer Übersetzung: Kehoe 1988: 56–59. Datierung: Kehoe 1988: 55. Deutsche Übersetzung bei Freis 1984: Nr. 86.

115 Die Petition (*hanc petitionem nostram*): 1,1–11.

116 2 und 3.

Die Bedeutung des *sermo* für die römische Verwaltung geht aus der Tatsache hervor, dass der Text auch in einer Inschrift aus der Zeit des Septimius Severus erscheint.[117] Solche Schriftstücke wie der *sermo* wurden demnach als Urkunde aufbewahrt und späteren Entscheidungen über ähnlich gelagerte Fälle zugrundegelegt.[118]

Welche Konflikte zwischen den *coloni* auf der einen Seite und den *conductores* sowie *procuratores* auf der anderen Seite entstehen konnten, geht aus einer einet Inschrift mit einer Petition der *coloni* und der Antwort des Commodus aus dem Jahr 182 n. Chr. hervor:[119] Die *coloni* des saltus Burunitanus klagen in der Bittschrift darüber, dass der für den Gutsbezirk zuständige *procurator* den *conductor* Allius Maximus unterstütze, der die Zahl der Tage, an denen die *coloni* für den *conductor* arbeiten mussten, rechtswidrig erhöht hatte. Da die Pachtbauern gegen dieses Vorgehen Widerstand leisteten, schickte der *procurator* Soldaten zum Gutsbezirk und ließ einige der Pächter ergreifen und auch mit Ruten schlagen. Die Verfasser der Bittschrift begründen ihre Eingabe mit der *lex Hadriana* sowie mit dem Schreiben der *procuratores*, das im Archiv (*tabularium*) des *tractus Karthaginiensis* aufbewahrt wurde und dort wohl zugänglich war. Sowohl das Gesetz als auch das Schreiben der *procuratores* legte fest, dass die *coloni* verpflichtet waren, für den *conductor* an jeweils zwei Tagen zu pflügen, zu jäten und sich an den Erntearbeiten zu beteiligen. Ausdrücklich war es den *procuratores* und auch dem *conductor* untersagt, die Abgaben und die Zahl der Tage, an denen die *coloni* für den *conductor* zu arbeiten hatten, eigenmächtig zu erhöhen. Die Pachtbauern berufen sich dabei auf eine ewige, bis zum heutigen Tag existierende und durch die *procuratores* bestätigte Ordnung.[120]

Die Antwort des Commodus an Lurius Lucullus, der die Bittschrift an den Princeps verfasst hatte, enthält die Zusicherung, die *procuratores* würden dafür sorgen, dass von den *coloni* keine Leistungen gegen die bestehende Ordnung eingefordert werden.[121] Es folgt der Vermerk, der Text sei gelesen und überprüft worden, und die Abschrift weiterer Dokumente, so eines nicht vollständig erhaltenen Briefes, in dem noch einmal angeordnet wird, entsprechend der Entscheidung des Princeps zu verfahren; das Schriftstück wurde im September in Carthago ausgestellt, die Inschrift schließlich an den Iden des Mai unter Aufsicht des *magister* C. Iulius Pelops aufgestellt.[122]

Es ist bemerkenswert, dass die *coloni* die Strafaktion des Procurators darauf zurückführen, dass sie bereits an den Princeps wegen des Konfliktes appelliert hatten;[123] damit

117 CIL VIII 26416. Der *procurator* Patroclus gestattet den coloni, nicht kultivierte Felder auf einem Landgut in Besitz zu nehmen und folgt dabei den Regelungen des *sermo*. Vgl. Kehoe 1988: 55. 61.

118 Vgl. Kehoie 1988: 63: „The *sermo* therefore represents a general solution to the widespread problem of unused lands. The fact that the guidelines of the *sermo* could be used on several different imperial estates suggests that a consistent central policy determined what incentives would be offered to cultivators of unused lands."

119 CIL VIII 10570. ILS 6870. Der Text mit englischer Übersetzung: Kehoe 1988: 56–59. Deutsche Übersetzung bei Freis 1984: Nr. 110.

120 3,16: *perpetua in hodiernum forma*. Vgl. auch 4,7–8: *perpetua forma*.

121 4,1–8. Zu Lurius Lucullus vgl. 4,14.

122 4,9–29.

123 2,19–20.

wird der Eindruck erweckt, der *procurator* handele gegen den Willen und – wie es an anderer Stelle heißt – gegen das materielle Interesse des Princeps.[124] Die Pachtbauern bezeichnen sich selbst als *misserimi homines, homines rustici tenues* und *rustici tui vernulae et alumni*; sie betonen auf diese Weise, dass sie dem gemeinsamen Vorgehen von *conductor* und *procurator* hilflos ausgeliefert und auf den Schutz des Princeps angewiesen sind. Immerhin haben diese Pachtbauern aber das Selbstbewusstsein, sich gegen die Übergriffe zu wehren und sich mit einer Bittschrift an den Princeps zu wenden; sie haben ferner die Fähigkeit, sich auf ältere Schriftstücke im Archiv des *tractus Karthaginiensis* zu berufen; sie sind also durchaus konfliktfähig. Einige der Pachtbauern waren römische Bürger,[125] gehörten also sicherlich nicht zur Schicht einfacher afrikanischer Kleinbauern.[126] Die Erwähnung eines *magister* bezeugt, dass eine Organisation der Pachtbauern auf den großen Gütern existierte.[127]

Das Preisedikt des Diocletianus aus dem Jahr 301 n. Chr. ist ein weiteres Beispiel dafür, in welchem Ausmaß unsere Kenntnis der römischen Wirtschaft auf den überlieferten Inschriften beruht. Es handelt sich um einen längeren Text, in dem die Festsetzung von Höchstpreisen verordnet und begründet wird; es folgt dann eine Liste von etwa 1.400 Nahrungsmitteln, Waren, Dienstleistungen und Transportleistungen, für die jeweils ein Preis angegeben wird, der nicht überschritten werden durfte.[128] Damit gewährt uns das Preisedikt, das nicht vollständig überliefert ist,[129] einen faszinierenden Einblick in das Angebot von Waren und Dienstleistungen im Imperium Romanum zu Beginn des 4. Jahrhunderts; außerdem werden die Relationen zwischen Löhnen und dem Preis von Lebensmitteln sowie Waren wie auch zwischen den Preisen für unterschiedliche Dienstleistungen und Arbeiten sowie für den Transport zu Lande und zur See erkennbar. Von früheren Eingriffen in die Preise unterscheidet sich das Edikt des Diocletianus durch die nahezu lückenlose Erfassung aller Waren und durch seinen Geltungsbereich, der eben nicht nur auf eine Stadt oder Region beschränkt war.[130]

Vorausgegangen war dem Preisedikt eine lange Phase der Münzverschlechterung; seit Marcus Aurelius wurde der Feingehalt der Silbermünzen stark reduziert, während das Gewicht der Goldmünzen verringert wurde. Bis zur Mitte des 3. Jahrhunderts war der Silbergehalt des Denars von ca. 3,65 Gramm Silber auf weniger als 1 Gramm gesunken.[131]

---

124 2,3–4: *in perniciem rationum tuarum.*

125 2,14–15: *cives Romani.*

126 Kehoe 1988:131.

127 4,29.

128 Jones 1964: 61. Noethlichs 1997. Brandt 1998: 75–91. Brandt 2004. Demandt 2007: 69. 390–414. Allen 2009. Wagner 2013. Ausgabe: Lauffer 1971. Text und englische Übersetzung: ESAR 5, 305–421.

129 Es existieren etwa 140 Fragmente, die aus den östlichen Provinzen stammen. Überblick über die Fragmente und die Aufteilung des Textes auf die einzelne Fragmente (Stand 1971): Lauffer 1971: 14–48.

130 Frühere Preisbeschränkungen: Höchstpreis für Getreide in Rom 19 n. Chr.: Tac. ann. 2,87. Zu Antistius Rusticus vgl. den Beitrag von Kai Ruffing.

131 Vgl. etwa Howgego 1995: 115–140. Harl 1996: 125–157. Wolters 1999: 403–410. Corbier 2005.

Entscheidend für die Entwicklung der römischen Geldwirtschaft war die Tatsache, dass etwa seit 250 n. Chr. nicht mehr die Möglichkeit bestand, Bronze- und Silbermünzen zu einem festen Kurs in Goldmünzen zu wechseln. Manipulationen des Münzgeldes, vor allem die Maßnahmen des Aurelianus,[132] führten dann nach 275 n. Chr. dazu, dass das Vertrauen in die römische Währung vollständig verloren ging, was ein starkes Ansteigen der Preise zur Folge hatte.[133] Diese Entwicklung hatte zwei Ursachen; einerseits waren die öffentlichen Ausgaben, vor allem infolge der Erhöhung des Soldes für die Legionssoldaten, stark gestiegen, andererseits kam der Silber- und Goldabbau auf der Iberischen Halbinsel zum Erliegen, so dass deutlich weniger Edelmetalle für die Prägung von Münzen zur Verfügung standen. Die Situation wurde noch schwieriger durch die unter Aurelianus 271 n. Chr. erfolgte Aufgabe Dakiens, in dem zahlreiche Goldbergwerke lagen.

Dem Preisedikt war am 1. September 301 eine Geldreform vorausgegangen, die den Nominalwert der römischen Silbermünzen verdoppelte.[134] Diese Silbermünzen (*nummi*) bestanden im wesentlichen aus Bronze, hatten aber einen Silberüberzug (der etwa 5% des Gewichts der Münze ausmachte) und hielten so an der Illusion fest, es handele sich um eine Silbermünze; sie waren durch die Geldreform von 12,5 auf 25 *denarii communes*, der damals gebräuchlichen Rechnungseinheit, aufgewertet worden. Damit konnte mit einer bestimmten Menge an Silber doppelt so viel Geld emittiert werden, während die Anbieter von Waren oder Dienstleistungen bei gleichbleibenden Preisen dafür jeweils nur halb so viel Silbermünzen erhielten. Zugleich stieg die Geldmenge dramatisch an, denn Bargeld hatte plötzlich doppelt so viel Kaufkraft wie zuvor. Angesichts der Erfahrungen seit Aurelianus war zu erwarten, dass diese Geldreform zu einem höheren Preisniveau führen würde. Um dies aber im Interesse vor allem der Soldaten, deren Sold ja nicht in gleicher Weise angehoben wurde, zu verhindern, bereitete man sicherlich schon vor der Publikation des Währungsediktes das Edikt zur Festsetzung von Höchstpreisen vor, denn es wäre kaum möglich gewesen, die umfangreiche Liste der Waren in kurzer Zeit als Reaktion auf die erst nach der Geldreform einsetzenden Preissteigerungen zusammenzustellen.[135]

Die Auflistung der Preise erfolgt weitgehend nach sachlichen Kriterien;[136] am Anfang stehen die Preise für Nahrungsmittel, darunter auch Fleisch und Fisch (ED 1–6), es folgen Löhne von Landarbeitern und Handwerkern sowie Preise für Handwerkserzeugnisse (ED 7,1–63), Preise für den Unterricht von Kindern und für einzelne Dienstleistungen (ED 7,64–76). Ferner werden die Preise für Häute und Leder sowie für Schuhe und andere Produkte aus Leder aufgeführt (ED 8–10). Anschließend werden die Preise für Holz und Gegenstände aus Holz genannt, darunter auch für Frachtwagen und für die in der Landwirtschaft verwendeten Geräte (ED12–15); in diesem Abschnitt werden die verschiedenen Getreidemühlen erwähnt (ED 15,52–55). Einige wenige Frachtkosten für den Transport zu Lande sind ebenfalls angegeben (ED 17). Einen großen Raum nehmen

132 Strobel 2002: 139–144.
133 Harl 1996:147. Wolters 1999: 409–410. Strobel 2002: 127–131. 142.
134 Harl 1996: 153. Brandt 1998: 75–77.
135 Brandt 2004: 48. Wagner 2013: 77.
136 Eine detaillierte Übersicht bei Lauffer 1971: 48–49.

die Preisangaben für Textilien ein (ED 19–29). Eine klare Systematik ist nicht immer klar erkennbar; so bietet erst der folgende Abschnitt die Löhne für verschiedene Arbeiten der Gold- und Silberschmiede (ED 30–31); etwas ungeordnet werden danach schließlich etwa Rinder, die verschiedenen Marmorsorten und Gewürze sowie Heilmittel aufgeführt. Es existiert ferner ein ausführliches Verzeichnis der Frachtpreise für verschiedene Seerouten (ED 37). Die verschiedenen Waren werden detailliert erfasst, Qualitätsunterschiede werden – gerade im Textilbereich – berücksichtigt.

Es ist unklar, ob die Preise des Ediktes sich an den üblichen Marktpreisen vor der Geldreform vom 1. September orientierten; Kai Ruffing hat darauf hingewiesen, dass die römische Verwaltung Kenntnis der üblichen Marktpreise besaß und diese bei der Festsetzung von Höchstpreisen zugrundelegte. Der von Antistius Rusticus für Antiocheia in Pisidien angesichts einer drohenden Lebensmittelknappheit festgelegte Preis für Getreide entsprach etwa dem Doppelten des durchschnittlichen Marktpreises. Es ist allerdings nicht sicher, dass dies auch für die Preise des Edictum Diocletiani zutrifft. Die Preise in der Zeit vor der Geldreform und dem Preisedikt des Diocletianus sind nicht bekannt; das Edikt setzt zwar Höchstpreise fest, bietet aber keine Informationen über das reale Preisniveau. Immerhin besteht aber die Möglichkeit, die Relationen zwischen den verschiedenen Preisen und Löhnen zu untersuchen.

Dabei kann nicht vom Metallwert der Münzen ausgegangen werden, denn das Edikt gibt als jeweiligen Preis einen Betrag in *denarii communes* an, die hier als Recheneinheit dienen, aber als Münzen im Währungssystem nicht mehr existierten.[137] Es ist ein Glücksfall, dass im Edikt einige Preise wichtiger Waren sowie die Löhne von Tagelöhnern und Handwerkern überliefert sind, die es gestatten, einige grundlegende Aussagen zur römischen Wirtschaft und zur sozialen Lage von Tagelöhnern und Handwerkern im Jahr 301 n. Chr. zu treffen.[138]

Ausgangspunkt aller Überlegungen ist der Preis für Weizen; für einen *modius castrensis*, der etwa 1,5 *modii* entspricht[139] und ca. 13,05 Liter enthielt (im Fall von Weizen entspricht dieses Maß einem Gewicht von ca. 9,9 Kilogramm), werden als Höchstpreis 100 *denarii communes* festgelegt (ED 1,1). Als Bedarf eines Erwachsenen pro Jahr wird

137 Aus diesem Grund ist es problematisch, die „silver wages" im Imperium Romanum mit denen der Frühen Neuzeit zu vergleichen, wie Allen dies tut: Allen 2009: 330–332.

138 Wagner 2013:46–66 hat einen Warenkorb erstellt und die Preise der Güter im Warenkorb und die Löhne miteinander verglichen, um die Lebensrealitäten von Tagelöhnern zu ermitteln, die allein lebten oder eine Familie hatten. Das Ergebnis hängt von den Annahmen über das Jahreseinkommen eines Tagelöhners oder einer Familie sowie über den in der Antike üblichen Konsum ab. Dabei bleibt allerdings unklar, an wie vielen Tagen ein Tagelöhner im Jahr tatsächlich arbeitete – was nicht primär von den Festtagen abhing, sondern eben auch davon, ob ein Tagelöhner im Verlauf des Jahres immer Arbeit fand. Es ist auch nicht sicher, ob die mit dem Lohn verbundene Verpflegung einer vollen Tagesration entsprach und wie viel Lohn Frauen und Kinder erhielten, die in der Landwirtschaft vielleicht ebenfalls Arbeiten übernahmen. Allerdings ist hiervon die Situation in den Städten zu unterscheiden. Zuletzt ist bei der Berechnung des Betrags, der für Lebensmittel aufgewendet werden musste, zu beachten, das ja nicht Weizen, sondern Brot gegessen wurde, das teurer war als der Weizen.

139 Harl 1996: 281. Wagner 2013: 75 Anm. 156.

allgemein eine Menge von ca. 200 Kilogramm angegeben; die zwanzig *modii castrenses* haben gemäß dem Preisedikt ca. 2.000 *denarii* gekostet. Während für Weine aus einer bestimmten Region ein Höchstpreis von 30 *denarii* angeordnet war (ED 2,1a–7), lag der Preis für einjährigen Wein je *sextarius* (0,547 Liter) entsprechend der Qualität bei 24, 16 oder 8 *denarii* (ED 2,8–10). Bei einem Verbrauch von ca. 0,5 Liter Wein pro Tag wären für Wein der einfachsten Qualität im Jahr ca. 2.800 *denarii* zu zahlen gewesen. Für Olivenöl einfachster Qualität wird ein Preis von 12 *denarii* pro *sextarius* genannt (ED 3,3). Bei einem Bedarf von etwa fünfzehn Litern im Jahr[140] hätte man für Öl 360 *denarii* aufbringen müssen. Insgesamt beliefen sich die Kosten für die Grundnahrungsmittel, die ein Erwachsener im Jahr konsumierte, auf 5.160 *denarii*. Da der Kalorienbedarf von Frauen und Kindern niedriger war, vor allem aber Kinder keinen Wein tranken, kann angenommen werden, dass eine vierköpfige Familie einen Betrag in Höhe von ca. 9.800 *denarii* für die Grundnahrungsmittel aufwenden musste.[141]

Wenn man darüber hinaus die Kosten für Fleisch und Fisch berücksichtigt, steigt dieser Betrag erheblich an. Schweinefleisch sollte je Pfund (327,45g) 12 und Schaf- oder Ziegenfleisch 8 *denarii* kosten (ED 4,1a. 4,3), während der Preis für ein Pfund Flussfische geringer Qualität bei 8 *denarii*, für ein Pfund gesalzenen Fisch bei 6 *denarii* lag (ED 5,4. 5,5). Nimmt man an, dass eine Familie zweimal im Monat jeweils ein Pfund Schweinefleisch und zweimal billigen Fisch verzehrte, hätte sich der für Lebensmittel aufgewendete Betrag um 480 *denarii* auf insgesamt 10.280 *denarii* erhöht.[142]

Den genannten Preisen der Grundnahrungsmittel stehen die Angaben zu Löhnen der Handwerker gegenüber, wobei jeweils die Verpflegung mit eingeschlossen ist. Es ist dabei allerdings unklar, ob diese Verpflegung während der Arbeit den Tagesbedarf eines Handwerkers tatsächlich deckte und so die Konsummöglichkeiten einer Familie wesentlich erhöhte. Während der Tagelohn für einen Landarbeiter 25 *denarii* betrug, lag er für Handwerker bei 50 bis 60 *denarii*;[143] bei etwa 250 Arbeitstagen erhielt ein Landarbeiter 6.250 *denarii*, ein qualifizierter Handwerker 12.500 oder 15.000 *denarii* im Jahr. Der Lohn hat damit die Ausgaben für die Grundnahrungsmittel einer vierköpfigen Familie eines Handwerkers nur knapp gedeckt. Es war auf jeden Fall notwendig, auf eine bessere Qualität bei Wein und Olivenöl zu verzichten; der Spielraum für den Kauf von Gebrauchsge-

140 Amouretti 1986: 181–183.

141 Getreide: ca. 6.000 *denarii*. Wein: 2.800 *denarii*. Olivenöl: 1.000 *denarii*. Wagner 2013: 45 und 75, Tabelle 7 rechnet mit wesentlich geringeren Ausgaben aufgrund ihrer Annahme, dass „alle dargelegten Lohnangaben eine Versorgung des Arbeiters inkludieren." Als Ausgaben für die Grundnahrungsmittel nennt Wagner 2013: 75 (Tabelle 7) 2.500 (Weizen), 1,208 (Wein) und 144 (Öl) *denarii*, insgesamt 3852 *denarii*. Wagner nimmt allerdings für Wein und Öl einen sehr niedrigen Konsum an (151 *sextarii* Wein = ca. 75 Liter; 12 *sextarii* Öl = ca. 6 Liter).

142 Schweinefleisch (24 Pfund im Jahr): 288 *denarii*; Fisch (24 Pfund im Jahr): 192 *denarii*.

143 Landarbeiter: ED 7,1a. 50 *denarii*: Maurer, Schreiner, Kalkbrenner, Stellmacher Eisenschmied, Bäcker und Schiffszimmerleute, die Boote für die Flussschifffahrt bauen (ED 7,2–4. 7,10–12. 14). 60 *denarii*: Marmorarbeiter, Mosaiksetzer, Schiffszimmerleute, die Schiffe für die Seefahrt bauen (ED 7,5. 7,6. 7,13). Wie die Landarbeiter erhielten auch Kameltreiber, Maultiertreiber, Arbeiter, die für die Wasserleitungen tätig sind, und Kloakenreiniger 25 *denarii* Tagelohn (ED 7,17. 19. 31. 32).

genständen oder von Textilien war äußerst gering;[144] daneben hat auch in den Städten die Miete das Haushaltsbudget einer Familie wahrscheinlich nicht unerheblich belastet. Für Landarbeiter gilt, dass sie unter der Voraussetzung des im Edikt gegebenen Lohn- und Preisniveaus eine Familie nicht ernähren konnten.[145]

Neben den Angaben zu Löhnen und zu Preisen für Nahrungsmittel und Erzeugnisse des Handwerks bietet das Preisedikt weitere relevante Informationen zur römischen Wirtschaft. So ist die Auflistung verschiedener Getreidemühlen bemerkenswert; hier erscheint neben der Handmühle und der von einem Pferd oder einem Esel angetriebenen Mühle auch die Wassermühle (ED 15,52a–55). Die Preisunterschiede sind nicht hoch: Während für die von einem Tier angetriebenen Mühlen als Preis 1.500 und 1.250 *denarii* genannt werden, kostete eine Wassermühle 2.000 *denarii*; dieser Preis kann sich nur auf das Wasserrad, das Getriebe und die Mühlsteine beziehen, bezog aber kaum den Bau des Wasserzulaufs und des Gebäudes mit ein. Immerhin ist damit deutlich, dass die Wassermühle bereits soweit verbreitet war, dass sie die Beachtung der Verfasser des Preisediktes fand.

Viel Beachtung fanden in der Literatur auch die stark divergierenden Preise für den Transport von Gütern zu Lande und zur See (ED 17,3–5. 37,1–15). A.H.M. Jones kam angesichts der Angaben des Preisedikts zu folgendem Ergebnis: „We have in Diocletian's tariff exact figures for transport charges; the rate was 4 *denarii* per mile for a donkey, 8 *denarii* for a camel (load 600 pounds) and 20 *denarii* for a wagon (load 1.200 pounds). This works out that a load of wheat would be doubled in price by a journey of 300 miles by wagon, 375 miles by camel. Sea charges were very much lower, especially for long journeys. The charge per *modius* from Alexandria to Rome, some 1.250 miles, was 16 *denarii*, from Syria to Lusitania 26 denarii. It was thus cheaper to transport wheat from one end of the empire to the other by sea than to cart it seventy-five miles."[146] M.I. Finley, der sich in seinen Ausführungen über die Beziehungen zwischen Stadt und Land ebenfalls auf das Preisedikt bezieht, hat eine ähnliche Auffassung wie Jones formuliert und die Bedeutungslosigkeit des Landtransports betont.[147] Eine solche Interpretation der Preisangaben

144 Preise für Textilien: ED 19–29. Schuhe: ED 9, 5–25. Vgl. Lauffer 1970: 246–247. Preise für Schuhe: 30–150 *denarii* (ED 9,16. 9,7). Wagner 2013: 76 (Tabelle 8) nimmt an, dass unter Einbeziehung der Ausgaben für Konsumgüter wie Textilien die Gesamtausgaben einer vierköpfigen Familie zwischen 10.600 und 14.900 *denarii* lagen.

145 So auch Wagner 2013: 45 (Tabelle 1) und 76 (Tabelle 8). Wagner nimmt an, dass ein Landarbeiter ein Jahreseinkommen in Höhe von 8.250 *denarii* hatte (bei Ausgaben der Familie in Höhe von 10.000–14.000 *denarii*); die Versorgung der Familie konnte demnach nur durch die bezahlte Arbeit von Familienangehörigen gesichert werden, die nach Wagners m. E. bei weitem zu optimistischer Schätzung 10.065 *denarii* eingebracht haben soll, damit wäre das Familieneinkommen auf 18.315 *denarii* gestiegen.

146 Jones 1966: 311. Vgl. Jones 1964: 841.

147 Finley 1973: 126: „The transport figures in Diocletian's edict of maximum prices imply that a 1200-pound wagon-load of wheat would double in price in 300 miles, that a shipment of grain by sea from one end of the Mediterranean to the other would cost less (ignoring the risks) than carting it seventy-five miles." Relative Bedeutungslosigkeit des Landtransports: Finley 1973: 126: „But individuals could not move bulky merchandise long distances by land as a normal activity, nor could any but the wealthiest and most powerful communities." Vgl. ferner Duncan-Jones 1974: 366–369.

des Ediktes verkennt allerdings, dass in vielen Regionen des Imperium Romanum und des Orients keine Konkurrenz zwischen dem Schiffstransport und dem Landtransport existierte und dass dort Güter auf Landwegen transportiert wurden, wo es hierfür keine Alternative gab; man denke hier nur etwa an die Karawanen, die Zinn von Nordgallien zur Mittelmeerküste brachten,[148] oder an die Händler, die von Norditalien über die Alpen nach Gallien zogen.[149] Strabon wiederum hat mehrmals darauf hingewiesen, dass die römischen Straßen als Transportwege dienten.[150] Der Landweg konnte auch kürzer und damit kostengünstiger als der Seeweg sein, wie Thukydides in seinem Abschnitt über den Verlust von Dekeleia zeigt; es war für die Athener damals notwendig geworden, Getreide aus Euboia statt über Oropos und Dekeleia zu Lande nun auf dem Seeweg über Sunion nach Athen zu schaffen, was sich aber als kostspielig erwies.[151]

Immerhin zeigt der Überblick über die Kosten einer Fracht auf den verschiedenen Seewegen je nach Entfernung erhebliche Preisunterschiede, wobei eine Privilegierung Roms nicht erkennbar ist (ED 37,1–15). Der Transport einer Fracht von Alexandria aus nach Rom kostete 16, nach Aquileia 24, nach Dalmatia 18, nach Nicomedia, Byzanz und Thessalonike 12, nach Africa und Sizilien 10, nach Ephesus 8 und schließlich nach Pamphylien 6 *denarii*.[152] Die Preise für Wagen wiederum machen deutlich, welche Investitionen für den Landtransport notwendig waren. Für einen Frachtwagen bester Qualität wird ein Preis von 6.000 *denarii*, für einen einfacheren Wagen von 3500 *denarii* angegeben.[153] Mit diesen Bemerkungen sind die Möglichkeiten, die das Preisedikt einer wirtschaftshistorischen Analyse bietet, bei weitem nicht ausgeschöpft; es ging hier nur darum zu zeigen, welchen Reichtum an Informationen und welches Potential für die wirtschaftshistorische Forschung das Edikt besitzt.

Die Praefatio des Ediktes[154] ist neben der großen Zahl an Preisangaben ebenfalls von erheblichem Interesse, denn der relativ lange Text macht deutlich, wie die Krise der römischen Währung wahrgenommen wurde und wie die Maßnahmen zur Stabilisierung der Preise begründet wurden. Die Preissteigerungen werden auf eine einzige Ursache zurückgeführt, auf die Habsucht (*avaritia*) derer, die Waren verkaufen; *avaritia* ist geradezu ein Leitbegriff des Textes.[155] Es handelt sich aber nicht nur um eine bloße Habsucht der Verkäufer, sondern um ein Verhalten, das mit solchen Begriffen und Wendungen wie *debachandi licentia*, *cupido furoris indomiti* und *livido rapiendi* umschrieben wird[156] Auch

148 Diod. 5,22,4. 5,38,5. Vgl. Strab. 3,2,9.

149 Caes. Gall. 3,1,2.

150 Strab. 3,4,9 (Hispanien). 4,1,14 (Straße in Südfrankreich). 4,6,11. 5,3,8.

151 Thuk. 6,28,1.

152 Jones 1964: 841f.

153 ED 14,31a–32. Ein Wagen zur Beförderung von vier Personen kostete 3000 *denarii* und Wagen, in dem man schlafen konnte, 7500 *denarii* (ED 14,33–34). Bei diesen Preisen sind die Einzelteile aus Eisen noch nicht berücksichtigt.

154 Text bei Lauffer 1971: 90–97. Deutsche Übersetzung: Freis 1984: Nr. 151. Brandt 1998: 78–83.

155 ED praef. 6. 7. 12. 13. 15. 16. 19. 20.

156 ED praef. 6. 7. 10.

audacia und *audentia* erscheinen als Vorwurf gegen diejenigen,[157] die sich bereichern, indem sie hohe Preise für die angebotenen Waren verlangen, und so ungeheuren Reichtum (*maximis divitiis*) aufhäufen.[158] Letztlich richtet sich die Preistreiberei, die Willkür bei der Preisfestsetzung (*licentia pretiorum*), gegen den allgemeinen Nutzen (*utilitas publica*) und das allgemeine Wohl aller (*communis omnium salus*).[159] Die Festlegung von Höchstpreisen entspricht hingegen der Gerechtigkeit (*iustitia*),[160] die Maßnahmen der Principes werden als Heilmittel (*remedia*)[161] und als Reaktion auf eine Notlage (*necessitas*) bezeichnet;[162] sie wenden sich gegen die im Handel oder im Austausch innerhalb der Städte feststellbare Willkür bei der Preisfestsetzung.[163] Ein besonderes Anliegen des Ediktes ist es, die Soldaten, die auf dem Marsch darauf angewiesen waren, sich selbst zu verpflegen, vor überhöhten Preisen zu schützen; teilweise soll den Soldaten mehr als das vier- oder achtfache des üblichen Preises abgenommen worden sein, sie waren auf diese Weise gezwungen, Donative und Sold allein für solche Käufe aufzuwenden.[164] Da der Sold mit Steuergeldern bezahlt wird, fasst das Edikt dieses Verhalten direkt als Beraubung der *res publica* selbst auf.[165]

Als Gegenmaßnahme gegen das Steigen der Preise werden Höchstpreise festgesetzt, die in einer Liste (*brevis scriptura*) aufgeführt werden und die auch im Fall einer Teuerung (*caritas*) nicht überschritten werden dürfen. Ausdrücklich wird eine allgemeine Festsetzung von Preisen abgelehnt, weil auf diese Weise im Fall eines Überangebots von Waren niedrige Preise verhindert würden. Die Höchstpreise lassen also Spielräume der Preisbildung zu, sollen aber einem Preisanstieg eine Grenze setzen.[166]

Dass das Steigen der Preise nicht auf wirtschaftliche Gegebenheiten, sondern auf die Habgier der Verkäufer zurückgeführt wird, zeigt gerade die Strafandrohung bei Übertretung der Vorschriften des Ediktes: Die Nichtbeachtung der Höchstpreise kann mit dem Tode bestraft werden.[167] Im folgenden Abschnitt werden zwei weitere Straftatbestände genannt: Es wird untersagt, dass ein Käufer, der eine Ware unbedingt erwerben will, sich mit dem Verkäufer einvernehmlich auf einen höheren Preis als den im Edikt angegebenen einigt und jemand, der über lebensnotwendige Nahrungsmittel und Güter (*species victui adque usui necessarias*) verfügt, diese aus dem Verkehr zieht.[168]

Auf den Anstieg der Preise in den vorangegangenen Jahrzehnten reagiert das Edikt also mit einer klaren Schuldzuweisung und der Androhung der Todesstrafe für die Über-

157 ED praef. 14. 18.
158 ED praef. 12. 14: *quo depraedatores ipsius rei publicae tantum in dies rapiant, quantum habere nesciant?*
159 ED praef. 8. 10. 14.
160 ED praef. 57.
161 ED praef. 7. 8. 9. 13.
162 ED praef. 9.
163 ED praef. 10.
164 ED praef. 14.
165 ED praef. 14: *depraedatores ipsius rei publicae*
166 ED praef. 15. 16.
167 ED praef. 18.
168 ED praef. 19.

tretung der vom Edikt verordneten Höchstpreise. Die *avaritia* der Verkäufer, die sich selbst bereicherten und mehr als vier- bis achtfach überhöhte Preise verlangten, wird als Ursache für die Preissteigerungen genannt, die so als ein völlig isoliertes Phänomen gesehen werden. Die seit Ende des 2. Jahrhunderts stetig voranschreitende Münzverschlechterung und die Erhöhung des Nominalwertes der Silbermünze im Münzedikt des Jahres 301 wird hingegen nicht erwähnt. Es muss dabei unklar bleiben, ob diese Zusammenhänge nicht gesehen wurden oder aus politischer Opportunität unerwähnt bleiben. Deutlich ist jedenfalls, dass das Edikt sein Ziel nicht erreichte, weil die bloße Anordnung von Höchstpreisen die Preisentwicklung nicht zu bremsen vermochte.[169] Der Kaiser verfügte nicht über die Macht, die wirtschaftlichen Gesetzmäßigkeiten außer Kraft zu setzen.

Das Preisedikt wird in der antiken Literatur nur wenige Male erwähnt;[170] der wichtigste Hinweis auf das Edikt findet sich in der zeitgenössischen, aus christlicher Sicht polemisch gegen Diocletianus gerichteten Schrift *de mortibus persecutorum* des Lactantius. Der Preisanstieg wird hier auf zahlreiche Ungerechtigkeiten des Diocletianus zurückgeführt; Lactantius behauptet, das Preisedikt habe zu Blutvergießen geführt, aus Furcht seien keine Waren mehr angeboten worden und die Teuerung habe sich noch um vieles verschlimmert, schließlich sei es notwendig geworden, das Gesetz wieder aufzuheben.[171] Dieser Text bietet eine andere Sicht auf das Edikt als die *praefatio* selbst und geht außerdem auf die Folgen des Edikts und das endgültige Scheitern der Preiskontrolle ein.

Die genannten Inschriften zur Agrargesetzgebung der Republik, zum spanischen Bergbau des 2. Jahrhunderts, zur Bewirtschaftung der großen Güter in Afrika und zum Versuch einer Preiskontrolle zu Beginn des 4. Jahrhunderts zeigen exemplarisch, auf welche Weise die Republik und später die Principes regulierend in die Wirtschaft eingriffen, und gewähren darüber hinaus einen tiefen Einblick in die wirtschaftlichen Verhältnisse des Imperium Romanum. Sicherlich kann darauf hingewiesen werden, dass die Informationen dieser Inschriften lückenhaft sind, ihr Kontext nur unvollständig bekannt ist und deswegen viele Fragen zur römischen Wirtschaft offen bleiben müssen. Diese Feststellung ist zweifellos richtig, aber zugleich ist zu konstatieren, dass unser Wissen über die römische Wirtschaft ohne diese Inschriften wesentlich ärmer wäre und dass die moderne wirtschaftshistorische Forschung spätestens seit Rostovtzeff der Interpretation dieser Texte eine große Bedeutung beigemessen hat.[172] Eine moderne Wirtschaftsgeschichte Roms ist nicht denkbar ohne die Auswertung dieser Inschriften.

169 Jones 1974: 211–221.

170 Lauffer 1971: 57.

171 Lact. mort. pers. 7,6–7: *Idem cum variis iniquitatibus immensam faceret caritatem, legem pretiis rerum venalium statuere conatus est. Tunc ob exigua et vilia multus sanguis effusus, nec venale quicquam metu apparebat et caritas multo deterius exarsit, donec lex necessitate ipsa post multorum exitium solveretur.*

172 Rostovtzeff 1957: 342–343 zur Inschrift von Vipasca; 368–369 zur *lex Manciana* und zu den Gütern in Afrika; 516 zum Preisedikt des Diocletianus. Vgl. auch De Martino 1985: 137 zur *lex agraria*; 277–282 zu den Inschriften aus Africa; 370 zur Inschrift aus Vipasca; 424–427 zum Preisedikt.

IV.

Es sind aber nicht nur solche umfangreichen Inschriften, die sich für die wirtschaftshistorische Forschung als wichtig erwiesen haben, sondern auch die Fülle kürzerer Inschriften, die sich oft nur auf einen besonderen Tatbestand oder eine einzelne politische Maßnahme beziehen und bisweilen nicht einmal primär wirtschaftliche Fragen zum Thema haben. An nur wenigen Beispielen, die aber beliebig vermehrt werden könnten, soll dies verdeutlicht werden.

Zwei Inschriften sind Zeugnisse für das Eingreifen des Princeps in das Marktgeschehen Athens.[173] Im ersten Fall handelt es sich um eine Maßnahme Hadrians, die sicherstellen sollte, dass für die Bevölkerung Athens genügend Olivenöl auf den Markt kam:[174] Die Bauern werden verpflichtet, den dritten Teil ihrer Ernte nach Athen zu bringen, den achten Teil aber, wenn es sich bei den Olivenpflanzungen um Ländereien handelte, die ehemals Hipparchos gehört hatten und dann vom Fiscus unter dieser Bedingung verkauft worden waren. Das Verfahren ist in hohem Maße bürokratisch: Das Olivenöl soll entsprechend einer Schätzung städtischen Ölkäufern übergeben werden, die Ernten sollen schriftlich deklariert werden, wobei ein Eid von den Besitzern des Landes verlangt wird. Falsche Erklärungen über das Ernteaufkommen, über den Export oder über den Rechtsstatus des betreffenden Landes werden mit der Konfiszierung der Ernte geahndet; derjenige, der Anzeige erstattet hat, erhält zur Belohnung die Hälfte der Ernte.

Die Bestimmungen betreffen auch die Händler, die das Olivenöl mit dem Schiff exportieren. Der Kauf von Olivenöl für den Export muss angezeigt und dabei auch der Bestimmungsort des Schiffes angegeben werden; ferner hat ein Händler zu erklären, von wem er das Öl, das exportiert werden soll, gekauft hat. Wenn es unterlassen wird, das für den Export bestimmte Olivenöl zu deklarieren, soll ebenfalls die Ladung konfisziert werden. Einzelne Vorschriften regeln die Gerichtsverfahren gegen solche Händler, die mit einer Ladung Olivenöl abgefahren sind, ohne die geforderte Erklärung über das exportierte Öl abzugeben. Im Fall einer außergewöhnlich guten Olivenernte, die den Bedarf der Stadt übersteigt, sollen die Bauern eine weitere Erklärung über das ihnen verbliebene Olivenöl abgeben.

In ganz ähnlicher Weise griff der Princeps in den Fischmarkt Athens ein. Den Fischern, die ihre Fische in Eleusis direkt auf den Markt bringen, soll Abgabenfreiheit gewährt werden, während gleichzeitig angeordnet wird, dass die Importeure oder aber die Erstkäufer den Fisch an die Konsumenten verkaufen. Als Begründung für diese Maßnahme wird angeführt, dass der Preis für Fisch steigt, wenn Händler ihn dreimal wiederverkauften.[175]

Wie beide Inschriften zeigen, war die Politik des Princeps geprägt von dem Bestreben, die Versorgung der Bevölkerung mit einem Grundnahrungsmittel durch die Begrenzung und Kontrolle des Exportes zu sichern und hohe Preise dadurch zu senken, dass eine komplexe Marktstruktur durch die Verringerung der Zahl der Zwischenhändler deutlich

173 Vgl. auch Drexhage & Konen & Ruffing 2002: 29.
174 IG II/III² 1100. Deutsche Übersetzung bei Freis 1984: Nr. 85.
175 IG II/III² 1103. Deutsche Übersetzung bei Freis 1984: Nr. 89

vereinfacht wird. Damit soll verhindert werden, dass die Ware – in diesem Fall der Fisch – mehrmals verkauft wird, bevor sie auf dem Markt an den Konsumenten veräußert wird. Diese Politik berücksichtigte vorrangig die Interessen der Konsumenten und nicht die der Produzenten oder der Händler. Für die Bauern und die Händler wäre der Export des Olivenöls aus Attika wahrscheinlich profitabler gewesen als die erzwungene Ablieferung an die städtischen Ölkäufer, aber dies spielte in den Erwägungen des Princeps nur eine untergeordnete Rolle. Die Vorbehalte gegen den Kleinhandel, wie sie schon von Cicero geäußert worden waren,[176] hatten noch Einfluss auf die wirtschaftspolitischen Maßnahmen des 2. Jahrhunderts. Dass der Eingriff in die Märkte zu einer bürokratischen Kontrolle der Produktion und des Austauschs führte, wurde dabei in Kauf genommen.[177]

Obgleich der Ausbau der für den Handel so wichtigen Verkehrsinfrastruktur, der Bau von Straßen und von Häfen, in den literarischen Texten nicht selten Erwähnung findet,[178] bleibt auch für diesen Bereich der Befund der Inschriften von großer Bedeutung. Dies gilt in erster Linie natürlich für die Meilensteine und die Itinerare[179] sowie für die Bauinschriften wie die am Augustusbogen in Rimini oder an der Porta Tiburtina in Rom,[180] aber eben auch für solche Inschriften, die über den Bau eines Hafen[181] oder über Reparaturarbeiten berichten. In diesem Zusammenhang verdient eine Inschrift aus Ephesos mit dem Schreiben des Proconsuls der Provinz Asia Beachtung:[182] Der Statthalter verbietet den Kaufleuten, die Holz und Steine einführen, im Hafengebiet von Ephesos die Stämme am Kai zu stapeln und Steine zu schneiden, da die Hölzer durch ihr Gewicht die Pfeiler der Hafenmauer beschädigen und der Steinabrieb in das Hafenbecken gelangt, so dessen Tiefe verringert und den Zufluss hemmt. Neben diesen Verboten, die sicherstellen sollen, dass der Hafen von Ephesos weiterhin Seeschiffen offen steht, ist die Bemerkung des Proconsuls aufschlussreich, der Princeps habe sich stets für den Schutz des Hafens eingesetzt und dazu mehrmals Aufträge erteilt. Gerade an diesem Beispiel wird deutlich, dass für den Princeps und den Provinzstatthalter der Schutz der Hafenanlagen eine hohe Priorität besaß, wobei wirtschaftliche Motive durchaus eine Rolle gespielt haben können, wie der Hinweis auf die Bedeutung des Hafens zu Beginn des Textes nahe legt.

---

176 Cic. off. 1,150: *Sordidi etiam putandi, qui mercantur a mercatoribus, quod statim vendant; nihil enim proficiant, nisi admodum mentiantur; nec vero est quicquam turpius vanitate.*

177 Dass die Maßnahmen als genuin wirtschaftspolitisch anzusehen sind, betonen auch Drexhage & Konen & Ruffing 2002: 29: „Eines aber kann man sicher sagen: In beiden Quellen geht es nicht um die Bewältigung einer Notsituation und nicht unmittelbar um die Befriedigung fiskalischer Gelüste.“

178 Hier können nur wenige Hinweise gegeben werden; so erwähnt Strabon die römischen Straßenbau der Zeit des Augustus: Iberische Halbinsel: Strab. 3,4,9. 3,4,10. Gallien: Strab. 4,6,11. Italien: 5,3,8. Hafen von Ostia: Cass. Dio 60,11,1–5. Hafen von Centumcellae: Plin. epist. 6,31,15–17. Plin. paneg. 29,2.

179 Itineraria Romana, vol. 1, ed. O. Cuntz, vol. 2 ed. J. Schnetz, Stuttgart 1990.

180 ILS 84. 98.

181 Ancona: ILS 298.

182 Inschr. Ephesus I a 23. Deutsche Übersetzung bei Freis 1984: Nr. 100.

Sehr kurze Texte, darunter etwa Grabinschriften, können ebenfalls Strukturen wirtschaftlichen Handelns sichtbar machen. Als ein Beispiel hierfür mag die schon erwähnte Grabinschrift des Flavius Zeuxis aus Hierapolis dienen; dieser Händler rühmt sich, mit dem Schiff zweiundsiebzigmal am Kap Malea vorbei nach Italien gefahren zu sein, eine Behauptung, aus der die Spezialisierung der Händler auf bestimmte Schifffahrtsrouten klar hervorgeht.[183] Einen Einblick in die Welt der Erntearbeiter in Numidien gewährt eine Inschrift aus Mactaris,[184] die in Versen den Aufstieg eines einfachen Schnitters beschreibt, der zunächst Anführer eines Trupps von Erntearbeitern gewesen war, dann selbst eine *villa* erwerben konnte und schließlich in den Rat der Stadt Mactaris aufgenommen wurde. Die Inschrift zeugt auch von der Kontinuität wirtschaftlicher Verhältnisse über Jahrhunderte hinweg, denn auch für die Zeit der römischen Republik ist ein solcher Trupp von Feldarbeitern bezeugt, die unter der Führung eines Flavius von Umbrien in das Sabinerland zogen.[185]

Relevante Informationen zur römischen Wirtschaft bieten daneben selbst solche Inschriften, in denen nicht eigentlich wirtschaftliche Probleme oder Entwicklungen im Zentrum im Vordergrund stehen, sondern andere politische, soziale oder kulturelle Fragen. Exemplarisch hierfür ist die viel diskutierte Inschrift, die eine unter Marcus Aurelius im Senat gehaltene Rede zu finanziellen Fragen der Gladiatorenspiele wiedergibt.[186] Der Senator geht dabei auf die Initiative des Marcus Aurelius ein, die durch eine Inschrift aus Sardis bezeugt ist.[187] Neben einzelnen Bestimmungen zu den Kosten und zur Durchführung der Spiele findet sich hier die Feststellung, Marcus Aurelius habe aufgrund moralischer Bedenken[188] die Steuer, die für die Abhaltung von Gladiatorenspielen zu zahlen war, abgeschafft und so auf 20 oder 30 Millionen Sesterzen verzichtet,[189] die bisher dem Fiscus zustanden. Da die Steuer eine Höhe von einem Viertel oder einem Drittel der Kosten der Spiele hatte,[190] lässt sich der gesamte Aufwand im Jahr für die Gladiatorenspiele im Imperium Romanum ungefähr berechnen: Er lag zwischen 60 und 120 Millionen Sesterzen;[191]

183 IGR IV 841. Syll.³ 1229. Vgl. oben Anmerkung 49.

184 ILS 7457. Vgl. Shaw 2013: 48–92. Shaw 2013: 64 datiert diese Inschrift aufgrund der Form der Schrift in die Mitte des 4. Jahrhunderts oder in das späte 4. Jahrhundert.

185 Suet. Vesp. 1,4.

186 ILS 5163. Deutsche Übersetzung bei Freis 1984: Nr. 109b. Vgl. zur Inschrift zuletzt Ruffing 2017: 232–240 und Demandt 2018: 310–311. Vgl. ferner Wiedemann 2001: 137–139.

187 ILS 9340. Deutsche Übersetzung bei Freis 1984: Nr. 109a.

188 ILS 5163, Z. 7–8: *Omnis pecunia horum principum cura est nulla cruoris humani adspergine contaminata, nullis sordibus foedi quaestus inquinata et quae tam sanctae paratur quam insumitur.*

189 ILS 5163, Z. 8.

190 ILS 5163, Z. 5: *tertia vel quarta parte.*

191 Folgende Beträge sind auf der Basis der in der Inschrift angegebenen Zahlen möglich: 60 Mio. HS (3 × 20 Mio. HS), 80 Mio. HS (4 × 20 Mio. HS), 90 Mio. HS (3 × 30 Mio HS), 120 Mio HS (4 × 30 Mio. HS). Es muss nicht eigens betont werden, dass es sich nicht um präzise Zahlen handelt, diese Angaben aber die Größenordnung sowohl der Steuern als auch der Kosten der Spiele verdeutlichen. So auch Mann 2013: 88. In der Rede werden die Spiele entsprechend der Höhe der Kosten in vier verschiedene Kategorien eingeteilt: 30.000–50.000 HS; 60.000–100.000 HS; 100.000–150.000 HS; 150.000–200.000 HS sowie solche Spiele, die mehr als 200.000 HS kosteten (ILS 5163: Z. 30–34).

um die Höhe dieser Kosten richtig einschätzen zu können, sind sie mit den öffentlichen Einnahmen Roms zu vergleichen, die in der Principatszeit nach Schätzung von R. Duncan-Jones sich im Jahr auf etwa 800 Mio. Sesterzen beliefen.[192] Die Kosten für derartige Veranstaltungen erreichten insgesamt also eine Größenordnung von immerhin ca. 7,5 bis 15% des Etats des Imperium Romanum,[193] und Marcus Aurelius verzichtete auf Gelder in Höhe von etwa 2,5 – 3,75% der gesamten Steuereinnahmen Roms. An diesen Zahlen wird die ökonomische Dimension dieser Spiele klar erkennbar.

Die Inschrift zeigt auch die ökonomischen Interessen der *lanistae*, der Gladiatorenmeister; sie sollen streng kontrolliert werden, damit sie die Vorschriften zu den Preisen der Gladiatoren und zur Zahl der *gregarii* (der durchschnittlichen Gladiatoren, für die nur ein geringer Preis zu entrichten war), nicht umgingen.[194] Den *lanistae* wird unterstellt, dass sie es aus Gewinnsucht ablehnten, die vorgeschriebene Zahl der *gregarii* zu stellen.[195] Bei den Gladiatorenspielen stießen also unterschiedliche wirtschaftliche Interessen aufeinander, das Bestreben der Veranstalter der Spiele, die Kosten möglichst zu begrenzen, und das Interesse der *lanistae* an möglichst hohen Gewinnen.[196] Der Princeps nimmt in dieser Situation eindeutig Partei für die Veranstalter, unter denen eigens die *sacerdotes fidelissimarum Galliarum* genannt werden,[197] und begrenzt die Gewinne der *lanistae*.[198] Die von Marcus Aurelius erlassenen Vorschriften stellen in ihrem Kern eine Begrenzung der Preise durch Festsetzung von Höchstpreisen dar.[199] In das Preisgefüge durch politische und rechtliche Maßnahmen einzugreifen, gehörte ohne Zweifel schon lange vor dem Preisedikt des Diocletianus zu den Charakteristika wirtschaftspolitischer Aktivitäten der Principes.[200]

V.

Die große Bedeutung der Inschriften für die Wirtschaftsgeschichte Roms wird vor allem dann sichtbar, wenn man bedenkt, dass nicht nur die Interpretation einzelner epigraphisch überlieferter Texte, sondern gerade auch die systematische Auswertung einer

Für jede dieser Kategorien werden die Preise der Gladiatoren angegeben, die zu zahlen waren, wenn ein Gladiator beim Kampf getötet wurde. Vgl. die Übersicht bei Ruffing 2017: 233. Zu den genannten Preisen für Gladiatoren vgl. Ruffing 2017: 236 (mit Hinweis auf M. Carter).

192 Ruffing 2017: 234.

193 Ruffing 2017: 234. Mann 2013: 88 weist darauf hin, dass 120 Mio. HS etwa dem Sold von 100.000 Legionssoldaten entsprechen. Der Betrag hätte folglich für den Sold der Soldaten von etwa 16 Legionen gereicht.

194 ILS 5163 Z. 35–37.

195 ILS 5163 Z.37.

196 Ruffing 2017: 236.

197 ILS 5163 Z. 14–18.

198 ILS 5163 Z 13: *questus lanistarum recisos*

199 Ruffing 2017: 235.

200 Wichtig ist Tac. ann. 2,87. Vgl. zur Preispolitik im 1. und 2. Jahrhundert insgesamt den Beitrag von K. Ruffing in diesem Band.

großen Zahl von Inschriften entscheidend zur Klärung wirtschaftshistorischer Probleme beigetragen hat. Dies trifft beispielsweise auf Untersuchungen zum römischen Handwerk und Handel zu. S. Treggiari und H. von Petrikovits haben für das römische Handwerk auf die Vielzahl der auf Inschriften genannten Berufsbezeichnungen hingewiesen, was ein Indiz dafür ist, dass für die Produktion im Handwerk nicht eine Arbeitsteilung innerhalb großer Werkstätten charakteristisch war, sondern – zumindest in den größeren Städten – eine starke Spezialisierung einzelner Handwerker, die in kleinen Werkstätten arbeiteten.[201] Auf der Basis einer umfassenden Analyse vor allem stadtrömischer Inschriften hat C. Hawkins die Reaktion der Handwerker auf die wirtschaftlichen Risiken dargestellt, die er insbesondere auf die stark schwankende Nachfrage zurückführt,[202] und die Familienstrukturen im Milieu der Handwerker untersucht. Es gelang ihm zu zeigen, dass Frauen in den Inschriften eine prominente Rolle spielen, durchaus eine wichtige Position in diesen Familien innehatten und sogar Aufgaben in der Leitung der Werkstätten übernahmen.[203]

Die Grabinschriften von Handwerkern sind darüber hinaus gerade auch deswegen von Interesse, weil sie zeigen, wie die Handwerker selbst ihre eigene Arbeit eingeschätzt haben; auf diese Weise sind sie ein Zeugnis für die Mentalität derer, die in den literarischen Texten kaum jemals zu Wort kamen und daher ihre Vorstellungen nicht zu artikulieren vermochten. Es ergibt sich hier eine klare Differenz zwischen der Aussage der Inschriften und der Bewertung des Handwerks in historischen oder philosophischen Schriften. Während bei Cicero etwa die Arbeit der Handwerker in einer geradezu klassischen Formulierung sozial deutlich negativ konnotiert ist,[204] kommt in den Inschriften durchaus ein starkes Selbstbewusstsein der Handwerker und ein Stolz auf die eigene Tätigkeit zum Ausdruck.[205]

Zwei Inschriften aus Gallien sollen hierfür als Beispiel angeführt werden: Aus Lugdunum stammt der Grabstein des Iulius Alexander, eines Glasmachers, von dem gesagt wird, er habe der *natio Afri* angehört und sei ein Bürger Carthagos gewesen.[206] Er wird als *homo optimus* (sehr guter Mensch) und als Meister des Glasmacherhandwerks (*opifici artis vitriae*) bezeichnet. Die Inschrift bietet neben dieser Würdigung eines Handwerkers, die sich immerhin an die unter Traianus gebräuchliche Formel des *optimus princeps* anlehnt,[207] eine Reihe von biographischen Angaben. So wird erwähnt, dass Iulius Alex-

201 Treggiari 1980. Petrikovits 1981.

202 Hawkins 2016: 23–65.

203 Hawkins 2016: 242–267. Vgl. ferner die Tabellen S. 207–208; 213; 215.

204 Cic. off. 1,150: *opifices omnes in sordida arte versantur; nec enim quicquam ingenuum habere potest officina*. Vgl. dazu Finley 1973: 41–43 und 82.

205 Finley 1973: 82. Problematisch ist folgende Feststellung: „Skill was honoured and admired, to be sure, but pride in craftsmanship is a psychological phenomenon that is not to be confused with a positive evaluation of work as such." Es geht bei den Inschriften nicht primär um die Einstellung zur Arbeit als solcher, sondern vielmehr um die Darstellung handwerklicher Tätigkeit und um das Selbstverständnis der Handwerker.

206 ILS 7648. Photographie bei Walzer 1988: Nr. 67.

207 Vgl. ILS 286. 304. *Traianus optimus*: ILS 296. 297–302. 305.

ander 75 Jahre 5 Monate und 13 Tage gelebt hat und mit seiner Gemahlin 48 Jahre verheiratet war. Aus dieser Ehe hatte er drei Söhne, eine Tochter und Enkel, die er noch lebend sah. Die familiäre Konstellation lässt ebenso wie der Grabstein selbst vermuten, dass diese Familie über eine gesicherte materielle Existenzgrundlage verfügte.

Gerühmt wird in einer Versinschrift aus Arelate Q. Candidus Benignus,[208] von dem gesagt wird, er habe die höchste Fähigkeit in der Ausübung seines Handwerks besessen, habe die Lehrsätze studiert, habe die Anerkennung anderer Handwerker gefunden, niemand sei gelehrter (*doctior*) gewesen als er und niemand habe ihn übertroffen. Er war tätig auf dem Gebiet der Konstruktion von Wasserorgeln (*organa aquarum*) und wusste den Lauf des Wasser zu leiten. Zuletzt wird seine Begabung zum geselligen Zusammensein mit Freunden gepriesen. In beiden Inschriften wird der Beruf nicht verschwiegen, sondern deutlich genannt, was durchaus für eine Form der Berufsehre spricht.

Bei der Interpretation solcher Inschriften ist immer auch zu berücksichtigen, dass zahlreiche Grabsteine aus Italien und Gallien Reliefs aufweisen, die den Verstorbenen bei der Ausübung seines Berufs zeigen.[209] Es ist für diese Reliefs kennzeichnend, dass der Handwerker in vielen Fällen direkt bei der Arbeit in der Werkstatt dargestellt wird und oft auch seine Werkzeuge oder die Produkte seiner Arbeit abgebildet sind.[210] Es wird also kein Versuch unternommen, die Tatsache zu verhüllen, dass für das Handwerk die körperliche Arbeit charakteristisch war. Im Relief selbst wird eine positive Sicht der Arbeit angedeutet.[211] So ergänzen die Grabsteine mit ihren Inschriften und den zugehörigen Reliefs die Aussagen der literarischen Texte und fügen ihnen den Blick auf die Arbeit der Handwerker und auch auf ihre Familien hinzu, die vielmals den Grabstein in Auftrag gaben und in dieser Funktion auch auf den Inschriften erscheinen.

Wie der Grabstein des Iulius Alexander, der aus Afrika stammte und in Lugdunum bestattet wurde, deutlich macht, konnten Handwerker in der Principatszeit ihren Herkunftsort verlassen und in einer anderen Stadt erfolgreich ihr Handwerk ausüben. Es stellt sich in der neueren wirtschaftshistorischen Forschung die Frage nach der Mobilität von Handwerkern und Händlern; zu diesem Themenbereich sind exemplarisch etwa die Arbeiten von Lothar Wierschowski über Gallien oder von Kai Ruffing über die östlichen Provinzen zu nennen.[212] Aufgrund einer genauen Analyse griechischer Inschriften gelangt Ruffing zu dem Ergebnis, dass „Ortsveränderung von wirtschaftlich tätigen Personen [...] in der römischen Kaiserzeit [...] an der Tagesordnung“ war; damit schwinde für den urbanen Bereich zusehends „der Eindruck einer statisch wirkenden Gesellschaft.“[213] Am Beispiel von Nikomedia und Nikaia kann Ruffing allerdings zeigen, dass die Be-

---

208 ILS 7715.

209 Für Italien Zimmer 1982.

210 Arbeit in der Werkstatt: Zimmer 1982: Nr. 2. 5. 21. 24. 43. 48. 62. 70. 78 113. 114. 117. 119. 120. 121. 122. 123. Werkzeuge: Zimmer 1982: Nr. 12. 13. 14. 25. 30. 33. 46. 54. 73. 85. 91. 92. 94. 95. 98. 103. 127. 128. 131. 136.

211 Auf der Grabstele Zimmer Nr. 62 (ILS 7725) findet sich im Relief die Notiz: *P. Longidienus P. f. ad onus properat.*

212 Wierschowski 1995. 2001. Ruffing 2006.

213 Ruffing 2006: 147.

wohner verschiedener Städte nicht in derselben Weise im ganzen Imperium Romanum präsent waren, sondern es hier deutliche regionale Unterschiede gab.[214]

Die Untersuchung der Ehren-, Grab- oder Weihinschriften, auf denen Händlern erscheinen, macht es nicht nur möglich, die römischen *navicularii* und *negotiantes* prosopographisch zu erfassen,[215] sondern auch aufgrund der Berufsbezeichnungen die Handelswege und Warenströme zu rekonstruieren und die Präsenz von Händlern in bestimmten Handelszentren zu belegen. So haben Händler im Heiligtum der Nehalennia bei Colijnsplaat Altäre für die Göttin aufstellen lassen. Die Inschriften nennen die Namen der Händler und die von ihnen beförderten Waren, was einen Eindruck von dem Handel zwischen Britannien und den gallischen und germanischen Provinzen vermittelt.[216] Einige der bei W. Broekaert aufgeführten Händler bezeichnen sich selbst *negotiator Britannicianus*[217] und geben als ihre Ware Fischsauce (*allec*),[218] Salz[219] oder Keramik an;[220] die in den Weihinschriften von Colijnsplaat erwähnten Händler hatten zum Teil Beziehungen zu den Städten im Rheinland oder and der Atlantikküste.[221] Unklar bleibt allerdings, ob die erwähnten Güter von Germania inferior nach Britannien oder über die Atlantikroute nach Germania inferior gebracht wurden.[222] Immerhin ist aber die Präsenz eines der Händler als *negotiator Cantianus* im Süden Britanniens bezeugt.[223] Beachtung verdient auch die Formel *ob merces bene conservatas*, die auf mehreren Inschriften erscheint.[224] Wirtschaftliches Handeln war auch in der Antike eingebettet in eine religiöse Vorstellungswelt und in religiöse Rituale; es wurde durch den Glauben an den Schutz, den die Götter den Händlern gewährten, begünstigt.[225]

Hier wird klar, dass es den Händlern um ihren Gewinn ging und dass sie der Göttin durch die Aufstellung eines Altars ihre Dankbarkeit für den Schutz ihres Gewinns bezeugten. Da das größte Risiko im Handel die Seefahrt darstellte, ist es naheliegend, dass an der Küste solche Händler, die Waren über See beförderten, diese Form religiöser Verehrung wählten. Dass es aufgrund einer umfassenden Auswertung von Inschriften mög-

214 Ruffing 2009: 84–91.

215 Broekaert 2013.

216 Jacobsen 1995: 157–168. Reinard & Schäfer 2018: 45–54.

217 Broekaert 2013: Nr. 14. 35,2. 154. 203. Vgl. Nr. 191: *negotiator Cantianus et Geserecanus*. Nr. 353: *nauta*. Nr. 1237: *actor navis Flori Severi*. Nr. 1248: *agens rem adiutor Cai*. Vgl. ferner Nr. 80: *negotiator ex provincia Britannia* (Kastel). Nr. 169 (Bordeaux).

218 Broekaert 2013: Nr. 37. 48. 50. 157. Vgl. Reinard & Schäfer 2018: 62–63.

219 Broekaert 2013: Nr. 65. 74. 91. 94. Vgl. zu Salzgewinnung und zum Salzhandel Reinard & Schäfer 2018: 49–51.

220 Broekaert 2013: Nr. 154. Vgl. Reinard & Schäfer 2018: 72–74.

221 Reinard & Schäfer 2018: 51–52. Trier: Broekaert 2013: Nr. 50 (*cives Trever*). Nr. 74 (*civis Trever negotiator salarius CCAA*). Bordeaux: Nr. 169 (*civi Trevero negotiatori Britanniciano*).

222 Reinard & Schäfer 2018: 49–51.

223 Broekaert 2013: Nr. 191 (*negotiator Cantianus et Geserecanus*).

224 Broekaert 2013: Nr. 14. 154 (*ob merces recte conservatas*). 191. 1246 (*pro mercibus conservandis*). 1267 (*ob merces suas bene conservatas*).

225 Für die Seefahrt ist in dieser Hinsicht nach wie vor grundlegend Wachsmuth 1967. Vgl. jetzt Ehmig 2018: 6–8.

lich ist, die Wirtschaft römischer Provinzen zumindest in groben Umrissen zu erfassen, zeigt P. Kneissl, der die strukturellen Unterschiede zwischen Gallia Narbonensis und den übrigen gallischen Provinzen herausarbeitet und dem es auf diese Weise gelingt, die wirtschaftliche Entwicklung Galliens zwischen dem 1. und 3. Jahrhundert nachzuzeichnen.

Auch Arbeiten über die *corpora* und *collegia* der römischen Principatszeit beruhen fast vollständig auf der Interpretation der Inschriften.[226] Dies gilt beispielsweise für die Untersuchung dieser Vereinigungen in den gallischen Provinzen von P. Kneissl und außerdem die vergleichende Analyse der *collegia* in den Hafenstädten Perinthos, Ostia und Ephesos von D. Rohde.[227] Auch für solche Untersuchungen, die neue Themen und Fragestellungen aufgreifen und etwa Netzwerke von Handwerkern oder die Verbindungen zwischen Handwerkern und den Angehörigen der lokalen Führungsschicht analysieren, besitzt das epigraphische Material hohe Relevanz, wie gerade eine Studie von Kerstin Droß-Krüpe über die Purpurfärber und Wollwäscher in Hierapolis erweist.[228] Diese wenigen Bemerkungen mögen genügen, um die Bedeutung der Inschriften, insbesondere der Grabinschriften, und der epigraphischen Studien für die verschiedensten Aspekte der römischen Wirtschaftsgeschichte zu verdeutlichen.

VI.

Neben den einzelnen Inschriften, die unter bestimmten Fragestellungen systematisch erfasst werden und ihre Aussagekraft oft erst durch eine Zusammenstellung der verschiedenen Texte erhalten, gibt es auch Gruppen von Inschriften, die insofern den Charakter eines Archivs besitzen, als sie an einem Ort gefunden wurden, mit einer Person oder wenigen Personen, die gemeinsam ihre Geschäfte betrieben, verbunden sind und oft gemeinsame Merkmale hinsichtlich der Schrift, dem Beschreibstoff und der spezifischen Form der Texte aufweisen. Moses I. Finley hat mit Nachdruck gefordert, die Forschung solle ihre Aufmerksamkeit stärker solchen Gruppen von Dokumenten zuwenden.[229] An dieser Stelle soll auf fünf Beispiele verwiesen werden, die für die wirtschaftshistorische Forschung von größtem Interesse sind und teilweise zu neuen Erkenntnissen über das römische Wirtschaftsleben führten.

Teile eines Archivs stellen die 1875 in Pompeii gefundenen Wachstäfelchen des *argentarius* L. Caecilius Iucundus dar;[230] sie waren zu Diptychen oder Triptychen zusammengefügt und befanden sich in einem Kasten in dem Haus, das wahrscheinlich L. Caecilius

226 ILS 7211–7365 (Tituli collegiorum).

227 Kneissl 1988. Kneissl 1998. Rohde 2012. Vgl. für Ostia auch Meiggs 1973: 311–336.

228 Droß-Krüpe 2017.

229 Vgl. Finley 1987: 59. Finley führt als Beispiele für solche Archive die Horoi in Athen, Inschriften, auf denen die Schulden von Landbesitzern verzeichnet waren, und die Wachstäfelchen des L. Caecilius Iucundus aus Pompeii an.

230 Grundlegend Andreau 1974. Etienne 1974: 172–178. Andreau 1997. 1999: 35. Jongman 1991: 212–224. 2007: 507. Beard 2011: 241–249. Hüttemann 2017.

Iucundus gehörte.[231] Es handelt sich um insgesamt 153 Dokumente, darunter 137 Quittungen für Zahlungen an die Verkäufer bei Auktionen und 16 Zahlungen von Caecilius Iucundus an die Stadt Pompeii etwa für die Pacht bestimmter Steuern, einer Walkerei und eines Landgutes.[232] Während die Reihe der erhaltenen Dokumente mit dem Jahr 15 n. Chr. einsetzt und eine Zahlung des Caecilius Iucundus für das Jahr 27 n. Chr. belegt ist, ist der Zeitraum für die übrigen Texte allerdings auf die Jahre zwischen 52 und 62 begrenzt, wobei die Quittungen für die Zahlungen bei Auktionen vor allem aus den Jahren 54–57 stammen, also nur einen sehr kurzen Zeitraum der Geschäftstätigkeit des Caecilius Iucundus erfassen. Das Archiv ist demnach nur unvollständig erhalten, und es bleibt unklar, ob die Lücken auf die Zerstörung bei dem Vesuvausbruch oder auf eine überlegte Auswahl zurückzuführen ist.[233]

Es darf ferner nicht übersehen werden, dass die meisten der 137 Wachstäfelchen, die Zahlungen bei Auktionen quittieren, nur fragmentarisch erhalten sind; tatsächlich nennen nur knapp mehr als vierzig Texte den Geldbetrag, der quittiert wurde, sowie das Datum der Transaktion, und selten, in weniger als zehn Fällen, wird erwähnt, was überhaupt versteigert wurde. Dennoch gewähren die Texte in ihrer Gesamtheit einen wertvollen Einblick in die Wirtschaft Pompeiis während der Mitte des 1. Jahrhunderts n. Chr.: Auktionen besaßen hier eine erhebliche Bedeutung und waren wahrscheinlich ein wichtiger Mechanismus im Güteraustausch; es besteht aber der Eindruck, dass eine Reihe von Auktionen eher dem Verkauf von privatem Besitz als dem gewerblichen Handel dienten. Frauen erscheinen in immerhin acht Dokumenten; sie erhielten nach der Auktion für die von ihnen angebotenen und versteigerten Gegenstände Geld von Caecilius Iucundus. Der Erlös der Auktionen ist unterschiedlich hoch gewesen; er reicht von 342 HS[234] bis zu 38.079 HS,[235] wobei Beträge zwischen 1.000 und 10.000 HS eine deutliche Mehrheit bilden.[236] Betrachtet man die Erlöse der einzelnen Jahre, ergibt sich folgendes Bild: Die Auktionen erbrachten im Jahr 54: 23.711 HS, im Jahr 55: 81.527 HS, im Jahr 56: 45.990 und im Jahr 57: 97.310 HS; insgesamt belief sich der Erlös der Auktionen für diese vier Jahre auf 248.538 HS. Caecilius Iucundus erhielt für seine Tätigkeit als *argentarius* ein Honorar in Höhe von 2%,[237] folglich für die dokumentierten Auktionen in den genannten vier Jahren 4.970 HS. Bemerkenswert ist die Tatsache, dass Caecilius Iucundus in einigen Fällen den Käufern bei den Auktionen einen Zahlungsaufschub gewährte, wobei Zahlungsfris-

231 Hüttemann 2017:11–13.

232 Übersicht bei Jongman 1991: 216.

233 Jongman 1991: 215.

234 Tafel 33, 57 n. Chr.

235 Tafel 10, 55 n. Chr.

236 Vgl auch die Aufstellung bei Jongman 1991: 218. Beträge über 15.000 HS sind nur viermal bezeugt: 17.100 HS Tafel 9, 54 n. Chr.; 30.955 HS Tafel 38, 57 n. Chr.; 35.270 HS Tafel 37, 57 n. Chr.; 38.079 HS Tafel 10, 55 n. Chr.

237 Tafel 10. 58. Die Formel für den Abzug des Honorars lautet: *mercede minus*.

ten von einigen Tagen bis zu sechs Monaten eingeräumt wurden;[238] es handelt sich hier faktisch um einen Kredit zur Unterstützung wirtschaftlicher Aktivitäten.[239]

Die Tätigkeit des Caecilius Iucundus erstreckte sich auch auf die Pacht eines Landgutes und einer Walkerei von der Stadt Pompeii, außerdem übernahm er die Pacht der Steuer auf das Weideland und der Marktsteuer. Für das Landgut (*fundus Audianus*) war eine jährliche Pacht in Höhe von 6.000 HS zu zahlen, für die Walkerei (*fullonica*) in Höhe von 1.652 HS.[240]

Das Haus des Caecilius Iucundus, das im Nordwesten Pompeiis lag (reg. V 1,26), nahm fast ein Drittel der Fläche der *insula* ein und besaß ein Atrium; hier wurde auch ein Portrait mit einer auf Caecilius Iucundus deutenden Inschrift gefunden. Aus stilistischen Gründen wird das Bildnis heute auf die Zeit des frühen 1. Jahrhunderts datiert und daher mit einem früheren Verwandten des Caecilius Iucundus in Verbindung gebracht.[241] Die Wachstäfelchen und das Haus zusammen erlauben es, eine ungefähre Vorstellung von der Geschäftstätigkeit, von dem sozialen Status und von den sozialen Beziehungen[242] eines *argentarius* in Pompeii zu gewinnen.

Ein weiteres Archiv wurde im Jahr 1959 in einem während des Erdbebens 62 n. Chr. beschädigten Gebäude auf dem Agro Murecine in der Nähe Pompeiis gefunden;[243] es besteht aus 118 Wachstäfelchen,[244] deren Inhalt sich in den meisten Fällen auf die geschäftliche Tätigkeit der Sulpicii in Puteoli bezieht. Unklar ist, wann und aus welchem Grund diese Dokumente, die aus der Zeit zwischen 29 und 61 n. Chr. stammen, nach Pompeii gebracht worden sind. In diesem Archiv sind vor allem die Aktivitäten von C. Sulpicius Cinnamus und C. Sulpicius Faustus erfasst; Cinnamus war Freigelassener des Faustus, der dementsprechend als sein *patronus* erscheint.[245]

Die in den Texten genannten Geldbeträge verdeutlichen den Umfang der Geschäfte der beiden Sulpicii. Auf den Wachstäfelchen des Sulpicius Cinnamus werden neben Summen zwischen 1.000 und 5.000 HS[246] auch Beträge in Höhe von 6.000, 20.000, 28.000, 50.000 und 94.000 HS genannt. Es handelt sich um Darlehen, die Sulpicius Cinnamus verschiedenen Geschäftspartnern gewährt hat, oder um seine Schulden.[247] Für die Darlehen wurden von den Schuldnern Sicherheiten gegeben, die versteigert wurden, wenn

238 Tafel 35.

239 Vgl. Jongman 1991: 222.

240 Pacht des *fundus*: Tafel 138–139; Pacht der *fullonica*: Tafel 140–144; Pacht der *pasqua*: Tafel 145–147; Pacht der Marktsteuer: Tafel 151; vgl. die Aufstellung bei Jongman 1991: 216.

241 Das Haus des Caecilius Iucundus: Beard 2011: 247. Hüttemann 2017: 26. Grundriss des Hauses: Richardson 1988: 418. Zum Portrait: Étienne 1974: 173f. Vgl. ferner Welch 2007: 568–570 (mit Photographie). Beard 2011: 248.

242 Jongman 1991: 224–230.

243 Casson 1980. Andreau 1999: 71–79. 2000. Jaschke 2010: 185–220. Edition: Wolf 2010.

244 Wolf 2010.

245 TPN 62. TPN 112.

246 1.000 HS: TPN 41; 1.200 HS: TPN 3; 1.500 HS: TPN 4; 3.000 HS: TPN 13; 3.333 HS: TPN 9; 5.000 HS: TPN 66.

247 6.000 HS und 18.000 HS: TPN 29 (52), Schulden des C. Marcius Saturninus; 20.000 HS: TPN 39 (3. Okt. 45), Darlehen des M. Lollius Philippus; 28.000 HS: TPN 1 (25. Okt. 48), *vadimonium* des L.

das Darlehen in der festgesetzten Frist nicht zurückgezahlt wurde. So kündigte Sulpicius Cinnamus am 6. September 51 die Versteigerung von ‚lakonischen Purpur', der ihm von L. Marius Agathemer als Sicherheit gegeben worden war,[248] und am 5. Oktober 51 eine Versteigerung von sechs Sklaven an, die als Pfand für eine Schuld des M. Egnatius Suavis in Höhe von 27.000 HS dienten.[249] Wie aus dem Täfelchen vom 23. Oktober 51 hervorgeht, war Egnatius Suavis verstorben, weswegen die Schuld nicht beglichen worden war.[250]

Ganz ähnlich verhält es sich mit den Geschäften des C. Sulpicius Faustus; auch hier haben die Darlehen eine größere Bedeutung: L. Marius Iucundus, Freigelassener der Dida, erhielt von Sulpicius Faustus am 13. März 40 ein Darlehen in Höhe von 20.000 HS[251] und übergab dafür als Pfand 13.000 *modii* alexandrinischen Weizen, der im Fall, dass das Darlehen nicht zurückbezahlt wurde, auf einer Auktion verkauft werden sollte. War der Verkaufserlös höher als die Schuldsumme, wurde der die Schulden übersteigende Betrag dem Schuldner übergeben, wurde ein geringerer Betrag erzielt, hatte der Schuldner die Pflicht, den noch ausstehenden Betrag dem Gläubiger zu zahlen.[252] Eine Klausel legt ausdrücklich fest, dass die Gefahr für Verlust oder Schaden des übergebenen Pfands bei dem Schuldner blieb.[253] Etwa gleichzeitig mit der Pfandübergabe hat Sulpicius Faustus den Speicherraum, in dem 13.000 *modii* Weizen eingelagert waren, für einen Betrag von 100 HS je Monat gepachtet und damit das Pfand übernommen.[254]

Weitere Darlehen, die Sulpicius Faustus gewährt hat, werden in den Dokumenten aufgeführt;[255] im Jahr 51 erhält Sulpicius Cinnamus zudem für seinen *patronus* Sulpicius Faustus 50.000 HS.[256] Allerdings erscheint Sulpicius Faustus auch als Schuldner; aus zwei Texten des Sommers 48 geht hervor, dass er sich von L. Faenius Eumenes 50.000 HS geliehen hatte;[257] es kam über diese Summe zu einem Rechtsstreit, den beide Parteien wohl noch im Jahr 48 beigelegt haben.[258]

Das Archiv der Sulpicii enthält auch solche Dokumente, die Darlehen und Geschäfte Dritter betreffen. Dies gilt etwa für das Darlehen in Höhe von 10.000 HS, das C. Novius Eunus im Jahr 37 von Euenus Primianus erhalten hatte,[259] der dabei in Abwesenheit von

Marius Hermeros; 50.000 HS: TPN 10, *vadimonium* des Q. Acilius Leonida; 94.000 HS: TPN 60 (2. Mai 51), Schulden des Sulpicius Cinnamus bei Phosphorus Lepidianus. Vgl. ferner TPN 22 und 23.

248 TPN 70.

249 TPN 76.

250 TPN 77.

251 TPN 45. Jaschke 2010: 204–208. 281–283.

252 TPN 69.

253 TPN 69: *id triticum quo de agitur omni periculo esset meo.* Vgl. TPN 43: *ab omni vi periculo meo esse fateor.* Vgl. TPN 44.

254 TPN 87.

255 3.000 HS: TPN 56 (14. Juli 29), Schulden des M. Caecilius Maximus; 2.000 HS: TPN 46 (9. Nov. 35), Darlehen des M. Antonius Maximus. 24.000HS: TPN 48, Darlehen des Pyramus, Sklave der Caesia Priscilla.

256 TPN 112.

257 Vadimonia TPN 2. TPN 5.

258 TPN 32. Broekaert 2017: 395–396.

259 Casson 1980: 26–28. 33. Jaschke 2010: 194–198. 277–281.

seinem Sklaven Hesychus vertreten wurde. Als Sicherheit gab Novius Eunus 7.000 *modii* alexandrinischen Weizen und zusätzlich zweihundert Säcke mit Erbsen, Linsen und ähnlichen Früchten, wobei als Speicherraum, in dem das Pfand lagerte, die Bassianischen öffentlichen *horrea* in Puteoli genannt werden.[260] Zusätzlich zu diesem Darlehen lieh Eunus am Anfang Juli 37 noch 3.000 HS, ohne dass allerdings neue Waren als Sicherheit gestellt wurden.[261] Gleichzeitig mietete Hesychus Speicherraum in den *horrea*, in denen in dem der Weizen und die *legumina* lagerten.[262] Eine Frist für die Rückzahlung war nicht festgesetzt, es war nur vereinbart, dass Darlehen solle zurückgezahlt werden, wenn Primianus es verlange.[263] Bei der Rückzahlung gab es Schwierigkeiten; am 29. August 38 bestand noch eine Restschuld in Höhe von 1.130 HS, und am 15. September 39 drängte Primianus mit großer Entschiedenheit auf die Zahlung von 1.250 HS.[264] Als Frist dafür werden die Kalendae des November (1. November) genannt, bei Verzug sollten pro Tag 20 HS gezahlt werden. Eine Verbindung zu den Sulpicii bestand insofern, als entsprechend den Bestimmungen in den Dokumenten vom August 38 und September 39 die Rückzahlung der jeweils genannten Summe an Hesychus oder aber an C. Sulpicius Faustus erfolgen sollte, der also die Interessen des Hesychus in Puteoli wahrnahm.

Damit ist eine Beziehung zwischen den Sulpicii und Personen im Umfeld des Princeps bezeugt, Euenus Primianus war *libertus* des Tiberius Augustus, Hesychus wiederum der Sklave des Primianus. Im Jahr 38 erscheint dann Hesychus Euenianus als Sklave des Caius Caesar Augustus Germanicus. C. Sulpicius Cinnamus selbst war am 2. Mai 51 ein Darlehen von Phosphorus Lepidianus, einem Freigelassenen des Princeps Tiberius Claudius Caesar Augustus in Höhe von immerhin 94.000 HS gewährt worden.[265] Demnach engagierten sich Freigelassene und Sklaven des Princeps durch Geldverleih in der Wirtschaft von Puteoli.

In Puteoli bestanden auch Beziehungen zu griechischen Händlern; so erhielt Menelaos aus Keramos aufgrund eines als ναυλωτική bezeichneten Vertrages 1.000 Denare;[266] bei der ναυλωτική handelte es sich um einen Seefrachtvertrag oder ein Seedarlehen. Der Betrag von 4.000 HS hätte im Fall einer Getreideladung und bei einem Preis von 3 HS für den *modius* Weizen[267] immerhin einer Fracht von 1.333 *modii* mit einem Gewicht von ca. 8.800 kg oder 8,8 t entsprochen.[268] Ein anderes Dokument erwähnt ein Schiff aus Sidon mit einer nicht näher bezeichneten Fracht von 18.000 *modii*; wie die Verwendung des Hohlmaßes *modius* im Text nahe legt, hatte das Schiff wohl Getreide geladen.[269]

---

260 TPN 43.
261 TPN 44.
262 TPN 86.
263 TPN 43: *quae ei reddam cum petierit.*
264 TPN 58. TPN 59. Zur Eidesleistung vgl. Broekaert 2017: 397.
265 TPN 60.
266 TPN 68. Jaschke 2010: 208–213.
267 Zum Preis des Weizens vgl. Tac. ann. 15,39,2.
268 Der *modius* Weizen (ca. 8,7 Liter) hatte etwa ein Gewicht von 6,6 kg.
269 TPN 110. Jaschke 2010: 128f. weist für die Präsenz von Händlern aus dem östlichen Mittelmeerraum auf die Bemerkung bei Cic. Verr. 2,5,146 hin. Die von Jaschke angeführte Inschrift ILS 7273

Wie aus den Dokumenten hervorgeht, bestand eine erhebliche Diskrepanz zwischen der Darlehenshöhe und dem Wert des vom Schuldner gestellten Pfandes. Bei einem Preis von 3 HS für den *modius* Weizen hätte Novius Eunus als Pfand für eine Schuld in Höhe von 10.000 HS Weizen im Wert von ca. 21.000 HS gestellt; für das Darlehen in Höhe von 20.000 HS wurde Weizen im Wert von 39.000 HS als Sicherheit übergeben; in beiden Fällen hatte das Pfand fast den doppelten Wert des Darlehens.[270] Auf diese Weise sollte wohl verhindert werden, dass bei einer Auktion der als Pfand gegebene Weizen weniger Geld einbrachte als das Darlehen wert war, wodurch dem Darlehensgeber ein Verlust entstanden wäre.

Lionel Casson hat darauf hingewiesen, dass mit den Dokumenten über den Weizen, der als Pfand für die Darlehen gestellt worden ist, ein klarer Beleg für den privaten Handel mit ägyptischen Getreide in Italien gegeben ist;[271] es handelte sich dabei um erhebliche Mengen, im Fall des Darlehens von C. Novius Eunus um 7.000 *modii*,[272] im Fall des Darlehens von L. Marius Iucundus um 13.000 *modii*,[273] die ca. 46.200 kg (= 46,2 t) beziehungsweise 85.800 kg (= 85,8 t) entsprachen. Wenn man annimmt, dass ein Erwachsener etwa 35 *modii* Weizen (ca. 231 kg) pro Jahr für seine Ernährung benötigte, hätte das Getreide des Marius Iucundus ein Jahr lang für die Versorgung von etwa 370 Menschen ausgereicht. Solche Händler wie Novius Eunus und Marius Iucundus waren also in der Lage, größere Mengen an ägyptischen Weizen nach Italien einzuführen, und sie sicherten ihre eigene Liquidität durch die Aufnahme hoher Kredite. Das Milieu der Händler und Geschäftsleute in Puteoli war zwar durch die fiktive Schilderung in den Satyrika des Petronius bereits hinlänglich bekannt,[274] aber erst die Auswertung dieser Dokumente macht die wirtschaftlichen Dimensionen dieser Geschäftswelt wirklich fassbar. Ein weiterer Aspekt dieser Dokumente ist kürzlich diskutiert worden, die Mechanismen der Beilegung von Konflikten zwischen den Gläubigern und Schuldnern; eine größere Zahl dieser Tafeln bezeugt solche Konflikte und vor allem auch die Schiedsverfahren; aufschlussreich ist gerade auch die Wahl des *iudex* in einem solchen Verfahren.[275]

Neben den beiden Archiven des Caecilius Iucundus und der Sulpicii besitzen weitere Gruppen von inhaltlich zusammenhängenden Inschriften den Charakter eines Archivs und sind für die wirtschaftsgeschichtliche Forschung von Belang. Zu nennen sind hier die Vindolanda-Tafeln, die Graffiti von La Graufesenque und die *tituli picti*, die vom Monte Testaccio in Rom stammen. Es war ein glücklicher Zufall, dass in Vindolanda, einer an der nördlichen Grenze der römischen Provinz zwischen Carlisle und Newcastle gelegenen Garnison, eine größere Anzahl von Holztäfelchen gefunden wurde, deren

---

aus Puteoli belegt ebenfalls die engen Verbindungen zwischen Puteoli und dem Osten (Alexandria, Asia, Syria).

270 Novius Eunus: TPN 43. 44. Marius Iucundus: TPN 69.

271 Casson 1980: 26–29. TPN 43. TPN 44. TPN 86. TPN 87.

272 TPN 43. TPN 44.

273 TPN 69.

274 Veyne 1961.

275 Broekaert 2017.

Erhaltung außergewöhnlichen Umständen zu verdanken ist.[276] Die Täfelchen sind vor allem in militärhistorischer Hinsicht von Interesse; sie bieten detaillierte Informationen zur neunten Bataverkohorte, die in der Zeit um 100 n. Chr. in Vindolanda stationiert war und vom *praefectus* Flavius Cerealis kommandiert wurde, geben aber auch Aufschluss über die wirtschaftlichen Verhältnisse an der römischen Grenze, so vor allem über die Versorgung der Einheit und insbesondere der Offiziere sowie ihrer Familien mit Nahrungsmitteln und Gebrauchsgütern.

Gerade die erhaltenen Listen von Waren zeigen, welche Güter auf dem Markt gekauft werden konnten und konsumiert wurden und welche Rolle das Geld im Austausch spielte. Es werden in den Listen neben Getreide[277] sowie einheimischen Erzeugnissen wie Bier[278] auch solche Lebensmittel aufgeführt, die nicht in Britannien produziert werden konnten wie Oliven, Pfeffer oder Fischsauce.[279] Außerdem erscheinen in mehreren dieser Dokumente Schuhe und Textilien, so etwa in dem Brief, in dem Flavius Cerialis um eine größere Anzahl von Kleidungsstücken für seine Knaben (*pueri*, wohl Sklaven) bittet, oder in einem anderen, sehr lückenhaft überlieferten Schreiben.[280] Eisen wurde ebenfalls gehandelt.[281] Lebensmittel und Gegenstände für den alltäglichen Gebrauch wurden gekauft, kleinere Beträge wurden mit Münzgeld gezahlt. Häufig werden in den Tafeln Preise für verschiedene Waren und Geldbeträge, die bezahlt worden waren oder geschuldet wurden, genannt.[282] Wie eine Einkaufsliste zeigt, wurde durchaus auf den Preis geachtet.[283] Die verbreitete Verwendung von Münzgeld führte dazu, dass Darlehen vergeben wurden. Wie einige Tafeln zeigen, existierte eine Buchführung mit Einträgen über erhaltene Geldbeträge. Eine Liste nennt neben Einnahmen außerdem verschiedene Schulden, die sich auf insgesamt 20 *denarii* beliefen.[284]

Einige Texte beziehen sich wahrscheinlich auf Käufe für das *praetorium* und bieten so interessante Informationen über die Essgewohnheiten der Offiziere einer Auxiliar-Ein-

276 Allgemein zu den Vindolanda-Tafeln Bowman 1998; zu den wirtschaftlichen Verhältnissen vgl. Bowman 1998: 65–81. Zur Wirtschaft des römischen Britannien vgl. Salway 1991: 615–664.

277 Bowman 1998: Text 6 (= Tab. Vindol. II 180). Text 11,9 (= Tab. Vindol. II 191). Getreideähren (*spica*): Text 32,7. 32,27 (= Tab. Vindol. II 343). Gerste: Text 10,5. 10,8. 10,10. 10,15. 10,18. 10,22. 10,37 (= Tab. Vindol. II 190).

278 Bowman 1998: Text 10,23 (= Tab. Vindol. II 190). Vgl. ferner Speck (*lardum*): Text 8,5–7 (= Tab. Vindol. II 182). Bohnen und Honig: Text 12 (= Tab. Vindol. II 192). Äpfel und Eier: Text 26 (= Tab. Vindol. II 302).

279 Oliven: Bowman 1998: Text 26 (= Tab. Vindol. II 302). Pfeffer: Text 9,4 (= Tab. Vindol. II 184). Fischsauce: Text 10,27 (= Tab. Vindol. II 190). Text 26 (= Tab. Vindol. II 302).

280 Bowman 1998: Text 20 (= Tab. Vindol. II 255). Text 9 (= Tab. Vindol. II 184). Text 34 (= Tab. Vindol. II 346). Zu Textilien vgl. Salway 1991: 655–656.

281 Bowman 1998: Text 8,15 (= Tab. Vindol. II 182). Salway 1991: 637–640.

282 Bowman 1998: Text 7 (= Tab. Vindol. II 181). Text 8 (= Tab. Vindol. II 182). Text 9 (= Tab. Vindol. II 184). Text 12 (= Tab. Vindol. II 192). Text 32 (= Tab. Vindol. II 343).

283 Bowman 1998: Text 26,4–5 (= Tab. Vindol. II 302): *ova centum aut ducenta si ibi aequo emantur.*

284 Bowman 1998: Text 7,10–16 (= Tab. Vindol. II 181).

heit bieten.[285] Besonders aufschlussreich ist die Einkaufliste, in der Bohnen, Hühnchen, Äpfel, Eier, Fischsauce und Oliven aufgeführt werden; eine andere Liste nennt außerdem Wein, der wahrscheinlich eingeführt wurde.[286] Über das Geflügel wurde genau Buch geführt.[287] Die Ernährung war also vielseitig und wahrscheinlich auch abwechselungsreich.[288] Zwei Händler werden in den Tafeln namentlich genannt, Gavo und Octavius. Für Gavo liegt eine Liste von Waren vor, die Nahrungsmittel wie Bohnen und Honig, daneben Wolle, Bettdecken und einen Mantel umfasst.[289] Die Geschäfte des Octavius werden in seinem Brief an seinen Bruder Candidus beleuchtet;[290] hier geht es um höhere Geldbeträge und um größere Warenmengen: Octavius hat 5.000 *modii* (43.500 Liter) Getreideähren gekauft und benötigt zur Bezahlung 500 *denarii* (2.000 HS); wahrscheinlich hat Octavius dafür bereits 300 Denare bezahlt, so dass die Ähren 800 *denarii* (3.200 HS) gekostet hätten. Auf jeden Fall war es seiner Aussage nach noch notwendig, die Ähren zu dreschen, um Korn zu erhalten. Wie dem Brief zu entnehmen ist, handelte Octavius auch mit Häuten; er gibt an, dass er bereits über einen Vorrat von 170 Häuten verfüge, der Transport sich aber wegen der schlechten Wege verzögere. Zudem berichtet Octavius auch über die Geschäfte anderer, etwa über die eines Geschäftspartners des Frontinus Iulius, und über ein Darlehen, das ein Mann namens Tertius von Fatalis erhalten hat.

Man gewinnt den Eindruck eines regen Geschäftsleben an der römischen Grenze. Aus den Vindolanda-Tafeln geht hervor, dass der lokale Markt und Händler eine wichtige Rolle für die Versorgung der 9. Kohorte der Bataver spielten und auf diese Weise an die Seite der bürokratischen Verteilung von Gütern im militärischen Bereich traten. Alan K. Bowman hat die in den Vindolanda-Tafeln erkennbaren wirtschaftlichen Strukturen wie folgt beschrieben: „The letter neatly undermines any notion of an economy dominated by primitive methods of barter in underdeveloped frontier regions and also suggests that the needs of military personnel were not simply met by an official system of requisition or compulsory purchase."[291] Zusammenfassend spricht Bowman von einer „more flexible and sophisticated ‚local economy'."[292] Trotz aller Lücken und trotz des fragmentarischen Charakters der meisten Texte hat die Interpretation der Vindolanda-Tafeln einen wesentlichen Beitrag zu unserer Kenntnis der römischen Wirtschaft in der Provinz Britannia

285 Bowman 1998: Text 10 (= Tab. Vindol. II 190). Text 11 (= Tab. Vindol. II 191). Text 13 (= Tab. Vindol. II 194). Text 14 (= Tab. Vindol. II 196). Text 20 (= Tab. Vindol. II 255). Text 26 (= Tab. Vindol. II 302).

286 Bowman 1998: Text 26 (= Tab. Vindol. II 302). Wein: Text 10,19. 10,24. 10,32. 10,34 (= Tab. Vindol. II 190). Vgl. Text 11 (= Tab. Vindol. II 191). Salway 1991: 651–655.

287 Bowman 1998: Text 36 (= A.K. Bowman, J.D. Thomas, New writing-tablets from Vindolanda, Britannia 27, 1996, 299–328, Nr. 2).

288 Vgl. die Aufstellung bei Bowman 1998: 69–70.

289 Bowman 1998: Text 12 (= Tab. Vindol. II 192).

290 Bowman 1998: Text 32 (= Tab. Vindol. II 343).

291 Bowman 1998: 70. Bowman bezieht sich hier auf Text 26 (= Tab. Vindol. II 302).

292 Bowman 1998: 68.

und der Versorgung der römischen Armee, die ohne Zweifel ein für die wirtschaftliche Entwicklung der Provinz wichtiger Faktor war,[293] geleistet.

Eine völlig andere Welt und völlig andere Probleme begegnen uns in den Graffiti von La Graufesenque, einem der wichtigsten Produktionszentren der als *terra sigillata* bezeichneten Keramik während des 1. Jahrhunderts n. Chr. in Gallien.[294] Es stellte sich der Forschung die Frage, wie diese Graffiti, auf Tonschalen verzeichnete Listen, zu interpretieren sind und wie die Produktion in den Töpfereien organisiert war. Bei der Herstellung der Reliefkeramik verwendeten die Töpfer Formschüsseln, die Gefäße selbst wurden vor dem Brand in eine Tonsuspension getaucht, die ihnen den dunkelroten Glanz verlieh. Diese Technik war zunächst im späten 1. Jahrhundert v. Chr. in Italien entwickelt worden; zu den wichtigsten Herstellungszentren gehörten Arretium (Arezzo) und Puteoli. Die Stempel, mit denen die Gefäße oder Schalen aus Arezzo versehen sind, wurden von der Forschung als Beleg für die Existenz von großen Manufakturen mit einer Vielzahl von Töpfern, die zum Teil Sklaven waren, gewertet, eine These, die allerdings auch auf Ablehnung stieß.[295] Es blieb zu klären, ob ähnliche Verhältnisse wie in Arezzo auch in La Graufesenque bestanden.

Die Grafitti von La Graufesenque sind auf den Innenseiten von Schalen eingeritzt; es handelt sich dabei nicht um Fehlbrände, die zum Verkauf ungeeignet waren, oder um Scherben; es wird vielmehr deutlich, dass die Grafitti in die noch nicht gebrannten Schalen eingeschrieben wurden und die Schalen dann dem Brenngut hinzugefügt wurden. Demnach handelte es sich um Listen der Gefäße, die in einem Töpferofen gebrannt werden sollten. Die Struktur der Listen scheint klar zu sein: Zu Beginn steht ein Eintrag über den Ofen, der durch eine Zahl gekennzeichnet ist, es folgen Namen, die Bezeichnungen von Gefäßen, deren Größe und Zahl und am Ende die Gesamtzahl der aufgeführten Gefäße.[296] Verschiedene Töpfer haben demnach Gefäße unterschiedlicher Form zum Brand in einem der großen Öfen eingereicht.[297] In den Graffiti werden für die in einem Ofen gebrannten Gefäße hohe Zahlen genannt, wobei einige Grafitti nicht vollständig erhalten sind:

Marichal 1: 27.945
Marichal 2: 28.693
Marichal 3: 29.825
Marichal 4: 31.010
Marichal 5: 28.420
Marichal 6: 29.110
Marichal 7: 29.915

---

293 Salway 1991: 650.

294 Marichal 1988. Katalog der Graffiti mit Abbildungen: Marichal 1988: 113–221.Vgl. Grenier 1937: 540–562. Kiechle 1969: 78–99. Peacock 1982: 122–128. Bémont & Jacob 1986: 95–120. Strobel 1987: 100–113. Fulford & Durham 2013.

295 Fülle 1997. Eine Übersicht über die ältere Literatur: Fülle 1997: 111–113. Vgl. Kiechle 1969: 67–78.

296 Peacock 1982: 126 mit dem Hinweis, dass τυθος am Anfang eines Graffito die Bedeutung ‚Brennofen' hat. Vgl. das Beispiel bei Grenier 1937: 558 (Marichal Nr. 12).

297 Einer dieser Öfen wird eingehend beschrieben von Vernhet 1981.

Marichal 8: 25.195
Marichal 9: 23.205
Marichal 10: 30.350
Marichal 11: 19.450
Marichal 12: 25.380[298]

Insgesamt sind in den Grafitti 955.157 Gefäße aufgelistet.[299] Die Zahlen sind ein klarer Beleg für die Größe der Brennöfen, die regelmäßig über 25.000 Gefäße und Schalen aufnehmen konnten. Die außergewöhnliche Dimension der Brennkammern ist durch die Ausgrabung eines Brennofens in La Graufesenque bestätigt worden; er hatte eine Brennkammer von ca. 4 m Breite und Tiefe und eine Höhe von ebenfalls 4 m, was einem Rauminhalt von 64 m^3 entspricht. Um das Risiko von Fehlbränden zu reduzieren, wurde die heiße Luft nicht direkt in die Brennkammer, sondern durch Tonröhre geleitet. Der Bau eines Brennofens von dieser Größe erforderte sicherlich erhebliche finanzielle Aufwendungen, es ist kaum möglich, dass ein einzelner Töpfer oder ein Kollektiv von Töpfern einen solchen Brennofen errichten lassen konnte.

Einzelne Töpfer werden auf den Grafitti mehrmals genannt, so etwa Masuetos/ Masueto;[300] daraus kann aber nicht unbedingt die Existenz von großen Manufakturen gefolgert werden.[301] Schon A. Grenier traf in seinen Ausführungen über ‚La céramique gallo-romaine' folgende Feststellung zur Organisationsstruktur der Töpfereizentren: „Cette grande industrie gauloise ne semble donc qu'une juxtaposition de médiocres offines" und D.P.S. Peacock sprach davon, dass die Quellen auf „a plethora of small workshops" hinweisen, die „in some way" miteinander in Verbindung standen.[302]

Im Nachtrag zu ‚Ancient Economy' hat M.I. Finley auf Papyri des 3. Jahrhunderts n. Chr. aus Oxyrhynchos hingewiesen, in denen die Pachtverhältnisse ägyptischer Töpfereien vertraglich geregelt werden;[303] K. Strobel ist auf den Inhalt dieser Papyri näher eingegangen:[304] Die Grundbesitzer verpachten die Töpferei mit Brennofen und Töpferscheibe und verpflichten sich, Ton, Brennholz und Wasser zu stellen, während die Töpfer eine genau genannte Anzahl an Weinamphoren abzuliefern haben. Die Verpachtung der Töpferei hatte hier das Ziel, die Grundbesitzer mit Gefäßen zu versorgen, um ihnen den Transport des von ihnen produzierten Weines zu ermöglichen. Der Hinweis von Finley und Strobel ist insofern wichtig, als in diesen Papyri deutlich wird, dass die Töpfer keineswegs immer in Besitz einer Tongrube und eines Brennofens waren, und dies ist eben

298 Marichal 1988: 114–133.
299 Marichal 1988: 259.
300 So Marichal 2, Zeile 4; 11; 13. Marichal 5, Zeile 2; 5; 13; 14. Marichal 15, Zeile 3; 4; 6; 11; 14. Marichal 16, Zeile 10; 18; 21; 22. Marichal 20, Zeile 10; 13; 14; 16; 17. Marichal 23, Zeile 5; 6; 8; 9; 14; 16; 17. Vgl. Kiechle 1969: 83.
301 So betont etwa Kiechle das Nebeneinander von Manufakturen, mittleren und kleineren Betrieben: Kiechle 1969: 85. 89.
302 Grenier 1937: 561. Peacock 1982: 126–127.
303 Finley 1993: 228–229.
304 Strobel1987: 92–96. Es handelt sich um P. Oxy. 3595–3597.

auch für die Keramikproduktion in Gallien durchaus denkbar. Wie eine Bemerkung bei Varro zeigt, hatten Großgrundbesitzer durchaus ein wirtschaftliches Interesse daran, Rohstoffvorkommen auf ihren Ländereien wie etwa Tongruben wirtschaftlich zu nutzen.[305] Es ist unter dieser Voraussetzung möglich, dass die Grundbesitzer in Gallien solche Installationen wie die großen Brennöfen in La Graufesenque errichteten und ferner Ton und Brennholz für den Brand der Keramik lieferten; durch die Einrichtung von Töpfereien konnten die Grundbesitzer ihr Land zusätzlich zum Anbau oder der Viehhaltung wirtschaftlich nutzen.

Für unsere Kenntnis des römischen Handels sind neben Weihinschriften oder Grabinschriften auch die Inschriften relevant, die sich auf den Amphoren befinden. Die Funde dieser im Mittelmeerraum üblichen Transportbehälter für Flüssigkeiten geben zusammen mit den Amphorenstempeln und den *tituli picti*, aufgemalten Vermerken, Aufschluss über einen Teil der gehandelten Güter – Olivenöl, Wein, Fischsauce –, über die Handelswege und nicht zuletzt über den Umfang des Handels. So haben bereits Ende des 19. Jahrhunderts die Untersuchungen der Amphorenscherben des Monte Testaccio in Rom durch H. Dressel ergeben, dass Olivenöl aus der hispanischen Provinz Baetica nach Rom exportiert wurde.[306] Die Amphoren, die nach dem Transport nicht wiederverwendet wurden, hat man auf ein Gelände in der unmittelbaren Nähe der Horrea Galbiana gebracht und dort zerschlagen. Mit der Zeit entstand so eine Erhebung aus Amphorenscherben, die stets sichtbar blieb und auf dem Plan der Stadt Rom von Giovanni Battista Nolli aus dem Jahr 1748 als M. Testaccio verzeichnet ist;[307] der Berg von Amphorenscherben hat eine Grundfläche von ca. 20.000 m^3 und eine Höhe von ca. 50 m.[308] Die Amphorenscherben scheinen in der ersten Phase unsystematisch aufgeschüttet worden zu sein, dann erfolgten die seitlichen Aufschüttungen, die deutlich von den älteren Aufschüttungen durch aufgestellte, nicht zerstörte Amphoren voneinander getrennt sind. Es handelt sich in der Regel um Amphoren des Typs Dressel 20.[309]

Entscheidend für die Auswertung dieses Materials ist die Existenz sowohl von Amphorenstempeln als auch von *tituli picti*, die Namen der Consuln enthalten und somit klar zu datieren sind.[310] Die Analyse bislang ausgegrabener Scherben, die eindeutig zugeordnet werden können, hat gezeigt, dass die überwiegende Mehrzahl der Amphoren aus dem 2. und 3. Jahrhundert stammt und dass nach Gallienus keine Amphoren mehr zum Monte Testaccio gebracht worden sind. In der überwiegenden Mehrzahl (ca. 94%) sind

305 Varro rust. 1,2,22–23.

306 Eine Übersicht über die Forschungsliteratur: Remesal Rodríguez 1997: 13–21. Zu Dressel: Remesal Rodríguez 1997: 14.

307 Der Plan von Nolli: Wilton-Ely 1978: Vorderer Vorsatz. Hier sind auch die Gebäude rund um den Monte Testaccio eingezeichnet.

308 Remesal Rodríguez 1997: 14. Claridge 1998: 367. Teicher 2000 mit einer ausführlichen Zusammenfassung von Blázquez Martínez & Remesal Rodríguez 1999.

309 Peacock & Williams 1986: 136–140.

310 Zu den *tituli picti* vgl. Remesal Rodríguez 1997: 11. Broekaert 2013: 287–291 und ferner Rodríguez Almeida 1993. Bodel 2001: 145–147. Cooley 2012: 89–94.

diese Amphoren von Töpfereien im Tal des Guadalquivir hergestellt;[311] sie dienten zum Transport von Olivenöl aus der Provinz Baetica nach Rom. Aufgrund einer Dichtemessung, die ein Gesamtgewicht der Amphorenscherben von 742.500.000 kg ergab, wurde errechnet, dass ca. 24,75 Mio. Amphoren zum Monte Testaccio gebracht worden sind.[312] Bei einem Fassungsvermögen der Amphoren Dressel 20 von ca. 70 Litern[313] entspricht dies einem Export von ca. 1.730 Mio Litern Olivenöl aus der Baetica nach Rom in einem Zeitraum von ca. 120 Jahren; dieser Berechnung nach wären im Jahr durchschnittlich ca. 200.000 Amphoren oder ca. 14 Mio. Liter Olivenöl nach Rom gebracht worden. Bei einem Gewicht der einzelnen mit Öl gefüllten Amphore von 100 kg mussten ca. 20 Mio. kg oder 20.000 t von der von der Iberischen Halbinsel nach Rom transportiert werden, was bei einer Ladekapazität der Schiffe von 300 t etwa 61 Schiffsladungen entspricht.[314]

J. Remesal Rodríguez hat betont, dass die Ergebnisse der Amphorenforschung und die Untersuchungen am Monte Testaccio das von M. Finley gezeichnete Bild der antiken Wirtschaft grundlegend modifiziert haben.[315] Die bereits von Max Weber formulierte und dann von Finley wiederholte Vorstellung, es habe in der Antike keinen Fernhandel mit Massengütern gegeben,[316] lässt sich angesichts der Amphorenfunde weit über Rom und den Monte Testaccio hinaus[317] nicht mehr aufrechterhalten; es handelt sich dabei in vielen Fällen zweifellos um Zeugnisse eines freien Handels und nicht eines bürokratischen Systems der Redistribution.[318]

Überblickt man die neueren Forschungen zur römischen Wirtschaftsgeschichte, so wird deutlich, dass grundlegende Erkenntnisfortschritte gerade durch die Auswertung der Inschriften – oft in enger Verbindung mit dem archäologischen Fundmaterial – erzielt wurden. Da es sich bei den Inschriften in vielen Fällen um Dokumente handelt, eröffnen sie anders als die Geschichtsschreibung, in der bedingt durch die standortgebun-

---

311 Teichner 2000: 694. Peacock & Williams 1986: 136. Karte zur Lage der Töpfereien: Remesal Rodríguez 1997: 16.

312 Teichner 2000: 695.

313 Remesal Rodriguez 1997: 19.

314 Zum Handel zwischen der Provinz Baetica und Italien vgl. auch Strab. 3,2,5. 3,2,6. Nach Strabon fuhren von der Iberischen Halbinsel fast genauso viele Schiffe nach Italien wie aus Afrika.

315 Remesal Rodríguez 1997: 13.

316 Weber 2006: 104: „Auf diesem noch unzersetzten naturalwirtschaftlichen Grunde wurzelt der Tauschverkehr nicht tief: eine *dünne Schicht hochwertiger Artikel* ist es – Edelmetalle, Bernstein, wertvolle Gewebe, einige Eisen- und Töpferwaren u. dgl. –, welche wirklich Gegenstand stetigen Handels sind; zumeist Luxusgegenstände, welche infolge ihres hohen Preises die gewaltigen Transportkosten tragen können." Finley 1973: 133.

317 Zu den Funden von Ölamphoren in den germanischen Provinzen vgl. Remesal Rodríguez 1997. Zu den Weinamphoren und dem Weinhandel in Gallien vgl. Goudineau 1983. Tchernia 1983. Auch in diesem Fall hat die Analyse der Amphoren wesentlich zur Kenntnis des römischen Handels und der wirtschaftlicher Entwicklung beigetragen.

318 So belegen die mit SES gestempelten Amphoren aus Cosa den Weinexport aus Mittelitalien vor allem nach Gallien und damit einen freien Handel in großem Umfang. Wahrscheinlich wurde der Wein auf einem Weingut der Sestii produziert. Vgl. Peacock 1982: 155. Peacock & Williams 1986: 11. 62–63.

dene Sicht der Historiker und die Konventionen der literarischen Gattung Wirtschaft und Gesellschaft nur äußerst selten in den Blick kommen, einen direkten Zugang zu den wirtschaftlichen Verhältnissen des Imperium Romanum. In den Inschriften, auf denen – etwa im Fall der Grabinschriften – die Namen einfacher Händler und Handwerker erscheinen, Beruf, Alter und Familienverhältnisse verzeichnet werden und aus denen die Zugehörigkeit zu bestimmten *collegia* hervorgeht, werden besonders Handel und Handwerk gut fassbar. Dasselbe gilt für zahlreiche wirtschaftspolitische Maßnahmen der Principatszeit, die oft allein aufgrund der epigraphisch überlieferten Gesetze und Edikte bekannt sind. Eine umfassende Darstellung der römischen Wirtschaft beruht daher wesentlich auf der epigraphischen Forschung.

Allerdings bieten die Inschriften immer nur isolierte Informationen, die von ihrem Kontext her zu interpretieren sind. Die wirtschaftshistorische Forschung bedarf daher neben einer umfassenden Sichtung und Interpretation der Quellen einer intensiven Reflexion der Fragestellung wirtschaftshistorischer Forschung, der theoretischen Positionen und der Modelle antiker Wirtschaft, um vorschnelle Analogieschlüsse zur modernen Wirtschaft oder eine Annahme vermeintlicher Primitivität der antiken Wirtschaft zu vermeiden. Eine Einsicht in die Strukturen prämoderner Wirtschaft und Gesellschaft ist so eine unabdingbare Voraussetzung für ein wirkliches Verständnis der römischen Wirtschaft und damit auch für eine angemessene Interpretation und Bewertung der epigraphischen Zeugnisse zum Wirtschaftsleben im Imperium Romanum.

Bibliographie

Alföldy 1975 = Alföldy, G., Römische Sozialgeschichte, Wiesbaden 1975.

Alföldy 1976 = Alföldy, G., Die römische Gesellschaft – Struktur und Eigenart, Gymnasium 83 (1976), 1–25.

Alföldy 1986 = Alföldy, G. Die Alte Geschichte und die Erforschung des Historischen, in: Ders., Die römische Gesellschaft. Ausgewählte Beiträge, Stuttgart 1986, 12–39.

Alföldy 1991 = Alföldy, G., Augustus und die Inschriften: Tradition und Innovation. Die Geburt der imperialen Epigraphik, Gymnasium 98 (1991), 289–324.

Allen 2009 = Allen, R., How Prosperous were the Romans? Evidence from Diocletian's Price Edict (AD 301), in: Bowman, A. & Wilson, A. (eds.), Quantifying the Roman Economy. Methods and Problems, Oxford 2009, 327–345.

Amouretti 1986 = Amouretti, M.-C., Le pain et l'huile dans la Grèce antique, Paris 1986.

Andreau 1974 = Andreau, J., Les Affaires de Monsieur Jucundus, Rom 1974.

Andreau 1997 = Andreau, J., s. v. Caecilius Iucundus, L., Der Neue Pauly 2 (1997), 894–895.

Andreau 1999 = Andreau, J., Banking and Business in the Roman World, Cambridge 1999.

Andreau 2000 = Andreau, J., s. v. Murecine-Archiv, Der Neue Pauly 8 (2000), 497.

Arnold 1998 = Arnold, K., Die Quellen als Fundament und Mittel historischer Erkenntnis, in: Goertz, H.-J. (Hrsg.), Geschichte. Ein Grundkurs, Reinbek bei Hamburg 1998, 42–58.

Badian 1962 = Badien, E., From the Gracchi to Sulla, Historia 11 (1962), 197–245.

Badian 1968 = Badian, E., The *Lex Thoria*: A Reconsideration, in: Ders., Studies in Greek and Roman History, Oxford 1968, 235–242.

Badian 1972 = Badian, E., Publicans and Sinners. Private Enterprise in the Service of the Roman Republic, Oxford 1972.

Beard 2011 = Beard, M., Pompeji. Das Leben in einer römischen Stadt, Stuttgart 2011.

Beltrán 2015a = Beltrán Lloris, F., Latin Epigraphy: The Main Types of Inscriptions, in: Bruun, Chr. (ed.), The Oxford Handbook of Roman Epigraphy, Oxford 2015, 89–110.

Beltrán 2015b = Beltrán Lloris, F., The 'Epigraphic Habit' in the Roman World, in: Bruun, Chr. (ed.), The Oxford Handbook of Roman Epigraphy, Oxford 2015, 131–148.

Bémont & Jacob 1986 = Bémont, C. & Jacob, J.-P., La terre sigillée gallo-romaine. Lieux de production du Haute Empire: implantations, produits, relations, Paris 1986 (Documents d' archéologie française 6).

Blázquez Martínez & Remesal Rodríguez 1999 = Blázquez Martínez, J.M. & Remesal Rodríguez, J. (eds.), Estudios sobre el Monte Testaccio (Roma), vol. 1, Barcelona 1999.

Bodel 2001 = Bodel, J., Epigraphic Evidence. Ancient History from the Inscriptions, London 2001.

Bowman 1998 = Bowman, A.K., Life and Letters on the Roman Frontier, London 1994, repr. 1998.

Brandt 1998 = Brandt, H., Geschichte der römischen Kaiserzeit. Von Diokletian und Konstantin bis zum Ende der konstantinischen Dynastie (284–363), Berlin 1998.

Brandt 2004 = Brandt, H., Erneute Überlegungen zum Preisedikt Diokletians, in: Demandt, A. & Goltz, A. & Schlange-Schöningen, H. (Hrsg.), Diokletian und die Tetrarchie. Aspekte einer Zeitenwende, Berlin – New York 2004, 47–55.

Broekaert 2013 = Broekaert, W., Navicularii et Negotiantes. A prosopographical study of Roman merchants and shippers, Rahden/Westf. 2013 (Pharos 28).

Broekaert 2017 = Broekaert, W., Conflicts, Contract Enforcement, and Business Communities in the Archive of the Sulpicii, in: Flohr, M. & Wilson, A. (eds.), The Economy of Pompeii, Oxford 2017, 387–414.

Brunt 1966 = Brunt, P.A.,The Roman Mob, Past and Present 35 (1966), 3–27.

Casson 1980 = Casson, L., The Role of the State in Rome's Grain Trade, in: D'Arms, J.H. & Kopff, E.C. (eds.), The Seaborne Commerce of Ancient Rome: Studies in Archaeology and History, Rome 1980, 21–33.

Claridge 1998 = Claridge, A., Rome. An Oxford Archaeological Guide, Oxford 1998.

Cloché 1931 = Cloché, P., Les classes, les métiers, le trafic, Paris 1931.

Cooley 2012 = Cooley, A.E., The Cambridge Manual of Latin Epigraphy, Cambridge 2012.

Corbier 2005 = Corbier, M., Coinage and taxation: the state's point of view, A.D. 193–337, in: Bowman, A.K. & Garnsey, P. & Cameron, A. (eds.), The Crisis of Empire, A.D. 193–332, CAH , vol. 12, Cambridge ²2005, 327–392.

Crawford 1996 = Crawford, M. (ed.), Roman Statutes. vol. 1, London 1996.

Crawford 2016 = Crawford, M., Rez. zu Bruun, Chr. & Edmondson, J. (eds.), The Oxford Handbook of Roman Epigraphy, JRS 106 (2016), 331–332.

Davies 1935 = Davies, O., Roman Mines in Europe, Oxford 1935.

Demandt 2007 = Demandt, A., Die Spätantike. Römische Geschichte von Diocletian bis Justinian 284–565 n. Chr., München ²2007.

De Martino 1985 = De Martino, F., Wirtschaftsgeschichte des alten Rom, München 1985.

Dessau 1892–1916 = Dessau, H., *Inscriptiones Latinae Selectae*, Berlin 1892–1916.

Domergue 1990 = Domergue, C., Les mines de la péninsule Ibérique dans l'antiquité romaine, Rom 1990.

Domergue 2008 = Domergue, C., Les mines antiques. La production des métaux aux époques grecque et romaine, Paris 2008.

Drexhage & Konen & Ruffing = Drexhage, H.-J. & Konen, H. & Ruffing, K., Die Wirtschaft des Römischen Reiches (1.–3. Jahrhundert). Eine Einführung, Berlin 2002.

Droß-Krüpe 2017 = Droß-Krüpe, K., Businessmen and local elites in the Lykos valley, in: Teigen, H.F. & Seland, E.H. (eds.), Sinews of Empire. Networks in the Roman Near East and Beyond, Oxford 2017, 155–166.

Duncan-Jones 1974 = Duncan-Jones, R., The Economy of the Roman Empire. Quantitative Studies, Cambridge 1974.

Eck 1995a = Eck, W., Organisation und Administration der Wasserversorgung Roms, in: Eck, W., Die Verwaltung des Römischen Reiches in der Hohen Kaiserzeit. Ausgewählte und erweiterte Beiträge, Bd. 1, Basel 1995, 161–178 .

Eck 1995b = Eck, W., Die Wasserversorgung im römischen Reich: Sozio-politische Bedingungen, Recht und Administration, in: Eck, W., Die Verwaltung des Römischen Reiches in der Hohen Kaiserzeit. Ausgewählte und erweiterte Beiträge, Bd. 1, Basel 1995, 179–252.

Eck 1997a = Eck, W., Die *fistulae aquariae* der Stadt Rom. Zum Einfluss des sozialen Status auf administratives Handeln, in: Eck, W., Die Verwaltung des Römischen Reiches in der Hohen Kaiserzeit. Ausgewählte und erweiterte Beiträge, Bd. 2, Basel 1997, 245–277.

Eck 1997b = Eck, W., Lateinische Epigraphik, in: Graf, F. (Hrsg.), Einleitung in die lateinische Philologie, Stuttgart – Leipzig 1997, 92–111.

Eck 1998 = Eck, W., Inschriften auf Holz. Ein unterschätztes Phänomen der epigraphischen Kultur Roms, in: Kneissl, P. & Losemann, V. (Hrsg.), Imperium Romanum. Studien zu Geschichte und Rezeption, FS K. Christ, Stuttgart 1998, 203–217.

Edmondson 2015 = Edmondson, J., Economic Life in the Roman Empire, in: Bruun, Chr. & Edmondson, J. (eds.), The Oxford Handbook of Roman Epigraphy, Oxford 2015, 671–695.

Ehmig 2018 = Ehmig, U., Wurzeln imn Wandtresor? Der Umgang mit Risiken in der antiken Seefahrt, in: Ruffing, K. & Droß-Krüpe, K. (Hrsg.), Emas non quod opus est, sed quod necesse est. Beiträge zur Wirtschafts-, Sozial-, Rezeptions- und Wissenschaftsgeschichte der Antike, FS H.-J. Drexhage, Wiesbaden 2018, 5–17 (Philippika 125).

Étienne 1974 = Étienne, R., Pompeji. Das Leben in einer antiken Stadt, Stuttgart 1974.

Finley 1973 = Finley, M.I., The Ancient Economy, Berkeley 1973.

Finley 1987 = Finley, M.I., Quellen und Modelle in der Alten Geschichte, Frankfurt 1987 (engl. Ancient History. Evidence and Models, London 1985).

Finley 1993 = Finley, M.I., Die antike Wirtschaft, München [3]1993 (amerikanische Ausgabe Berkeley – Los Angeles 1984).

Flach 1978 = Flach, D., Inschriftenuntersuchungen zum römischen Kolonat in Nordafrika, Chiron 8 (1978), 441–492.

Flach 1979 = Flach, D., Die Bergwerksordnungen von Vipasca, Chiron 9 (1979), 399–448.

Frank 1933–1940 = Frank, T. (ed.), Economic Survey of Ancient Rome, Baltimore (1933–1940) [= ESAR].

Freis 1984 = Freis, H. (Hrsg.), Historische Inschriften zur römischen Kaiserzeit von Augustus bis Konstantin, Darmstadt 1984.

Fulford & Durham 2013 = Fulford, M. & Durham, E. (eds.), Seeing Red: New Economic and Social Perspectives on Terra Sigillata, London 2013.
Fülle 1997 = Fülle, G., The Internal Organization of the Arretine *Terra Sigillata* Industry: Problems of Evidence and Interpretation, JSRS 87 (1997), 111–156.
Galsterer 1975 = Galsterer, B. & Galsterer, H., Die römischen Steininschriften aus Köln, Köln 1975.
Gerhardt 2012 = Gerhardt, Th., s. v. Dessau, Hermann, Der Neue Pauly Suppl. 6 (2012), 301–302.
Goudineau 1983 = Goudineau, C., Marseilles, Rome and Gaul from the third to the first century B.C., in: Garnsey, P. & Hopkins, K. & Whittaker, C.R. (eds.), Trade in the Ancient Economy, London 1983, 76–86.
Grenier 1937 = Grenier, A., La Gaule romaine, in: Frank, T. (ed.), Economic Survey of Ancient Rome, vol. 3, Baltimore 1937, 379–644.
Gruen 1968 = Gruen, E.S., Roman Politics and the Criminal Courts, 149–78 B.C., Cambridge Mass. 1968.
Gordon 1983 = Gordon, A.E., Illustrated Introduction to Latin Epigraphy, Berkeley – Los Angeles 1983.
Harl 1996 = Harl, K.W., Coinage in the Roman Economy, 300 B.C. to A.D. 700, Baltimore 1996.
Harris 1993 = Harris, W.V. (ed.), The Inscribed Economy. Production and distribution in the Roman Empire in the light of *instrumentum domesticum*, Ann Arbor Mi. 1993 (JRA Suppl. 6).
Hawkins 2016 = Hawkins, C., Roman Artisans and the Urban Economy, Cambridge 2016.
Heichelheim 1938 = Heichelheim, F.M., Wirtschaftsgeschichte des Altertums. Vom Paläolithikum bis zur Völkerwanderung der Germanen, Slaven und Araber, Leiden 1938.
Hinrichs 1966 = Hinrichs, F.T., Die lex agraria des Jahres 111 v. Chr., ZRG 83 (1966), 252–307.
Hintzen 2012 = Hintzen, B., s. v. Bembo, Pietro, Der Neue Pauly Suppl. 6 (2012), 70–72.
Hirt 2010 = Hirt, A.M., Imperial Mines and Quarries in the Roman World. Organizational Aspects 27 BC–AD 235, Oxford 2010.
Howgego 1995 = Howgego, C., Ancient History from the Coins, London – New York 1995.
Hunink 2011 = Hunink, V. (Hrsg.), Glücklich ist dieser Ort! 1000 Graffiti aus Pompeji. Lateinisch/Deutsch, Stuttgart 2011.
Hüttemann 2010 = Hüttemann, A. (Hrsg.), Pompejanische Inschriften. Der heutige Bestand vor Ort im Stadtgebiet und in den Nekropolen. Lateinisch/Deutsch, Stuttgart 2010.
Hüttemann 2017 = Hüttemann, A. (Hrsg.), Die pompejanischen Quittungstafeln des Lucius Caecilius Iucundus, Darmstadt 2017 (Texte zur Forschung 111).
Jaschke 2010 = Jaschke, K., Die Wirtschafts- und Sozialgeschichte des antiken Puteoli, Rahden/Westf. 2010 (Pharos 26).
Johannsen 1971 = Johannsen, K., Die lex agraria des Jahres 111 v. Chr., Diss. München 1971.
Jones 1964 = Jones, A.H.M., The Later Roman Empire 284–602. A social, economic and administrative survey, Oxford 1964.
Jones 1966 = Jones, A.H.M., The Decline of the Ancient World, London 1966.
Jones 1974 = Jones, A.H.M., The Roman Economy. Studies in Ancient Economic and Administrative History, Oxford 1974.
Jongman 1991 = Jongman, W., The Economy and Society of Pompeii, Amsterdam 1991.

Jongman 2007 = Jongman, W., The loss of innocence: Pompeian economy and society between past and present, in: Dobbins, J.J. & Foss, P.W. (eds.), The World of Pompeii, London 2007, 499–517.

Kehoe 1988 = Kehoe, D.P., The Economics of Agriculture on Roman Imperial Estates in North Africa, Göttingen 1988.

Keppie 1991 = Keppie, L., Understanding Roman Inscriptions, London 1991.

Kiechle 1969 = Kiechle, F., Sklavenarbeit und technischer Fortschritt im Römischen Reich, Wiesbaden 1969 (FAS 3).

Kloft 1992 = Kloft, H., Die Wirtschaft der griechisch-römischen Welt. Eine Einführung, Darmstadt 1992.

Kneissl 1988 = Kneissl, P., Zur Wirtschaftsstruktur des römischen Reiches: Das Beispiel Gallien, in: Kneissl, P. & Losemann, V. (Hrsg.), Alte Geschichte und Wissenschaftsgeschichte, FS K. Christ, Darmstadt 1988, 234–255.

Kneissl 1998 = Kneissl, P., Die Berufsvereine im römischen Gallien. Eine Interpretation der epigraphischen Zeugnisse, in: Kneissl, P. & Losemann, V. (Hrsg.), Imperium Romanum. Studien zu Geschichte und Rezeption, FS K. Christ, Stuttgart 1998, 431–449.

Lauffer 1971 = Lauffer, S. (Hrsg.), Diokletians Preisedikt, Berlin 1971.

Mann 2013 = Mann, Chr., Die Gladiatoren, München 2013.

Marichal 1988 = Marichal, R., Les graffites de La Graufesenque, Paris 1988 (47. supplément à Gallia).

Meiggs 1973 = Meiggs, R., Roman Ostia, Oxford ²1973.

Meyer 1973 = Meyer, E., Einführung in die lateinische Epigraphik, Darmstadt 1973.

Millar 1983 = Millar, F., Epigraphy, in: M. Crawford, Sources for Ancient History, Cambridge 1983, 80–136.

Moritz 1958 = Moritz, L.A., Grain-Mills and Flour in Classical Antiquity, Oxford 1958.

Nippel 2013 = Nippel, W., Unterschätzte Ahnen: Forschungen zur römischen Geschichte zwischen Humanismus und Aufklärung, in: Ders., Klio dichtet nicht. Studien zur Wissenschaftsgeschichte der Althistorie, Frankfurt 2013, 14–34.

Noethlichs 1997 = Noethlichs, K.L., s. v. Edictum Diocletiani, Der Neue Pauly 3 (1997) 878–879.

Peacock 1982 = Peacock, D.P.S., Pottery in the Roman World. An Ethnoarchaeological Approach, London 1982.

Peacock & Williams 1986 = Peacock, D.P.S. & Williams, D.F., Amphorae and the Roman Economy. An Introductory Guide, London 1986.

Petrikovits 1981 = von Petrikovits, H., Die Spezialisierung des römischen Handwerks, in: Jankuhn, H. et al. (Hrsg.), Das Handwerk in vor- und frühgeschichtlicher Zeit Teil I: Historische und rechtshistorische Beiträge und Untersuchungen zur Frühgeschichte der Gilde, Göttingen 1981 (AAWG, 3. Folge 122), 63–132.

Préaux 1939 = Préaux, C., L'économie royale des Lagides, Bruxelles 1939.

Pucci 2001 = Pucci, G., Inscribed *instrumentum* and the ancient economy, in: Bodel, J.P. (ed.), Epigraphic Evidence. Ancient History from the inscriptions, London 2001, 137–152.

Reden 2010 = von Reden, S., Money in Classical Antiquity, Cambridge 2010.

Reinard & Schäfer 2018 = Reinard, P. & Schäfer, Chr., *Ex provincia Britannia*. Untersuchungen zu *negotiatores* und Handelswegen in Atlantik- und Nordseeraum sowie im gallisch.-germanischen Binnenraum während der römischen Kaiserzeit, in: Ruffing, K. &

Droß-Krüpe, K. (Hrsg.), Emas non quod opus est, sed quod necesse est. Beiträge zur Wirtschafts-, Sozial-, Rezeptions- und Wissenschaftsgeschichte der Antike, FS H.-J. Drexhage, Wiesbaden 2018, 45–83 (Philippika 125).

Remesal Rodríguez 1997 = Remesal Rodríguez, J., Heeresversorgung und die wirtschaftlichen Beziehungen zwischen der Baetica und Germanien, Stuttgart 1997 (Materialhefte zur Archäologie in Baden-Württemberg Band 42).

Reynolds 1996 = Reynolds, J.M., s. v. Epigraphy, Latin, OCD (^{3}1996), 543–546.

Rodríguez Almeida 1993 = Rodríguez Almeida, E., Los tituli picti de las anforas olearias de la Bética. I. Tituli picti de los Severos y de la Ratio fisci, L'Antiquité Classique 62 (1993), 433–434.

Richardson 1988 = Richardson jr., L., Pompeii. An Architectural History, Baltimore 1988.

Rohde 2012 = Rohde, D., Zwischen Individuum und Stadtgemeinde. Die Integration von *collegia* in Hafenstädten, Mainz 2012.

Roselaar 2010 = Roselaar, S.T., Public Land in the Roman Republic. A Social and Economic History of *Ager Publicus* in Italy, 396–89 BC, Oxford 2010.

Rostovtzeff 1926 = Rostovtzeff, M.I., The Social and Economic History of the Roman Empire, Oxford 1926.

Rostovtzeff 1941 = Rostovtzeff, M.I., The Social and Economic History of the Hellenistic World, Oxford 1941.

Rostovtzeff 1957 = Rostovtzeff, M.I., The Social and Economic History of the Roman Empire, Oxford ^{2}1957.

Ruffing 2006 = Ruffing, K., Die regionale Mobilität von Händlern und Handwerkern nach den griechischen Inschriften, in: Olshausen, E. & Sonnabend, H. (Hrsg.), „Troianer sind wir gewesen" – Migrationen in der antiken Welt, Stuttgart 2006 (Geographica Historica 21), 133–149.

Ruffing 2009 = Ruffing, K., Das *Imperium Romanum* als Wirtschaftsraum, MBAH 27 (2009=, 63–94.

Ruffing 2017 = Ruffing, K., Finanzpolitische und wirtschaftliche Maßnahmen unter Marc Aurel, in: Grieb, V. (Hrsg.), Marc Aurel – Wege zu seiner Herrschaft, Gutenberg 2017, 223–248.

Rupprecht 1994 = Rupprecht, H.-A., Kleine Einführung in die Papyruskunde, Darmstadt 1994.

Salway 1991 = Salway, P., Roman Britain, Oxford 1991 (The Oxford History of England, IA).

Scheidel & Morris & Saller 2007 = Scheidel, W. & Morris, I., & Saller, R. (eds.), The Cambridge Economic History of the Greco-Roman World, Cambridge 2007.

Schlange-Schöningen 2003 = Schlange-Schöningen, H., Die römische Gesellschaft bei Galen. Biographie und Sozialgeschichte, Berlin 2003 (Untersuchungen zur antiken Literatur und Geschichte Band 65).

Schmidt 2004 = Schmidt, M.G., Einführung in die lateinische Epigraphik, Darmstadt 2004.

Schumacher 1990 = Schumacher, L. (Hrsg.), Römische Inschriften, Lateinisch/Deutsch, Stuttgart 1990.

Schumacher 2001 = Schumacher, L., Sklaverei in der Antike. Alltag und Schicksal der Unfreien, München 2001.

Selzer 1988 = Selzer, W., Römische Steindenkmäler. Mainz in römischer Zeit, Mainz 1988.

Shaw 2013 = Shaw, B.D., Bringing in the Sheaves. Economy and Metaphor in the Roman World, Toronto 2013.

Simons 2012 = Simons, R., s. v. Sigonius, Carolus, Der Neue Pauly Suppl. 6 (2012), 1168–1169.

Strobel 1987 = Strobel, K., Einige Bemerkungen zu den historisch-archäologischen Grundlagen einer Neuformulierung der Sigillatenchronologie für Germanien und Rätien und zu wirtschaftsgeschichtlichen Aspekten der römischen Keramikindustrie, MBAH 6,2 (1987), 75–115.

Strobel 2002 = Strobel, K., Geldwesen und Währungsgeschichte des Imperium Romanum im Spiegel der Entwicklung des 3. Jahrhunderts n. Chr. – Wirtschaftsgeschichte im Widerstreit von Metallismus und Nominalismus, in: Strobel, K., Die Ökonomie des Imperium Romanum. Strukturen, Modelle und Wertungen im Spannungsfeld von Modernismus und Neoprimitivismus, St. Katharinen 2002, 86–168.

Tchernia 1983 = Tchernia, A., Italian wine in Gaul at the end of the Republic, in: Garnsey, P. & Hopkins, K. & Whittaker, C.R. (eds.), Trade in the Ancient Economy, London 1983, 87–104.

Teichner 2000 = Teichner, F., Rez. zu Blázquez Martínez, J.M. & Remesal Rodríguez, J. (Hrsg.), Estudios sobre el Monte Testaccio (Roma), vol. 1, Barcelona 1999, BJ 200 (2000), 692–697.

Timpe 1971 = Timpe, D., Alte Geschichte und die Fragestellung der Soziologie, HZ 213 (1971), 1–12.

Treggiari 1980 = Treggiari, S., Urban Labour in Rome: *mercenarii* and *tabernarii*, in: Garnsey, P. (ed.), Non-Slave Labour in the Greco-Roman World, Cambridge 1980, 48–64.

Vernhet 1981 = Vernhet, A., Un four de La Graufesenque (Aveyron): La cuisson des vases sigillés, Gallia 39 (1981), 25–43.

Veyne 1961 = Veyne, P., Vie de Trimalchion, Annales ESC 16 (1961), 213–247 (dt.: Leben des Trimalchion, in: Ders., Die Originalität des Unbekannten. Für eine andere Geschichtsschreibung, Frankfurt 1988, 43–96).

Vogt 1965 = Vogt, J., Sklaverei und Humanität. Studien zur antiken Sklaverei und ihrer Erforschung, Wiesbaden 1965 (Historia Einzelschriften 8).

Wachsmuth 1967 = Wachsmuth, D., ΠΟΜΠΙΜΟΣ Ο ΔΑΙΜΩΝ. Untersuchung zu den antiken Sakralhandlungen bei Seereisen, Berlin 1967.

Wagner 2013 = Wagner, Y., Das *edictum Diocletiani de pretiis*. Modellrechnungen zur Vereinbarkeit von staatlicher Preisregulierung und vermutbaren Lebensrealitäten, MBAH 31 (2013), 37–78.

Weber 2006 = Weber, M., Die sozialen Gründe des Untergangs der antiken Kultur, in: M. Weber, Zur Sozial- und Wirtschaftsgeschichte des Altertums. Schriften und Reden 1893–1908, hg. von J. Deininger, Tübingen 2006 (Gesamtausgabe Abteilung I, Band 6), 99–127.

Welch 2007 = Welch, K.E., Pompeian men and women in portrait sculpture, in: Dobbins, J.J. & Foss, P.W. (eds.), The World of Pompeii, London 2007, 550–584.

White 1970 = White, K.D., Roman Farming, London 1970.

Wiedemann 2001 = Wiedemann, Th., Kaiser und Gladiatoren. Die Macht der Spiele im antiken Rom, Darmstadt 2001.

Wierschowski 1995 = Wierschowski, L., Die regionale Mobilität in Gallien nach den Inschriften des 1. bis 3. Jahrhunderts n. Chr. Quantitative Studien zur Sozial- und Wirtschaftsgeschichte der westlichen Provinzen des römischen Reiches, Stuttgart 1995.

Wierschowski 2001 = Wierschowski, L., Fremde in Gallien – „Gallier" in der Fremde, Die epigraphisch bezeugte Mobilität in, von und nach Gallien vom 1. bis 3. Jahrhundert n. Chr. (Texte – Übersetzungen – Kommentare), Stuttgart 2001.

Wolf 2010 = Wolf, J.G. (Hrsg.), Neue Rechtsurkunden aus Pompeji. Tabulae Pompeianae Novae, Darmstadt 2010 (Texte zur Forschung 98).

Wolters 1999 = Wolters, R., Nummi Signati. Untersuchungen zur römischen Münzprägung und Geldwirtschaft, München (Vestigia 49).

Zanker 1975 = Zanker, P., Grabreliefs römischer Freigelassener, JDAI 90 (1975), 267–315

Zimmer 1982 = Zimmer, G., Römische Berufsdarstellungen, Berlin 1982 (Archäologische Forschungen Band 12).

Michail Rostovtzeffs wissenschaftliche Anfänge und die Epigraphik*

Nadezda Fichtner

Michail Rostovtzeff (1870–1952) gehört ohne Zweifel zu den bedeutenden Althistorikern des 20. Jahrhunderts. Seine beiden in den USA verfassten und von der Cambridge University Press publizierten Werke zur Sozial- und Wirtschaftsgeschichte des Römischen Reiches und der Hellenistischen Welt, *The Social and Economic History of the Roman Empire* (1926) und *The Social and Economic History of the Hellenistic World* (1941) krönten die wissenschaftliche Karriere des russischen Gelehrten, eine Karriere, die im zaristischen Russland des ausgehenden 19. Jahrhunderts begonnen hatte und nur unter großen Schwierigkeiten und Belastungen zunächst in England und dann in den Vereinigten Staaten fortgesetzt werden konnte.[1]

Nicht zuletzt aufgrund der beeindruckenden Auswertung des komplexen Quellenmaterials zur antiken Sozial- und Wirtschaftsgeschichte und insbesondere aufgrund der umfassenden Berücksichtigung der archäologischen, numismatischen sowie epigraphischen Zeugnisse gelten die beiden genannten Werke bis heute als richtungsweisend für die moderne Althistorie. Dabei dürfen aber die bahnbrechenden Leistungen des jungen Rostovtzeff nicht übersehen werden, zu denen etwa die Erschließung der *Bleitesserae* als Quelle der antiken Wirtschaftsgeschichte gehört.[2] Unter diesen Voraussetzungen fanden seine Publikationen bereits in der Zeit zwischen 1900 und 1914 in Russland, aber auch in Westeuropa, weithin Anerkennung.

Schon vor 1900 war die Untersuchung der Inschriften ein wichtiges Arbeitsfeld von Rostovtzeff, das sich gerade für die wirtschaftshistorischen Forschungen auf dem Gebiet der römischen Geschichte als außerordentlich ertragreich erwies. Im Folgenden soll der

* An dieser Stelle möchte ich dem Herausgeber dieses Bandes für die Durchsicht des Textes und die hilfreichen Hinweise meinen großen Dank aussprechen.

1 Der Rang von Rostovtzeff in der internationalen Althistorie geht allein schon aus der Tatsache hervor, dass Rostovtzeff in den von L. Raphael herausgegebenen Bänden ‚Klassiker der Geschichtswissenschaft' als einziger Althistoriker neben E. Gibbon, Th. Mommsen und M. I. Finley berücksichtigt worden ist: Heinen 2006. Vgl. ferner Christ 1972; Fears 1990; Heinen 1986; Schneider 2012. Zur Herkunft von Rostovtzeff und seinen Kontexten in Russland vgl. ferner Wes 1990, der allerdings auf die wissenschaftliche Karriere von Rostovtzeff in Russland, auf seine Beziehungen zu westeuropäischen Gelehrten und auf die althistorischen Publikationen in der Zeit vor 1917 nicht eingeht.

2 Rostovtzeff 1903a; Rostovtzeff 1903b; Rostowzew 1905.

Versuch unternommen werden, Rostovtzeffs zwischen 1896 und 1900 publizierte Arbeiten auf dem Gebiet der Epigraphik zu untersuchen und auf diese Weise die Bedeutung der epigraphischen Forschungen Rostovtzeffs für seinen späteren wissenschaftlichen Werdegang zu klären. Im Mittelpunkt steht dabei die Entwicklung des russischen Historikers von einem Studenten, der mit Hilfe eigener Ersparnisse, durch elterliche Unterstützung und dann auch durch Stipendien die Chance hatte, nach 1890 in Westeuropa in die neueren Forschungen zu den Spezialdisziplinen der Althistorie eingeführt zu werden, hin zu einem international angesehenen Experten gerade auf dem Feld der Epigraphik.

Michail Ivanovič Rostovtzeff, der am 10. November 1870 (gemäß dem julianischen Kalender) in Žitomir westlich von Kiew geboren worden war, begann 1888 das Studium der Alten Sprachen an der Universiät Kiew und wechselte 1890 im Alter von zwanzig Jahren an die Universität in St. Petersburg. An den russischen Universitäten begann die Spezialisierung der Studenten nach dem dritten Studienjahr, und so war auch der junge Rostovtzeff, der an der Universität die Veranstaltungen hervorragender russischer Gelehrter besuchte, bestrebt, ein ihn genuin interessierendes Forschungsgebiet zu finden. Einen entscheidenden Einfluss auf Rostovtzeff übte dabei Fëdor Sokolov (1841–1909) aus, der als Begründer der russischen epigraphischen Schule gilt. So führte F. Sokolov als erster das epigraphische Material in die wissenschaftliche Diskussion und in den universitären Unterricht ein.[3] Seine Rekonstruktion der historischen Fakten beruhte auf einer umfassenden Auswertung der Inschriften, weswegen er unter den russischen Historikern zu den sogenannten Faktenverehrern gezählt wurde. Von Sokolov übernahm Rostovtzeff die „Begeisterung für das Altertum, seine Methode für strenges und genaues Wissen."[4]

Rostovtzeff trat bald dem Arbeitskreis der Faktenverehrer bei, der sich um Sokolov gebildet hatte. Die Mitglieder trafen sich freitags um 19 Uhr in Sokolovs Wohnung und beschäftigten sich oft bis Mitternacht mit antiken – überwiegend griechischen – Inschriften.[5] Neben dem Studium der Epigraphik setzte sich Rostovtzeff während seines Studiums vor allem mit kunsthistorischen Themen auseinander. Er widmete sich einer Arbeit über Pompeii und reiste bereits 1893 nach Italien, um die antike Stadt zu besuchen. Während er sich mit der Topographie und Architektur Pompeiis befasste, erschloss sich ihm zugleich die Bedeutung der Inschriften und der Epigraphik für die altertumswissenschaftlichen Studien.[6]

Während seiner zweiten Auslandsreise in den Jahren 1895–1898 war Rostovtzeff bestrebt, seine – wie er selbst in seinem Bericht vom 20. Januar 1896 schrieb – immer noch „beachtlichen Wissenslücken im Bereich der Epigraphik, besonders in allen Bereichen der Methode epigraphischer Arbeit (Abklatsch, Abschreiben und Kopieren der Inschriften vom Stein, Datierung von Inschriften aufgrund der Form der Buchstaben usw.)"[7] zu schließen. Zu diesem Zweck fragte er die Mitarbeiter des Deutschen Archäologischen In-

3 Vgl. Sokolov 1876; Sokolov 1879; Sokolov 1886. Über Sokolov vgl. Frolov 2006.
4 Rostovtzeff 1924: 215.
5 Vgl. Žebelev 1968: 170.
6 Vgl. Rostovtzeff 1894. Ein Jahr später erschien die Rezension zum Buch. Vgl. Mau 1895.
7 Rostovtzeff 1896d: 7.

stituts in Rom, mit denen er bereits 1893 bekannt geworden war, um Rat. Die deutschen Archäologen empfahlen Rostovtzeff einstimmig das epigraphische Seminar unter Leitung von Eugen Bormann (1842–1917)[8] in Wien.

Im Wintersemester 1895/96 nahm Rostovtzeff in Wien am epigraphischen Seminar unter der Leitung von E. Bormann teil; er sah besonders erwartungsvoll den praktischen Übungen bei Bormann entgegen, die einmal in der Woche stattfanden. Rostovtzeff unterstrich nicht nur die wissenschaftliche, sondern auch die pädagogische Bedeutung dieser Übungen. In einem Brief hinterließ er eine ausführliche Beschreibung der Lehre von Eugen Bormann:

> Bormann ist ein ausgezeichneter Pädagoge und ein Wissenschaftler, der alle seine Zuhörer zum Denken und zur Auseinandersetzung mit den Inhalten eines Seminars anregt. Sein Seminarsystem ist einfach: Am Vortag des Seminars wählt Bormann zusammen mit erfahrenen und fleißigen Studenten eine Reihe von Inschriften aus, die sich vor allem auf bekannte historische Persönlichkeiten beziehen. Damit stellt das epigraphische Seminar einen praktischen Geschichtskurs dar, weil nicht nur Inschriften selbst ausgewählt werden, sondern auch alle Zeugnisse der Autoren [...]. Neu ist Bormanns Art und Weise, Inschriften zu vergleichen. Die Texte werden an die Seminarteilnehmer während der Sitzung verteilt. Hier werden sie gelesen, übersetzt und kommentiert. Dabei liest jeder [Teilnehmer] einen Teil der Inschrift. Bormann fragt ohne Zögern jeden, wen er will, und dadurch wird die Aufmerksamkeit [der Teilnehmer] immer erhalten. Wenn es einen Hinweis auf eines der Nachschlagwerke (z. B. die Bände das Corpus) gibt, muss er von jenem Teilnehmer sofort überprüft werden. Dabei ärgert sich Bormann mächtig, wenn Teilnehmer ein Buch in der Bibliothek oder einen Hinweis im Buch nicht finden können.[9]

Um die Jahreswende 1895/96 widmete Rostovtzeff sich stärker sozial- und wirtschaftshistorischen Fragen der Antike. Anhand der Wiener Sammlung der kleinasiatischen Inschriften begann er die Entwicklung des Steuersystems in den römischen Provinzen am Beispiel der Hafenzölle (*portoria*) zu untersuchen. „Vom epigraphischen Material überwältigt",[10] arbeitete Rostovtzeff mit großer Entschiedenheit auf diesem Gebiet weiter; im Frühjahr 1896 unternahm er mit Bormann eine Reise durch Österreich, auf der sie Museen besuchten und Inschriften kopierten.[11]

Aus der engen Zusammenarbeit zwischen dem etablierten österreichischen Professor und dem jungen russischen Studenten entstand mit dem 1896 in deutscher Sprache erschienenen Aufsatz ‚Eine neue Inschrift aus Halikarnass' Rostovtzeffs erste Arbeit zu ei-

8 Vgl. Obermayer-Marnach 1957.
9 Rostovtzeff 1895.
10 Ebd.
11 Vgl. Rostovtzeff 1896c.

nem Thema der Epigraphik.[12] Er interpretierte eine griechische Inschrift, die zwei Jahre zuvor der österreichische Althistoriker E. Szanto[13] in einem Haus in Kleinasien kopiert hatte. Es handelt sich um eine Bauinschrift, die aus der Zeit des Marcus Aurelius stammt und die über die Errichtung eines Zollgebäudes mit einer Säulenhalle und die Vergoldung der dazu gehörenden Statue der Aphrodite in Halikarnassos berichtet. Rostovtzeff beschränkt sich nicht darauf, die Inschrift zu edieren und zu kommentieren, vielmehr gelingt es ihm, vor allem durch Einbeziehung griechischer und lateinischer Inschriften aus Illyricum, Gallien, Afrika, Spanien und Asien die Entwicklung des Zollwesens von der Republik bis zum 3. Jahrhundert n. Chr. genau zu rekonstruieren: Seiner Auffassung nach wurden die Zölle in der Zeit der Republik und des frühen Principats zunächst durch große *societates* eingezogen, deren Aufgabe später „kleinere Gesellschaften von *conductores* oder Einzelpächtern"[14] übernahmen. Rostovtzeff fasst das Ergebnis seiner Untersuchung der einschlägigen Inschriften wie folgt zusammen:

> Aus dieser Prüfung des Materials ergibt sich, dass die mit Tiberius Reformen begonnene Entwicklung allmählich dazu führte, dass die grossen Gesellschaften der *Publicani* mehr und mehr verschwanden und an ihre Stelle reiche Privatleute traten, die von den Kaisern als Ersatz für die derzeit noch nicht mögliche directe Erhebung der Zölle geduldet waren.[15]

Nach Nero geriet das Zollwesen immer stärker unter die Kontrolle der *Principes*, die zu einer direkten Besteuerung unter der Leitung von *procuratores* übergingen, wobei kaiserliche Freigelassene und Sklaven eine wichtige Rolle spielten. Rostovtzeff vermag dies gerade am Beispiel des in der Inschrift genannten M. Aurelius Mindius Matidianus Pollio zeigen, der Sklave der Matidia war, in den Besitz des Marcus Aurelius kam und von diesem dann freigelassen wurde.[16] Damit ist nicht nur die Inschrift datiert, sondern auch ein wichtiges Zeugnis für die Umwandlung des Zollwesens im 2. Jahrhundert n. Chr. gewonnen. Die πραγματευταί des Mindius Pollio waren nach Rostovtzeff Sklaven, deren Stellung mit der von *actores* von Privatleuten verglichen werden kann.[17]

Der junge Rostovtzeff, der bis zu diesem Zeitpunkt noch kein Examen abgelegt hatte, erweist sich bereits in diesem Aufsatz als ein Meister seiner Wissenschaft. Seine Ausführungen beeindrucken aufgrund der souveränen Auswertung sowohl der Inschriften und der antiken Texte als auch der modernen internationalen wissenschaftlichen Literatur. Es überrascht daher keineswegs, dass der Aufsatz Grundlage für die Magisterdissertati-

12 Vgl. Rostowzew 1896b.

13 Der österreichischer Althistoriker und Epigraphiker Emil Szanto (1857–1904) war 1893 außerordentlicher Professor für griechische Geschichte und Altertumskunde an der Universität Wien und untersuchte u. a. Inschriften aus Kleinasien; vgl. Pesditschek 2012. Die Inschrift: OGIS 525.

14 Rostowzew 1896b: 129.

15 Ebd.: 132.

16 Vgl. ebd.: 138.

17 Vgl. ebd.: 139.

on an der Universität St. Petersburg wurde;[18] dieses Werk erschien drei Jahre später auf Deutsch in einer überarbeiteten Fassung im Ergänzungsband der angesehenen deutschen Zeitschrift *Philologus*.[19] Rostovtzeff widmete die deutsche Ausgabe „in dankbarer Verehrung“ E. Bormann;[20] im Vorwort nannte er weitere deutsche Gelehrte:

> [...] ich fühle mich verpflichtet den Herausgebern des Corpus Inscriptionum Latinarum und an erster Stelle den Herren Prof. Bormann und Hülsen meinen tiefsten Dank für die gütige Erlaubniß, die noch nicht publizierten Bogen des Corpus zu benutzen, auszusprechen. Prof. Benndorf hat die Güte gehabt, mir den Zutritt zu den Scheden des kleinasiatischen Corpus zu gestatten.[21]

Die wichtigsten Quellen waren für diese Untersuchung die Inschriften und daneben für Ägypten auch die Papyri. In der Einleitung der Arbeit betont Rostovtzeff die Unentbehrlichkeit der Inschriften und Papyri für die Untersuchung der antiken Wirtschaft mit dem Argument, dass solche Gegebenheiten des antiken Alltagslebens wie die Steuererhebung in den literarischen Texten nur selten und meist oberflächlich berührt worden sind. Rostovtzeff beginnt mit einer Darstellung der Staatspacht im klassischen Griechenland, im hellenistischen Ägypten und im republikanischen Rom. Im Zentrum des Buches steht die Entwicklung der Staatspacht von den Steuerpachtgesellschaften der *publicani* hin zu einer direkten Erhebung der Steuern durch kaiserliche Steuerbeamten. Die Klärung der Frage, welche Formen der Steuereinziehung vorherrschten und welche Veränderungen die Steuerpacht in der Zeit der Principats durchlief, war für Rostovtzeff eine entscheidende Voraussetzung für die Rekonstruktion der wirtschaftlichen Verhältnisse im römischen Reich. Das Buch fand eine positive Resonanz: In Rezensionen wurde es als eine „gründliche und lehrreiche Arbeit“[22] bezeichnet, die „reich an trefflichen Einzelausführungen“[23] sei.

Bemerkenswert ist diese erste umfangreiche Monographie von Michail Rostovtzeff vor allem auch in Hinblick auf seine Entwicklung als Althistoriker. Schon zu Beginn seiner Karriere im zaristischen Russland – und nicht erst in den USA – betonte er die „Bedeutung der Wirtschaftsgeschichte der Menschheit für das Verständnis ihrer Schicksale“[24] und legte auf diese Weise den Schwerpunkt seiner eigenen Arbeit auf die Erforschung der sozio-ökonomischen Strukturen der Antike.

Ein weiterer, in diesem Fall russischer Aufsatz von Rostovtzeff aus dem Jahr 1896 ist hier erwähnenswert:[25] In der *Zeitschrift des Ministeriums für Volksaufklärung* edierte

18 Vgl. Rostovtzeff 1899a.
19 Vgl. Rostowzew 1902.
20 Ebd.: 1.
21 Ebd.: 4.
22 Widmann 1903: 606.
23 Brassloff 1903: 342.
24 Rostovtzeff 1899a: X.
25 Vgl. Rostovtzeff 1896a.

Rostovtzeff – dank „Prof. Bormanns liebenswürdiger Erlaubnis“[26] – zwei metrische Inschriften aus der Stadt Philippopolis in Thrakien; es handelt sich um eine lateinische Inschrift und eine griechische Weihinschrift für Apollon. Der Aufsatz bietet zunächst den Text und eine russische Übersetzung der lateinischen Inschrift. In seinen Ausführungen zu dieser Inschrift geht Rostovtzeff zunächst auf die Frage ein, aus welchem Grund eine lateinische Inschrift in einer rein griechischsprachigen Region aufgestellt wurde; in der Analyse des Epigramms gelangt Rostovtzeff dann zum Ergebnis, dass der mythologische Text auf Commodus zu beziehen ist, der als irdische Verkörperung des Herakles die Welt beherrscht und den Gott Phoibos Apollon um Frieden bittet. Diese Interpretation beruht ebenso wie die Datierung der Inschrift auf das Jahr 191 n. Chr. wesentlich auf der Auswertung der Münzbilder.

Die griechische Inschrift ist nur lückenhaft überliefert, weswegen Rostovtzeff auf eine Interpretation des Textes verzichtet; er weist aber darauf hin, dass diese Inschrift, die viele Reminiszenzen an Homer enthält, offensichtlich aus einer späteren Zeit stammt.

Nach der Reise mit Bormann durch Österreich konnte Rostovtzeff bereits 1897 seine Kenntnis der römischen Provinzen durch die Teilnahme an einer Expedition in Spanien vertiefen. Danach ging er nach Paris, wo er unter anderem im Cabinet des Médailles arbeitete. Auf diese Zeit ging auch seine Zusammenarbeit mit den französischen Numismatikern Ernest Babelon[27] und Maurice Prou[28] zurück, der nur wenig älter als Rostovtzeff war. Zusammen mit Prou verfasste Rostovtzeff eine Serie von Aufsätzen in der *Revue numismatique*[29] zu den römischen Bleitesserae, die später Gegenstand der Doktorarbeit wurden.

Im Frühjahr 1897 unternahm Rostovtzeff eine Reise nach Tunesien, wo er sich eineinhalb Monate aufhielt, und ging daraufhin nach London, wo er eineinhalb Wochen blieb. Anschließend kehrte er nach Paris zurück und ging dann nach Rom, der letzten Station seiner großen Auslandsreise, die er 1895 angetreten hatte.[30]

In diesen Jahren verfolgte Rostovtzeff mit großer Aufmerksamkeit die aktuellen Forschungen und die neueren Publikationen in der internationalen Epigraphik. Aufschlussreich hierfür sind zwei Arbeiten, in denen Rostovtzeff ältere Interpretationen einzelner Inschriften kritisch überprüft. In dem Aufsatz ΑΠΟΣΤΟΛΙΟΝ[31] untersucht er eine 1896 von P. Jouget edierte Inschrift aus Koptos, die auch in einer englischen Veröffentlichung über diese am Nil gelegene ägyptische Stadt ausführlich besprochen wird.[32] Nach Auffassung von Rostovtzeff ist der Text „sehr interessant für das Verständnis der aegyp-

26 Ebd.: 63.

27 Der Numismatiker und Archäologe Ernest Babelon (1854–1914) hatte von 1892 bis 1924 die Position des Direktos des Cabinet des Médailles inne; 1908 wurde er zum Präsidenten der Academie des Inscriptions et Belles-Lettres ernannt. Vgl. Schubert 2012: 41–42.

28 Zu Maurice Prou (1861–1930) vgl. Grand 1930: 843–850.

29 Vgl. Rostovtzeff & Prou 1897–1900.

30 Vgl. Zuev 1997a.

31 Rostowzew 1897a, 75–81. Die Inschrift: OGIS 674; IGR 1,1183. Vgl. Johnson 1936: no. 345.

32 Vgl. Jouget 1896; Flinders Petrie & Hogarth 1896: 27ff. Zu Pierre Jouget (1869–1949) vgl. Merlin 1950.

tischen Finanzverwaltung in der Kaiserzeit."[33] Die Inschrift enthält nach einer kurzen, in dem Aufsatz zitierten Einleitung eine Liste der Gebühren, die Seeleute und Frauen an die Pächter in Koptos für die Nutzung der Straße zur Küste des Roten Meeres zu entrichten hatten. Rostovtzeff hält die Erklärung des Textes bei Jouget für falsch, weil dieser das Amt des *praefectus montis Berenices* nicht richtig verstanden habe, und vertritt die Ansicht, dieser auch sonst auf Inschriften[34] genannte *praefectus* habe weder die Posten am erythräischen Meer und damit eine kleine Flotte befehligt, noch, wie Ruggiero meinte, gleichzeitig die Steinbrüche in der Gegend östlich des Nils verwaltet, sondern habe „das Oberkommando über Truppen [...], die sich in den Metalla zu deren Schutz befanden," innegehabt.[35] Rostovtzeff stimmt J. Jung zu, der annahm, dass der *praefectus montis Berenices* damit „Befehlshaber der Militärabteilungen" war, „die die Strasse aus Coptos nach Berenike und Μυὸς ὅρμος im Stande erhielten und beschützten.[36] Demnach war das ἀποστόλιον eine Reisetaxe, die für „den Schutz, den die Ararbarchie durch den *praefectus* den Karawanen gewährte," bezahlt wurde. Ursache der Aufstellung der Inschrift waren nach Rostovtzeff wohl Streitigkeiten wegen der Erhebung dieser Taxe.[37]

In einem weiteren, 1897 publizierten Aufsatz nimmt Rostovtzeff Stellung zur Interpretation des Grabreliefs des *eques singularis* Cocceius Eros, den der französische Althistoriker M. Besnier als *tablifer*, als Fahnenträger, bezeichnet hat.[38] Im Gegensatz zu Besnier hält Rostovtzeff die *tabula* an der Spitze des Stabes, den der Soldat in der linken Hand trägt, aufgrund der erkennbaren Fransen für ein *vexillum* und den *eques singularis* dementsprechend für einen *vexillarius*.[39] Charakteristisch für Rostovtzeffs wissenschaftliches Arbeiten in dieser Zeit ist die Tatsache, dass er sich nicht allein auf die Widerlegung der seiner Meinung nach falschen Zuordnung des *eques singularis* beschränkt; er versucht vielmehr, die Funktionen der *tabliferi* in der berittenen Leibwache des *Princeps* klar herauszuarbeiten.

Dabei begründet Rostovtzeff seine Argumentation entscheidend auch mit dem Hinweis auf zwei Münzen Neros, deren Rückseiten den Princeps bei der Verteilung des *congiarium* zeigen.[40]

Noch im Herbst 1897, vor seiner Rückkehr nach Russland, verfasste Rostovtzeff in Rom den Aufsatz ‚*Das Patrimonium und die Ratio Thesaurorum*', der 1898 in den Mitteilungen des Deutschen Archäologischen Instituts erschien.[41] Ausgehend von der Erwäh-

33 Rostowzew 1897a: 75.
34 Vgl. ILS 2698–2700.
35 Rostowzew 1897a: 78–79.
36 Ebd.: 79
37 Ebd.: 81.
38 Vgl. Besnier 1897. Zu Maurice Besnier (1873–1933) vgl. Lantier 1933; Heid 2012.
39 Vgl. Rostovtzeff 1897b.
40 Es handelt sich um die Darstellung des ersten und zweiten *congiarium* Neros. Zur Münze mit dem cong. II vgl. Kent et al. 1973, Nr. 194 (mit Abb.).
41 Vgl. Rostowzew 1898. Datiert ist der Aufsatz auf den 29. November 1897: ebd.: 123.

nung des *patrimonium* in den *res gestae*[42] des Augustus untersucht Rostovtzeff auf der Basis der Inschriften die Verwaltung des kaiserlichen Privatvermögens.

Seiner Auffassung nach wird der im *breviarium totius imperii* neben dem *aerarium* erwähnte *fiscus*[43] erst unter Claudius als Begriff „ebenso für die Verwaltung und Kasse des *Patrimoniums* [...] wie für die Gesammtheit der kaiserlichen Kassen zum Unterschied von *aerarium* gebraucht.“[44] Verwalter und Rechnungsführer im Haushalt des *Princeps* (*dispensatores* und *tabularii*) sind auf zahlreichen Inschriften dokumentiert;[45] die Verwaltung des kaiserlichen Privatvermögens war hoch differenziert; es gab die unterschiedlichsten Verwaltungsbereiche (*rationes*).[46] Daraus ergibt sich nach Rostovtzeff zwingend, dass „eine besondere centrale *ratio* existiert haben“ muss, obgleich eine derartige *ratio* in den Quellen nicht nachgewiesen werden kann, wie gerade Hirschfeld betont hat, den Rostovtzeff hier zitiert, dessen These, die Oberverwaltung sei die *ratio castrensis* gewesen, er aber ablehnt.[47] Rostovtzeff sieht hingegen in dem *procurator thesaurorum*, dessen Amt etwa in der Inschrift des M. Aurelius Prosenes (CIL VI 8498 = ILS 1738) erscheint, als Generalverwalter des *patrimonium*.[48] Die Karriere solcher auch sonst inschriftlich bezeugter *procuratores* macht es wahrscheinlich, dass es sich bei der *ratio thesaurorum* um die „Centralverwaltung der verschiedenen Rechnungsämter“ gehandelt hat, „die bei verschiedenen Zweigen des kaiserlichen Hofhaltes vorhanden waren.“[49] Erst in der Zeit der Severer verlor der *procurator thesaurorum* jegliche Bedeutung, an seine Stelle trat der *procurator rei privatae*.[50]

Im März 1898 war Rostovtzeffs wissenschaftliche Reise beendet, er kehrte nach St. Petersburg zurück. Wie die Wahl zum korrespondierenden Mitglied des Deutschen Archäologischen Instituts im Dezember 1898 zeigt, fanden die Arbeiten von Rostovtzeff eine weite Zustimmung in der Fachwelt.[51] 1899 verzeichnet die Liste seiner Publikationen bereits über 20 Titel.[52] Ein wichtiger Schritt in der wissenschaftlichen Karriere war die Ernennung zum Privatdozenten an der Universität in St. Petersburg im Januar 1899. Er begann seine Lehrtätigkeit am Lehrstuhl für Klassische Philologie und unterrichtete Alte Geschichte zunächst in den Höheren Frauenkursen. Äußeres Zeichen seiner beruflichen

---

42 R. Gest. div. Aug. 15,1. 17,2. 18. Vgl. *pecunia mea*: 17,1.
43 Suet. Aug. 101,4.
44 Rostowzew 1898: 109.
45 Vgl. ebd.: 111.
46 Ebd.: 113.
47 Ebd.: 114f.
48 Ebd.: 117.
49 Ebd.: 118.
50 Ebd.: 122–123.
51 Gerade auch die Beteiligung an der 1900 erschienenen Festschrift für Wolfgang Helbig bezeugt, dass Rostovtzeff bereits zum Kreis der anerkannten Altertumswissenschaftler gehörte. Vgl. Rostowzew 1900.
52 Vgl. Welles 1956; Gilliam 1987; Andreau 1988; Andreau 1989; Zuev 1997b.

und wissenschaftlichen Erfolge war schließlich die Aufnahme seiner Biographie in das russische enzyklopädische Wörterbuch *Brockhaus-Efron*.[53]

Es entsprach vollkommen den Schwerpunkten der Forschungen von Rostovtzeff in den zurückliegenden Jahren, wenn er in Russland weiterhin auf dem Gebiet der Epigraphik arbeitete. Im Auftrag des Russischen Archäologischen Instituts in Konstantinopel publizierte und interpretierte Rostovtzeff 1899 Inschriften aus Makedonien, die von Mitgliedern der Expedition im Sommer 1898 vor allem in der Umgebung der Städte Veria, Bitola sowie Edessa entdeckt worden waren.[54] Die Mehrheit dieser Inschriften stammte aus römischer bzw. aus spätrömischer Zeit. Zur Entlastung der ‚*Mitteilungen*' des Instituts wurde entschieden, alle wichtigen Grabinschriften der Redaktion des CIL für die Publikation im Supplement zu CIL III zu übergeben. Die griechischen Inschriften sollten jedoch wegen der „Unkenntnis in der Edition von Inschriften vom Corpus inscriptionum Graeciae septentrionalis"[55] vollständig publiziert werden.

Auf der Grundlage der Analyse von neun Inschriften, deren Text im Aufsatz wiedergegeben wird, untersucht Rostovtzeff das Koinon der Provinz, dem er eine größere politische und soziale Bedeutung als bisher angenommen zuschreibt. Nach Auffassung von Rostovtzeff existierte das Koinon als Institution seit Einrichtung der Provinz Macedonia und unterlag seit dem Ende des 1. Jahrhunderts n. Chr. einem erheblichen Wandel, der auf den Herrscherkult zurückzuführen ist. Veria wurde im Verlauf des 1. und 2. Jahrhunderts zum Zentrum des makedonischen Koinons. Der Aufsatz bietet einen Überblick über die Rolle einzelner Akteure in diesen Versammlungen, wobei Rostovtzeff vor allem die Funktionen des Koinons im Leben der makedonischen Städte interessierten. Bemerkenswert ist dabei, dass Rostovtzeff das Koinon mit den *Zemstvo*-Versammlungen im zaristischen Russland seiner Zeit vergleicht.[56] Zu den Aufgaben sowohl des antiken Koinons als auch seines russischen Pendants gehörten die „Verwaltung des gesamten munizipalen Lebens in den Provinzen, die Vertretung in den Fragen der inneren Finanzverwaltung, sowohl in den Angelegenheiten der Steuererhebung als auch in der inneren Organisation des Zemstvo-Betriebs: die Pflege der Straßen, die Aufrechterhaltung der Ordnung innerhalb der Provinz, ihre ständige Versorgung mit Bedarfsgütern [...]".[57] Diese Überlegungen führen Rostovtzeff zu dem Schluss, dass Makedonien sich in seinem Munizipalleben in keiner Weise vom griechischen Osten unterschieden hat.

Bereits der Überblick über die vor 1900 publizierten Aufsätze Rostovtzeffs zu Themen der Epigraphik zeigen den jungen Historiker als einen Gelehrten, der selbstbewusst die Thesen anderer Altertumswissenschaftler kritisch prüft, seine eigenen Auffassungen entschieden vorträgt und das gesamte Quellenmaterial zur Sozial-, Wirtschafts- und Verwaltungsgeschichte souverän überblickt und beherrscht. Zur Erklärung der Inschrif-

53 Vgl. Andreevskij 1899.
54 Vgl. Rostovtzeff 1899b.
55 Ebd.: 167.
56 Die *Zemstva* waren 1864 als regionale Selbstverwaltungsorgane auf Kreis- und Gouvernementsebene im Zarenreich eingeführt worden. Ausführlich dazu Hildermeier 2013: 899–909.
57 Rostovtzeff 1899b: 187.

ten zieht er die historiographische Überlieferung[58] ebenso selbstverständlich heran wie Münzen.[59] Der Aufenthalt in Westeuropa hatte für Rostovtzeff ohne Zweifel eine herausragende Bedeutung; er wurde bei E. Bormann in Wien in die Methoden der Epigraphik eingeführt, er konnte enge Kontakte mit zahlreichen bedeutenden Vertretern der deutschen, österreichischen, französischen und italienischen Altertumswissenschaften knüpfen und erhielt die Chance, seine deutschsprachigen Aufsätze in anerkannten westeuropäischen Fachzeitschriften zu publizieren, so dass sie in Westeuropa auch von jenen Gelehrten wahrgenommen wurden, die russischsprachige Publikationen nicht lesen konnten und daher keinen Zugang zur russischen Wissenschaft hatten. Umgekehrt war Rostovtzeff fähig, die westeuropäische wissenschaftliche Forschung angemessen zu rezipieren und für seine eigenen Fragestellungen auszuwerten. Dabei waren für ihn besonders die Edition neugefundener Inschriften von Belang: Solche Publikationen regten ihn immer wieder zur Untersuchung grundlegender Fragen der römischen Sozial- und Wirtschaftsgeschichte an.

Charakteristisch für die frühen Arbeiten Rostovtzeffs ist die Einsicht, dass die Inschriften als Ergänzung der lückenhaften literarischen Überlieferung für die altertumswissenschaftliche Forschung unentbehrlich sind. Aber trotz der intensiven Beschäftigung mit den Inschriften spezialisierte sich Rostovtzeff nicht vollständig auf die Epigraphik, für ihn standen die historischen Fragen und Probleme stets im Zentrum seiner Arbeiten; dabei waren die Inschriften neben den Papyri und den Münzen nur eine, wenn auch sehr wichtige Quellengattung, die ihm allerdings wichtige Impulse gerade auch für die Erforschung der antiken Sozial- und Wirtschaftsgeschichte vermittelte. Die Publikationen des jungen Rostovtzeff waren in dieser Hinsicht wegweisend für die beiden bedeutenden, in den USA verfassten Werke zur Sozial- und Wirtschaftsgeschichte des römischen Reiches und des Hellenismus.

Bibliographie

Andreau 1988 = Andreau, J., Bibliographie des Oeuvres de Rostovtzeff, in: Rostovtzeff, M., Histoire économique et sociale de l'Empire Romain, Paris 1988, 645–675.

Andreau 1989 = Andreau, J., Bibliographie des Oeuvres de Rostovtzeff, in: Rostovtzeff, M., Histoire économique et sociale de Monde Hellènistique, Paris 1989, 1273–1309.

Andreevskij 1899 = Andreevskij, I. (Hrsg.), s. v. Michail Ivanovič Rostovtzeff, Ėnciklopedičeskij slovar' [Das Enzyklopädische Wörterbuch] Brockhaus-Efron 54 (1899), 132.

Besnier 1897 = Besnier, M., Note sur une inscription inédite trouvée à Rome, Mélanges de l'école française de Rome 17 (1897), 145–151.

Brassloff & Rostowzew 1903 = Brassloff, S. & Rostowzew, M., Geschichte der Staatspacht in der römischen Kaiserzeit bis auf Diocletian, Vierteljahrschrift für Sozial- und Wirtschaftsgeschichte 1/2 (1903), 340–343.

58 Vgl. Anm. 13, 42.

59 Vgl. Anm. 40.

Christ 1990 = Christ, K., Von Gibbon zu Rostovtzeff. Leben und Werk führender Althistoriker der Neuzeit, Darmstadt 1972, 334–349.

Fears & Rostovtzeff 1990 = Fears, R. & Rostovtzeff, M., in: Briggs, W.W. & Calder, W.M. (eds.), Classical Scholarship, New York 1990, 405–418.

Flinders Petrie & Hogarth 1896 = Flinders Petrie, W.M. & Hogarth, D.G. (Hrsg.), Koptos, London 1896.

Frolov 2006 = Frolov, Ė., Russkaja nauka ob antičnosti [Russische Altertumswissenschaft], St. Petersburg 2006, 205–234.

Gilliam 1987 = Gilliam, J.F., Addenda to the Bibliography of M. I. Rostovtzeff, Historia 36 (1987), 1–8.

Grand 1930 = Grand, R., Maurice Prou, Revue historique de droit français et étranger 9 (1930), 843–850.

Heid 2012 = Heid, S., s. v. Maurice Besnier, in: Heid, S. & Dennert, M. (Hrsg.), Personenlexikon zur Christlichen Archäologie. Forscher und Persönlichkeiten vom 16. bis zum 21. Jahrhundert, Bd. 1, Regensburg 2012, 174.

Heinen 1986 = Heinen, H., G. Vernadskys Notiz zum 60. Geburtstag von M. I. Rostovtzeff (10.11.1930), in: Kalcyk, H. (Hrsg.), Studien zur Alten Geschichte, Bd. 2, Rom 1986, 381–395.

Heinen 2006 = Heinen, H., Michael Ivanovich Rostovtzeff, in: Raphael, L. (Hrsg.), Klassiker der Geschichtswissenschaft, Bd. 1, München 2006, 172–189.

Hildermeier 2013 = Hildermeier, M., Geschichte Russlands, München 2013.

Johnson 1936 = Johnson, A.C., Roman Egypt to the Reign of Diocletian, Beltimore – London 1936 [= ESAR vol. 2].

Jouget 1896 = Jouguet, P., Inscriptions grecques d'Égypte, Bulletin de correspondance hellénique 20 (1896), 167–196.

Kent et al.1933 = Kent, J.P.C. et al. (Hrsg.), Die römische Münze, München 1973.

Lantier 1933 = Lantier, R., Maurice Besnier, Revue archéologique 6 (1933), 237–239.

Mau 1895 = Mau, A., Bibliografia pompeiana: M. I. Rostovtzeff, Gli ultimi scavi di Pompei. St. Pietroburgo 1894 (Estr. Dal Giorn. Del Ministero della Istr. Pubblica), Mitteilungen des Deutschen Archäologischen Instituts. Römische Abteilung 10 (1895), 218–219.

Merlin 1950 = Merlin, A., Notice sur la vie et les travaux de M. Pierre Jouguet, membre de l'Académie, Comptes rendus des séances de l'Académie des Inscriptions et Belles-Lettres 4 (1950), 392–406.

Obermayer-Marnach 1815–1950 = Obermayer-Marnach, E., s. v. Bormann, Eugen, Österreichisches Biographisches Lexikon 1 (1957), 102–103.

Pesditschek 2012 = Pesditschek, M., s. v. Szanto (Szántó), Emil, Österreichisches Biographisches Lexikon 14 (2012), 114.

Rostovtzeff 1894 = Rostovtzeff, M., O novejšich raskopkach v Pompejach [Über die neuesten Ausgrabungen in Pompeji], Žurnal Ministerstva narodnogo prosveščenija 5 (1894), 45–101.

Rostovtzeff 1895 = Brief M. Rostovtzeffs an I. Pomjaovskij vom 30.12.1895 (auf Russisch), in: Handschriftenabteilung der Russischen Staatsbibliothek St. Petersburg 608/1/1209.

Rostovtzeff 1896a = Rostovtzeff, M., Dve metričeskie nadpisi iz Filippopolja [Zwei metrische Inschriften aus Philippopolis], Žurnal Ministerstva narodnogo prosveščenija 5/6 (1896), 63–68/139–142.

Rostowzew 1896b = Rostowzew, M., Eine neue Inschrift aus Halikarnass, AEMÖ 19 (1896), 127–141.

Rostovtzeff 1896c = Brief M. Rostovtzeffs an I. Pomjalovskij vom 8.4.1896, in: Handschriftenabteilung der Russischen Staatsbibliothek St. Petersburg 608/1/1209.

Rostovtzeff 1896d = Rostovtzeff, M., Vtoroj otčet o komandirovke magistranta M. Rostovceva [Der zweite Bericht des Magisters M. Rostovcev], Juni 1895–Januar 1896, Wien 20.1.1896, in: Handschriftenabteilung der Staatsbibliothek St. Petersburg 608/1/107.

Rostowzew 1897a = Rostowzew, M., ΑΠΟΣΤΟΛΙΟΝ, Mitteilungen des Deutschen Archäologischen Instituts. Römische Abteilung 12 (1897), 75–81.

Rostovtzeff 1897b = Rostovtzeff, M., Tablifer, in: Commentationes Philologicae. Sbornik statej v čest' [Sammelband zu Ehren von] I. V. Pomjalovskij, St. Petersburg 1897, 131–136.

Rostovtzeff & Prou 1897–1900 = Rostovtzeff, M. & Prou, M. (éds.), Étude sur les plombs antiques. Catalogue des plombs de l'antiqué, Revue numismatique (1897), 462–493 (I); 1898, 77–102, 251–286, 457–477 (II); 1899, 22–61, 199–219, 278–337, 417–460 (III); 1900, 52–73, 152–185, 313–354 (IV).

Rostowzew 1898 = Rostowzew, M., Das Patronium und die Ratio Thesaurorum, Mitteilungen des Deutschen Archäologischen Instituts. Römische Abteilung 13 (1898), 108–123.

Rostovtzeff 1899a = Rostovtzeff, M., Istorija gosudarstvennogo otkupa v Rimskoj imperii (ot Avgusta do Diokletiana) [Geschichte der Staatspacht in der römischen Kaiserzeit (von Augustus bis Diokletian)], St. Petersburg 1899.

Rostovtzeff 1899b = M. Rostovtzeff, Nadpisi iz Makedonii [Inschriften aus Makedonien], Mitteilungen des Russischen Archäologischen Instituts in Konstantinopel 4/3 (1899), 166–188.

Rostowzew 1900 = Rostowzew, M., Livia und Julia, in: Strena Helbigiana: sexagenario obtulerunt amici, Leipzig 1900, 262–264.

Rostowzew 1902 = Rostowzew, M., Geschichte der Staatspacht in der römischen Kaiserzeit bis Diokletian, Berlin 1902 («Philologus», Ergänzungsbd. 9).

Rostovtzeff 1903a = Rostovtzeff, M., Rimskie svincovye tessery [Römische Bleitesserae], St. Petersburg 1903.

Rostovtzeff 1903b = Rostovtzeff, M., Tesserarum Urbis Romae et Suburbi Plumbearum Sylloge, St. Petersburg 1903.

Rostowzew 1905 = Rostowzew, M., Römische Bleitesserae. Ein Beitrag zur Sozial- und Wirtschaftsgeschichte der römischen Kaiserzeit, Leipzig 1905 (Klio Beiheft 3).

Rostovtzeff 1924 = Rostovtzeff, M., Stranički vospominanij [Seiten der Erinnerungen] vom 10.8.1924, in: Kyzlasova, I. (ed.), Kondakov, Nikodim. Vospominanija i dumy, Moskau 2002, 211–216.

Schneider 2012 = Schneider, H., s. v. Rostovtzeff, Michael Iwanowitsch, Der Neue Pauly Suppl. 6 (2012), 1083–1090.

Schubert 2012 = Schubert, H., s. v. Babelon, Ernest, Der Neue Pauly Suppl. 6 (2012), 41–42.

Sokolov 1867 = Sokolov, F., Zamečanija o spiskach dani sojuznikov afinskich [Anmerkungen zu Tributlisten der Athener Verbündeten], in: Trudy II. Archeologičeskogo s"ezda 1876.

Sokolov 1879 = Sokolov, F., Afinskoe postanovlenie v čest'Aristomacha Argosskogo [Athener Beschluss zu Ehren des Aristomachos von Argos], Žurnal Ministerstva narodnogo prosveščenija 11 (1879), 369–417.

Sokolov 1886 = Sokolov, F., Tret'e stoletie do R. Chr. [Das dritte Jahrhundert vor Chr.], Žurnal Ministerstva narodnogo prosveščenija 7 (1886), 29–45.

Widmann 1903 = Widmann, H., Rostowzew, Geschichte der Staatspacht in der römischen Kaiserzeit bis Diokletian (Philolog. Ergänzungsband IX, S. 331–512), Gymnasium 17 (1903), 606.

Welles 1956 = Welles, C.B., Bibliography – M. Rostovtzeff, Historia 5 (1956), 358–382.

Wes 1990 = Wes, M.A., Michael Rostovtzeff, Historian in Exile. Russian Roots in an American Context, Stuttgart 1990.

Žebelev 1968 = Žebelev, S., Iz universitetskich vospominanij [Aus universitären Erinnerungen], Vestnik drevnej istorii 3 (1968), 158–175.

Zuev 1997a = Zuev, V., M. I. Rostovtzeff. Gody v Rossii [Die Jahre in Russland], in: Bongard-Levin, G. (ed.), Skifskij Roman, Moskau 1997, 56–62.

Zuev 1997b = Zuev, V., Materialy k bibliografii M.I.Rostovceva [Materialien zur Bibliographie M.I. Rostovtzeffs], in: Bongard-Levin, G. (Hrsg.), Skifskij Roman, Moskau 1997, 200–230.

Schriftenverzeichnis

Werner Eck

I. Bücher

Selbstständige Publikationen

1. Senatoren von Vespasian bis Hadrian. Prosopographische Untersuchungen mit Einschluß der Jahres- und Provinzialfasten der Statthalter, München 1970 (Vestigia 13).
2. Die staatliche Organisation Italiens in der Hohen Kaiserzeit, München 1979 (Vestigia 28).
3. Die Statthalter der germanischen Provinzen vom 1.–3. Jh., Bonn 1985 (Epigraphische Studien 14).
4. Sklaven und Freigelassene in der Gesellschaft der römischen Kaiserzeit. Textauswahl und Übersetzung, hg. mit J. Heinrichs, Darmstadt 1993.
5. Agrippina – die ‚Stadtgründerin' Kölns. Eine Frau in der frühkaiserzeitlichen Politik, Köln ^{2}1993.
6. Die Verwaltung des römischen Reiches in der Hohen Kaiserzeit. Ausgewählte und erweiterte Beiträge, Bd. 1, hg. R. Frei-Stolba & M.A. Speidel, Basel 1995.
7. (mit A. Caballos & F. Fernández) Das senatus consultum de Cn. Pisone patre, München 1996 (Vestigia 48).
8. (mit A. Caballos & F. Fernández) El senadoconsulto de Gneo Pisón padre, Sevilla 1996.
9. Tra epigrafia, prosopografia e archeologia. Scritti scelti, rielaborati ed aggiornati, Rom 1996 (Vetera 10).
10. Augustus und seine Zeit, München 1998, ^{2}2000, ^{3}2003, ^{4}2006, ^{5}2009, ^{6}2014.
11. Die Verwaltung des römischen Reiches in der Hohen Kaiserzeit. Ausgewählte und erweiterte Beiträge, Bd. 2, hg. R. Frei-Stolba & M.A. Speidel, Basel 1998.
12. L'Italia nell'Impero Romano. Stato e amministrazione in epoca imperiale, Bari ^{2}1999.
13. Augusto e il suo tempo, übersetzt v. C. Salvaterra, Bologna 2000.
14. Augusto y su tiempo, Madrid 2001.
15. The Age of Augustus, Oxford 2002, ^{2}2007.

16. Augustus a jeho doba, Prag 2004.
17. Köln in römischer Zeit. Geschichte einer Stadt im Rahmen des Imperium Romanum, Köln 2004.
18. Rom herausfordern: Bar Kochba im Kampf gegen das Imperium Romanum. Das Bild des Bar Kochba-Aufstandes im Spiegel der neuen epigraphischen Überlieferung, Rom 2007.
19. La Romanisation de la Germanie, Paris 2007.
20. Rom und Judaea. Fünf Vorträge zur römischen Herrschaft in Palaestina, Tübingen 2007.
21. Roms Wassermanagement im Osten. Staatliche Steuerung des öffentlichen Lebens in den römischen Provinzen?, Kassel 2008 (Kasseler Universitätsreden 17).
22. Monument und Inschrift. Gesammelte Aufsätze zur senatorischen Repräsentation der Kaiserzeit, hg. W. Ameling & J. Heinrichs, Berlin 2010.
23. Spurensuche: Juden im römischen Köln. Schriftenreihe der Gesellschaft zur Förderung eines Hauses und Museums der jüdischen Kultur in Köln 1/2011, Köln 2011.
24. Bürokratie und Politik. Administrative Routine und politische Reflexe in Bürgerrechtskonstitutionen der römischen Kaiser, Wiesbaden 2012.
25. Judäa – Syria Palästina. Die Auseinandersetzung einer Provinz mit römischer Politik und Kultur, Tübingen 2014.
26. Die Gestaltung der Welt: Augustus und die Anfänge des römischen Köln, Köln 2014.
27. Η εποχή του Αυγούστου, übersetzt von Ανδρέας Ν. Μιχαλόπουλος, Athen 2014.
28. D. Kienast & W. Eck & M. Heil, Römische Kaisertabelle, Grundzüge einer römischen Kaiserchronologie, Darmstadt [6]2017.
29. Armin Eich & Peter Eich & Werner Eck, Die Inschriften von Sagalassos, Bd. 1, Bonn 2018.

Herausgeberschaften

1. Studien zur antiken Sozialgeschichte, Festschrift F. Vittinghoff, hg. mit H. Galsterer & H. Wolff, Köln 1980.
2. Gedenkschrift für H.-G. Pflaum, ZPE 43, 1981.
3. Heer und Integrationspolitik. Die römischen Militärdiplome als historische Quelle, hg. mit H. Wolff, Köln 1986 (Passauer Historische Forschungen 2).
4. Religion und Gesellschaft in der römischen Kaiserzeit. Kolloquium zu Ehren Fr. Vittinghoffs, Köln 1989 (Kölner Historische Abhandlungen 35).
5. Die Stadt in Oberitalien und den nordwestlichen Provinzen des römischen Reiches. Deutsch-Italienisches Kolloquium Mai 1989, hg. mit H. Galsterer, Mainz 1991 (Kölner Archäologische Forschungen 4).
6. Prosopographie und Sozialgeschichte. Studien zur Methodik und Erkenntnismöglichkeit der kaiserzeitlichen Prosopographie, Köln 1993.

7. Civitas Romana. Stadt und politisch-soziale Integration im Imperium Romanum der Kaiserzeit, Fr. Vittinghoff, Stuttgart 1994.
8. Lokale Autonomie und römische Ordnungsmacht in den kaiserzeitlichen Provinzen, Kolloquien des Historischen Kollegs, München 1999.
9. Kaiser, Heer und Gesellschaft in der römischen Kaiserzeit. Gedenkschrift für Eric Birley, hg. mit G. Alföldy & B. Dobson, Stuttgart 2000.
10. Senatores populi Romani. Realität und mediale Präsentation einer Führungsschicht, hg. mit M. Heil, Stuttgart 2005.
11. Die Tetrarchie: Ein neues Regierungssystem und seine mediale Präsentation, hg. mit D. Boschung, Wiesbaden 2006.
12. Prosopographia Imperii Romani saec. I. II. III., Pars VII fasc. 2, hg. mit M. Heil & K. Wachtel, Berlin 2006.
13. Prosopographia Imperii Romani saec. I. II. III., Pars VIII fasc. 1, hg. mit M. Heil & J. Heinrichs, Berlin 2009.
14. Köln in der Zeit des Nationalsozialismus. 1933–1945, hg. mit H. Matzerath, Köln 2009 (Geschichte der Stadt Köln 12).
15. Corpus Inscriptionum Iudaeae/Palaestinae. vol. 1/1: Jerusalem: 1–704, hg. mit H. M. Cotton & L. di Segni & B. Isaac & A. Kushnir-Stein & H. Misgav & J. Price & I. Roll & A. Yardeni, with the assistance of M. Heimbach & N. Schneider, Berlin 2010.
16. Köln im eisernen Zeitalter. 1610–1686, hg. mit H.-W. Bergerhausen, Köln 2010 (Geschichte der Stadt Köln 6).
17. Corpus Inscriptionum Iudaeae/Palaestinae. vol. 2: Caesarea and the Middle Coast: 1121–2160, hg. mit W. Ameling & H. M. Cotton & B. Isaac & A. Kushnir-Stein & H. Misgav & J. Price & A. Yardeni, with the assistance of M. Heimbach & D. Koßmann & N. Schneider, Berlin 2011.
18. Corpus Inscriptionum Iudaeae/Palaestinae. vol. 1/2: Jerusalem: 705–1120, hg. mit H. M. Cotton & L. di Segni & B. Isaac & A. Kushnir-Stein & H. Misgav & J. Price & I. Roll & A. Yardeni, with the assistance of M. Heimbach & N. Schneider, Berlin 2012
19. Köln in preußischer Zeit. 1815–1871, hg. mit J. Herres, Köln 2012 (Geschichte der Stadt Köln 9).
20. Studia Epigraphica in memoriam Géza Alföldy, hg. mit B. Fehér & P. Kovács, Bonn 2013.
21. Corpus Inscriptionum Iudaeae/Palaestinae. vol. 3: South Coast: 2161–2648, hg. mit W. Ameling & H. M. Cotton & B. Isaac & A. Kushnir-Stein & H. Misgav & J. Price & A. Yardeni, with the assistance of M. Heimbach & D. Koßmann, Berlin 2014.
22. ÖFFENTLICHKEIT – MONUMENT – TEXT. XIV Congressus Internationalis Epigraphiae Graecae et Latinae Akten, hg. mit P. Funke, Berlin 2014.
23. Rome, Judaea and its Neighbors. Special Issue in Honor of Hannah M. Cotton, hg. mit R. Feig Vishnia & R. Zelnick-Abramovitz, Jerusalem 2014 (Scripta Classica Israelica 33).
24. Für Köln. Leben für die Stadt. Gedenkschrift für Hanns Schaefer, Köln 2014.

25. Prosopographia Imperii Romani saec. I. II. III., Pars VIII fasc. 2, hg. mit M. Heil & J. Heinrichs, Berlin 2015.
26. Köln im Hochmittelalter. 1074/75–1288. Entstehung und Aufstieg der bürgerschaftlichen Stadt, hg. mit H. Stehkämper & C. Dietmar, Köln 2016 (Geschichte der Stadt Köln 3).
27. Köln im Ancien Régime, 1686–1794, hg. mit G. Schwerhoff, Köln 2017 (Geschichte der Stadt Köln 7).
28. Prosopographie des Römischen Kaiserreichs – Ertrag und Perspektiven. Kolloquium aus Anlass der Vollendung der Prosopographia Imperii Romani, hg. mit M. Heil, Berlin 2018.
29. Corpus Inscriptionum Iudaeae/Palaestinae. vol. 4: Iudaea-Idumaea: 2649–3978, hg. mit W. Ameling & H. M. Cotton & A. Ecker & B. Isaac & H. Misgav & J. Price & P. Weiß & A. Yardeni, with the assistance of M. Heimbach & D. Koßmann, Berlin 2018.
30. Diocleziano e la frontiera giuridica dell'impero, hg. mit S. Puliatti, Pavia 2018.
31. Köln im Kaiserreich 1871–1918, hg. mit Th. Mergel, Köln 2018 (Geschichte der Stadt Köln 10).
32. Zeitschrift für Papyrologie und Epigraphik Bde. 38–207, herausgegeben zusammen mit anderen Kolleginnen und Kollegen.

II. Aufsätze

1. Die Eroberung von Masada und eine neue Inschrift des L. Flavius Silva Nonius Bassus, ZNTW 60 (1969), 282–289.
2. Die Legaten von Lykien und Pamphylien unter Vespasian, ZPE 6 (1970), 65–75.
3. Das Eindringen des Christentums in den Senatorenstand bis zu Konstantin d. Gr., Chiron 1 (1971), 381–406.
4. Zur Verwaltungsgeschichte Italiens unter Marc Aurel. Ein iuridicus per Flaminiam et Transpadanam, ZPE 8 (1971), 71–79.
5. Prosopographische Bemerkungen zum XII. Supplementband der Real-Encyklopädie, ZPE 8 (1971), 81–92.
6. Zum Rechtsstatus von Sardinien im 2. Jh. n. Chr., Historia 20 (1971), 510–512.
7. Bemerkungen zum Militärkommando in den Senatsprovinzen der Kaiserzeit, Chiron 2 (1972), 429–436.
8. Zum Ende der legio IX Hispana, Chiron 2 (1972), 459–462.
9. Die Laufbahn des L. Antonius Albus, Suffektkonsul unter Hadrian, Epigraphische Studien 9 (1972), 17–23.
10. Zu den prokonsularen Legationen in der Kaiserzeit, Epigraphische Studien 9 (1972), 24–36.
11. Die Familie der Volusii Saturnini in neuen Inschriften aus Lucus Feroniae, Hermes 100 (1972), 461–484.

12. M. Pompeius Silvanus, consul designatus tertium – Vertrauter Vespasians und Domitians, ZPE 9 (1972), 259–276.
13. Über die prätorischen Prokonsulate in der Kaiserzeit. Eine quellenkritische Überlegung, Zephyrus 23 (1972/73), 233–260.
14. Die Kölner Neroinschrift – eine Bauinschrift, Kölner Jahrbuch für Vor- und Frühgeschichte 13 (1972/73), 89–91.
15. Sozialstruktur des römischen Senatorenstandes der hohen Kaiserzeit und statistische Methode, Chiron 3 (1973), 375–394.
16. Zu zwei römischen Inschriften, Hispania antiqua 3 (1973), 299–309.
17. Beförderungskriterien innerhalb der senatorischen Laufbahn, dargestellt an der Zeit von 69 bis 138 n. Chr., ANRW II 1 (1974), 158–228.
18. Ein senatorischer Cursus honorum aus der Mitte des 3. Jh. n. Chr., Chiron 4 (1974), 533–540.
19. Zu drei ephesischen Inschriften, ZPE 14 (1974), 163–167.
20. Ca. 500 Artikel zu Personen des Senatoren- und Ritterstandes, RE Suppl. XIV, 1974.
21. Die regionale Organisation der italischen Iuridikate, ZPE 18 (1975), 155–166.
22. Beobachtungen zu kaiserlichen Beauftragten der Alimentarinstitution, ZPE 18 (1975), 89–99.
23. Bemerkungen zu den Fasti consulares des 1. und 2. Jh.s n. Chr., Historia 24 (1975), 324–344.
24. Die claudische Kolonie Apri in Thrakien, ZPE 16 (1975), 295–299.
25. Die Laufbahn eines Ritters aus Apri in Thrakien. Ein Beitrag zum Ausbau der kaiserlichen Administration in Italien, Chiron 5 (1975), 365–392.
26. Neros Freigelassener Epaphroditus und die Aufdeckung der pisonischen Verschwörung, Historia 25 (1976,) 381–384.
27. Ein fragmentarischer epigraphischer Text aus Aachen, Epigraphische Studien 11 (1976), 43–47.
28. (mit Th. Drew-Bear) Kaiser-, Militär- und Steinbruchinschriften aus Phrygien, Chiron 6 (1976), 289–318.
29. Die Griechen unter der lex Romana, History of the Hellenic World VI, Athen 1977, 5–68.
30. (mit Th. Drew-Bear & P. Herrmann) Sacrae Litterae, Chiron 7 (1977), 355–383.
31. Miscellanea consularia, ZPE 25 (1977), 227–240.
32. Zur Erhebung der Erbschafts- und Freilassungssteuer in Ägypten im 2. Jh. n. Chr., ZPE 27 (1977), 201–209.
33. Ca. 300 Artikel zu Personen des Senatoren- und Ritterstandes, RE Suppl. XV, 1978.
34. Der Einfluß der konstantinischen Wende auf die Auswahl der Bischöfe im 4. und 5. Jahrhundert, Chiron 8 (1978), 561–585.
35. Zum neuen Fragment des sogenannten testamentum Dasumii, ZPE 30 (1978), 277–295.
36. Abhängigkeit als ambivalenter Begriff: Zum Verhältnis von Patron und Libertus, Memorias de Historia Antigua 2 (1978), 41–50.

37. (mit R. Merkelbach) Inschrift für einen Senator aus dem Kaystrostal, ZPE 33 (1979), 148.
38. Iscrizioni nuove dall' Etruria meridionale (Supplemento a CIL, XI), Epigraphica 41 (1979), 89–118.
39. Alte Geschichte, Lateinische Epigraphik und Prosopographie, Aus Lehre und Forschung 3 (1979), I–III. Beilage zu: Campus 3 (1979).
40. Neue Inschriften aus Südetrurien, ZPE 36 (1979), 219–225.
41. Die Anfänge des römischen Köln und seine politisch-administrative Stellung in der Hohen Kaiserzeit, Geschichte in Köln 4 (1979), 4–24.
42. Ein Supplement zu CIL XI, in: Actes du VIIe Congrès international d'épigraphie grecque et latine 1977, Bukarest 1979, 363–365.
43. Christen im höheren Reichsdienst im 2. und 3. Jahrhundert? Zu zwei Thesen Th. Klausers, Chiron 9 (1979), 449–464.
44. Wahl von Stadtpatronen mit kaiserlicher Beteiligung?, Chiron 9 (1979), 489–494.
45. Die Präsenz senatorischer Familien in den Städten des Imperium Romanum bis zum späten 3. Jahrhundert, in: Studien zur antiken Sozialgeschichte, Festschrift F. Vittinghoff, Köln 1980, 283–322.
46. Epigraphische Untersuchungen zu Konsuln und Senatoren des 1.–3. Jh. n. Chr., ZPE 37 (1980), 31–68.
47. Rom, sein Reich und seine Untertanen. Zur administrativen Umsetzung von Herrschaft in der Hohen Kaiserzeit, Geschichte in Köln 7 (1980), 5–31.
48. Traian als Stifter der Alimenta auf einer Basis aus Terracina, Archäologischer Anzeiger (1980), 265–269.
49. (mit E. Pack) Inschriften aus dem Campo Santo Teutonico in Rom, Chiron 10 (1980), 493–507.
50. Palästina, Syrien, Kleinasien (Römerzeit), in: Der Große Ploetz, Freiburg [29]1980, 302–310.
51. Miscellanea prosopographica, ZPE 42 (1981), 227–256.
52. Altersangaben in senatorischen Grabinschriften: Standeserwartungen und ihre Kompensation, ZPE 43 (1981), 127–134.
53. (mit E. Pack) Das römische Heba. Materialien aus der Vorarbeit zu CIL XI Suppl. alterum, Chiron 11 (1981), 139–168.
54. Die fistulae aquariae der Stadt Rom: Zum Einfluß des sozialen Status auf administratives Handeln, in: Epigrafia e Ordine Senatorio I, (Tituli 4/5), a cura di S. Panciera, Rom 1982 [1984], 197–225.
55. (mit J. Šašel) Settidii von Pola, in: Epigrafia e Ordine Senatorio I, (Tituli 4/5), a cura di S. Panciera, Rom 1982 [1984], 481–484.
56. Fasti consulares, in: Epigrafia e Ordine Senatorio I, (Tituli 4/5), a cura di S. Panciera, Rom 1982 [1984], 587.
57. Senatoren aus Germanien, Raetien, Noricum?, in: Epigrafia e Ordine Senatorio II, (Tituli 4/5), a cura di S. Panciera, Rom 1982 [1984], 539–552.
58. Handelstätigkeit christlicher Kleriker in der Spätantike, Memorias de Historia antigua 4 (1982), 127–137.

59. Prokonsuln von Asia in der flavisch-traianischen Zeit, ZPE 45 (1982), 139–153.
60. Hadrian als pater patriae und die Verleihung des Augusta-Titels an Sabina, in: Romanitas-Christianitas. Untersuchungen zur Geschichte und Literatur der römischen Kaiserzeit. Festschrift für J. Straub zum 70. Geb., hg. G. Wirth & K.-H. Schwarte & J. Heinrichs, Berlin 1982, 217–229.
61. (mit R. Merkelbach) An Inscribed Altar from the Roman Temple at Kadesh (upper Galilee), ZPE 49 (1982), 155–158.
62. Einfluß korrupter Praktiken auf das senatorisch-ritterliche Beförderungswesen in der Hohen Kaiserzeit, in: Korruption im Altertum, hg. W. Schuller, München 1982, 135–151.
63. Jahres- und Provinzialfasten der senatorischen Statthalter von 69/70 bis 138/139. 1. Teil, Chiron 12 (1982), 281–362.
64. Der Episkopat im spätantiken Afrika: Organisatorische Entwicklung, soziale Herkunft und öffentliche Funktion, HZ 236 (1983), 265–295.
65. Zur Familie der Neratii aus Saepinum, ZPE 50 (1983), 195–201.
66. Jahres- und Provinzialfasten der senatorischen Statthalter von 69/70 bis 138/139. 2. Teil, Chiron 13 (1983), 147–237.
67. C. Gabinius Barbarus Pompeianus als Statthalter Obermösiens im Jahr 197 n. Chr., ZPE 51 (1983), 291–294.
68. CIL VI 1444 + CIL XII 3169: Die Laufbahn des D. Terentius Scaurianus?, ZPE 52 (1983), 151–156.
69. Sozialstruktur und kaiserlicher Dienst, in: Struktur und Gehalt, hg. P. Neukam, München 1983 (Dialog Schule-Wissenschaft. Klass. Sprachen und Literaturen XVII), 5–24.
70. Senatorial Self-Representation: Developments in the Augustan Period, in: Caesar Augustus. Seven Aspects, hg. F. Millar & E. Segal, Oxford 1984, 129–167.
71. CIL VI 1508 (Moretti, IGUR 71) und die Gestaltung senatorischer Ehrenmonumente, Chiron 14 (1984), 201–217.
72. Niedergermanische Statthalter in Inschriften aus Köln und Nettersheim, BJ 184 (1984), 97–115.
73. Zu Inschriften römischer Statthalter in Germanien, ZPE 57 (1984), 149–159.
74. Roms Statthalter am Rhein – Repräsentanten römischer Macht, Geschichte in Köln 18 (1984), 5–32.
75. Zum konsularen Status von Iudaea im frühen 2. Jh., Festschrift F. Gilliam, BASP 21 (1984), 55–67.
76. Statius, Silvae I 4 und C. Rutilius Gallicus als proconsul Asiae II, AJPh 106 (1985), 475–484.
77. Ein Ehrenmonument der Centurionen der legio I Minervia für Caracalla, Geta und Iulia Domna, BJ 185 (1985), 41–45.
78. Ergänzende Bemerkungen zur Inschrift des L. Stertinius Quintilianus, ZPE 61 (1985), 222–223.

79. Staat und landwirtschaftliches Bewässerungssystem Ägyptens in römischer Zeit, in: Mitteilungen des Leichtweiß-Instituts für Wasserbau der Technischen Universität Braunschweig 89 (1986), 1–37.
80. Inschriften aus der vatikanischen Nekropole unter St. Peter, ZPE 65 (1986), 245–293.
81. Prokonsuln und militärisches Kommando. Folgerungen aus Diplomen für prokonsulare Provinzen, in: Heer und Integrationspolitik. Die römischen Militärdiplome als historische Quelle, hg. W. Eck & H. Wolff, Köln 1986 (Passauer Historische Forschungen 2), 518–534.
82. (mit H. Wolff) Ein Auxiliardiplom aus dem Jahr 203 n. Chr., in: Heer und Integrationspolitik. Die römischen Militärdiplome als historische Quelle, hg. W. Eck & H. Wolff, Köln 1986 (Passauer Historische Forschungen 2), 556–575.
83. Augustus' administrative Reformen: Pragmatismus oder systematisches Planen?, Acta Classica 29 (1986), 105–120.
84. Die Gestalt Frontins in ihrer politischen und sozialen Umwelt, in: Wasserversorgung im antiken Rom: Sextus Iulius Frontinus, curator aquarum, hg. Frontinus-Gesellschaft e.V., München 1982, [3]1986, 45–62.
85. Organisation und Administration der Wasserversorgung Roms, in: Wasserversorgung im antiken Rom: Sextus Iulius Frontinus, curator aquarum, hg. Frontinus-Gesellschaft e.V., München 1982, [3]1986, 63–77.
86. Die Wasserversorgung im römischen Reich. Soziopolitische Bedingungen, Recht und Administration, in: Die Wasserversorgung in antiken Städten I, hg. Frontinus-Gesellschaft e.V., Mainz 1987, 50–101.
87. Senatorische Amtsträger und Rätien unter Augustus, ZPE 70 (1987), 203–209.
88. Römische Grabinschriften. Aussageabsicht und Aussagefähigkeit im funerären Kontext, in: Römische Gräberstraßen. Selbstdarstellung – Status – Standard, Kolloquium München 28.–30. Okt. 1985, hg. H.v. Hesberg & P. Zanker, München 1987 (Abh. Bayer. Akad. Wiss., Phil.-Hist. Kl. 96), 61–83.
89. Die Ausformung der ritterlichen Administration als Antisenatspolitik?, in: Opposition et résistance a l'empire d'Auguste a Trajan, Genf 1987 (Entretiens sur l'Antiquité Classique 33), 249–289.
90. Magistrate, „Ingenieure", Handwerker: Wasserleitungsbauer und ihr Sozialstatus in der römischen Welt, Mitteilungen des Leichtweiss-Instituts für Wasserbau der Technischen Universität Braunschweig (1988), 1–25.
91. Ein Procurator XX libertatis in CIL III 14158?, ZPE 72 (1988), 95–96.
92. Revision von CIL VI 36099, ZPE 72 (1988), 97–99.
93. Die Leitung einer prokuratorischen Provinz, in: La valle d'Aosta e l'Arco Alpino nella politica del mondo antico, Aosta 1988, 102–117.
94. Aussagefähigkeit epigraphischer Statistik und die Bestattung von Sklaven im kaiserzeitlichen Rom, in: Alte Geschichte und Wissenschaftsgeschichte, Festschrift K. Christ, hg. P. Kneissl & V. Losemann, Darmstadt 1988, 130–139.
95. Die staatliche Administration des römischen Reiches in der Hohen Kaiserzeit – ihre strukturellen Komponenten, in: Festschrift zum 100jährigen Bestehen des Neuen Gymnasiums Nürnberg, hg. R. Klein, Donauwörth 1989, 204–224.

96. Inschriften und Grabbauten in der Nekropole unter St. Peter, in: Vom frühen Griechentum bis zur römischen Kaiserzeit, hg. G. Alföldy, Heidelberg 1989, 55–90.
97. Religion und Religiosität in der soziopolitischen Führungsschicht der Hohen Kaiserzeit, in: Religion und Gesellschaft in der römischen Kaiserzeit. Kolloquium zu Ehren von Fr. Vittinghoff, Köln 1989 (Kölner Historische Abhandlungen 35), 15–51.
98. Magistrate, „Ingenieure", Handwerker: Wasserleitungsbauer und ihr Sozialstatus in der römischen Welt (erweiterte Fassung), Mitteilungen des Leichtweiss-Instituts für Wasserbau der Techn. Universität Braunschweig 103 (1989), 175–217.
99. „Stammvater der Kölner". Markus Vipsanius Agrippa gest. vor 2000 Jahren, Köln 4/1989, 8–11.Cn. Calpurnius Piso, cos. ord. 7 v. Chr. und die lex portorii provinciae Asiae, Epigr. Anat. 15 (1990), 139–146.
100. Die Administration der italischen Straßen: das Beispiel der Via Appia, La Via Appia. Decimo incontro di studio del comitato per l'archeologia laziale, Quaderni del Centro di studio per l'archeologia etrusco-italica 18 (1990), 29–39.
101. Die Einrichtung der Prokuratur IIII publica Africae. Zu einem methodischen Problem, Studia in honorem Borisi Gerov, hg. M. Taceva & D. Bojadiev, Sofia 1990, 58–62.
102. Terminationen als administratives Problem: das Beispiel der nordafrikanischen Provinzen, L'Africa Romana 7 (1990), 933–941.
103. Ein Armamentarium für die equites et pedites singulares in Köln, Kölner Jahrbuch für Vor- und Frühgeschichte 23 (1990), 127–130.
104. Agrippina – die ‚Stadtgründerin' Kölns. Eine Frau in der frühkaiserzeitlichen Politik, Geschichte in Köln 28 (1990), 5–29.
105. (mit H. v. Hesberg) Röm. Grabbauten unter der Peterskirche in Rom, Forschung in Köln (1990), 44–48.
106. Un senatus consultum sul processo di Cn. Calpurnius Piso, Rend. della Pont. Accad. Rom. d'Arch. 63 (1990–1991), 91–94.
107. (mit F. Fernández) Ein Militärdiplomfragment aus der Baetica, ZPE 8 (1991), 209–216.
108. (mit F. Fernández) Sex. Marius in einem Hospitiumvertrag aus der Baetica, ZPE 85 (1991), 217–222.
109. L. Marcius Celer M. Calpurnius Longus Prokonsul von Achaia und Suffektkonsul unter Hadrian, ZPE 86 (1991), 97–106.
110. Ein Quästor oder zwei Quästoren im kaiserzeitlichen Sizilien?, ZPE 86 (1991), 107–114.
111. Grabinschrift einer Sklavin des Egrilius Plarianus, ZPE 86 (1991), 115–116.
112. Die Struktur der Städte in den nordwestlichen Provinzen und ihr Beitrag zur Administration des Reiches, in: Die Stadt in Oberitalien und den nordwestlichen Provinzen des römischen Reiches. Deutsch-italienisches Kolloqium Mai 1989, hg. W. Eck & H. Galsterer, Mainz 1991 (Kölner Forschungen 4), 73–84.
113. Zur Christianisierung in den nordwestlichen Provinzen des Imperium Romanum, in: Die Stadt in Oberitalien und den nordwestlichen Provinzen des römischen Rei-

ches. Deutsch-italienisches Kolloqium Mai 1989, hg. W. Eck & H. Galsterer, Mainz 1991 (Kölner Forschungen 4), 251–261.
114. Inschriften und Grabbauten in der Nekropole unter St. Peter. Zur Aussagefähigkeit von Grabinschriften im Kontext der Grabanlagen, in: Struktur und Gehalt, hg. P. Neukam, München 1991 (Klass. Sprachen und Literaturen XXV), 26–58.
115. Köln in römischer Zeit – die colonia Claudia Ara Agrippinensium, in: Chronik Köln (1991).
116. Die Auswirkungen der Herrschaft des Augustus auf die Provinzen des Reiches im Urteil der deutschen Forschung des 19. und frühen 20. Jahrhunderts, in: L'Impero Romano fra Storia generale e Storia locale, a cura di E. Gabba & K. Christ, Como 1991, 95–114.
117. Consules ordinarii und consules suffecti als eponyme Amtsträger, in: Epigrafia. Actes du Colloque en mémoire de Attilio Degrassi, Rom 1991, 15–44.
118. Ein diploma militare aus Moesia superior, Chiron 21 (1991), 185–201.
119. Die italischen legati Augusti propraetore unter Hadrian und Antoninus Pius, in: HA-Kolloquium Chantilly 1990, Macerata 1991, 183–195.
120. Die Umgestaltung der politischen Führungsschicht – Senatorenstand und Ritterstand = La riforma dei gruppi dirigenti. L'ordine senatorio e l'ordine equestre, in: Storia di Roma vol. 2/2, a cura di G. Clemente & F. Coarelli & E. Gabba, Turin 1991, 73–118.
121. Sulpicii Galbae und Livii Ocellae – zwei senatorische Familien in Tarracina, Listy filologické 114 (1991), 93–99.
122. Nachtrag zur Publikation von P.J. Sijpesteijn, ZPE 90 (1992), 197–198.
123. C. Iulius Octavius Volusenna Rogatianus – Statthalter einer kaiserlichen Provinz, ZPE 90 (1992), 199–206.
124. Superiumentari und muliones im privaten Personal eines römischen Statthalters, ZPE 90 (1992), 207–210.
125. Das Grabmal eines Rugianus, clarissimus vir, ZPE 90 (1992), 211–214.
126. Ein Militärdiplomfragment aus traianischer Zeit, ZPE 91 (1992), 233–235.
127. P. Aelius Apollonides, ab epistulis Graecis, und ein Brief des Cornelius Fronto, ZPE 91 (1992), 236–242.
128. Inschriften aus Ephesus und Umgebung, ZPE 91 (1992), 283–284.
129. Gavius Maximus und Marius Perpetuus in einer Inschrift aus Firmum Picenum, Picus 8 (1988 [1992]), 157–162.
130. (mit H. Lieb) Ein neues Militärdiplom für die Provinz Pannonia inferior aus der Zeit von Marc Aurel und Lucius Verus, Chiron 22 (1992), 227–236.
131. Cura viarum und cura operum publicorum als kollegiale Ämter im frühen Prinzipat, Klio 74 (1992), 237–245.
132. Alam Costia constituerunt. Zum Verständnis einer Militärinschrift aus dem südlichen Negev, Klio 74 (1992), 395–400.
133. Ehrungen für Personen hohen soziopolitischen Ranges im öffentlichen und privaten Bereich, in: „Die römische Stadt im 2. Jh. n. Chr.", Koll. in Xanten Mai 1990, hg. H.-J. Schalles & H. von Hesberg & P. Zanker, Köln 1992, 359–376.

134. Zur Durchsetzung von Anordnungen und Entscheidungen in der hohen Kaiserzeit: Die administrative Informationsstruktur, in: Akten des FIEC-Kongresses zu Pisa 1989, Florenz 1992 (Studi italiani di filologia classica 10), 915–939.
135. Die religiösen und kultischen Aufgaben der römischen Statthalter, in: Religio Deorum. Actas del Coloquio intern. de Epigrafía, hg. M. Mayer, Barcelona 1992, 151–160.
136. (mit A. Caballos) Nuevos documentos en torno a los Egnatii de la Bética, Florentia Iliberritana 3 (1992), 57–69.
137. Urbs Salvia und seine führenden Familien in der römischen Zeit, Picus 12/13 (1992–1993), 79–108.
138. Marcius Hortalus, nobilis iuvenis, und seine Söhne, ZPE 95 (1993), 251–260.
139. Ein Militärdiplom traianischer Zeit aus dem pannonischen Raum, Kölner Jahrbuch 26 (1993), 445–450.
140. Ein Militärdiplom für die Auxiliareinheiten von Syria Palaestina aus dem Jahr 160 n. Chr., Kölner Jahrbuch 26 (1993), 451–459
141. (mit M. Roxan) A Military Diploma of AD 85 for the Rome Cohorts, ZPE 96 (1993), 67–74.
142. (mit H. Lieb) Ein Diplom für die classis Ravennas vom 22. November 206, ZPE 96 (1993), 75–88.
143. Nachruf Leiva Petersen, in: Gedenken an Leiva Petersen 1912–1992, Weimar 1993, 25–31.
144. Les graffiti dans les lieux de pelerinage, in: Association pour l'Antiquité tardive, Bulletin 2, 1992, Paris 1993, 59–66.
145. Das s.c. de Cn. Pisone patre und seine Publikation in der Baetica, Cahiers du Centre G. Glotz 4 (1993), 189–208.
146. Überlieferung und historische Realität: ein Grundproblem prosopographischer Forschung, in: Prosopographie und Sozialgeschichte, hg. W. Eck, Köln 1993, 365–396.
147. Q. Marcius Turbo in Niedermösien, in: Klassisches Altertum, Spätantike und frühes Christentum. A. Lippold zum 65. Geburtstag gewidmet, hg. K. Dietz & D. Henning & H. Kaletsch, Würzburg 1993, 247–255.
148. Ein Brief des Antoninus Pius an eine baetische Gemeinde, in: Sprachen und Schriften des antiken Mittelmeerraumes, Festschrift für Jürgen Untermann zum 65. Geburtstag, hg. H. Rix & F. Heidermanns & E. Seebold, Innsbruck 1993, 63–74.
149. M. Lucretius Iulianus, procurator Augustorum. Zur Funktion und sozialen Wertschätzung von Provinzialprokuratoren, ZPE 100 (1994), 559–576.
150. (mit D. Isac & I. Piso) Ein Militärdiplom aus der Provinz Dacia Porolissensis, ZPE 100 (1994), 577–591.
151. (mit A. R. Birley) M. Petronius Umbrinus, Legat von Cilicia, nicht von Lycia-Pamphylia, EA 21 (1994), 45–54.
152. Prosopographica, ZPE 101 (1994), 227–232.
153. Bedeutende „Ingenieure" der griechisch-römischen Welt, in: Frontinus-Tagung 1993 in Berlin und weitere Beiträge zu wasserwirtschaftlich-historischen Anlagen, Bergisch-Gladbach 1994 (Schriftenreihe der Frontinusgesellschaft 18), 10–22.

154. Tacitus, ann. 4,27,1 und der cursus publicus auf der Adria, Scripta Classica Israelica 13 (1994), 60–66.
155. Die Bedeutung der claudischen Regierungszeit für die administrative Entwicklung des römischen Reiches, in: Die Regierungszeit des Kaisers Claudius (41–54 n. Chr.). Umbruch oder Episode?, (Akten des Intern. interdiszipl. Symposium 16.–18. Febr. 1991 Freiburg), hg. V. M. Strocka, Mainz 1994, 23–34.
156. (mit A. Buonopane) Praefect[us ... Caes]aris, nicht praefect[us aerarii milit]aris: Zu CIL V 8845, ZPE 102 (1994), 195–205.
157. Q. Pompeius Balbus, ein Senator aus Africa proconsularis, in: E fontibus haurire. Beiträge zur römischen Geschichte und zu ihren Hilfswissenschaften [Heinrich Chantraine zum 65. Geburtstag], hg. R. Günther & S. Rebenich, Paderborn 1994, 273–279.
158. Die Bleibarren, in: Das Wrack. Der antike Schiffsfund von Mahdia, hg. G. Hellenkemper-Salies et al., Köln 1994, 89–95.
159. Agrippina (15–59), Rheinische Lebensbilder Bd. 14, hg. F.-J. Heyen, Köln 1994, 7–27.
160. Ubier, Römer und Soldaten. Köln – eine ‚römische' Stadt an der germanischen Grenze, in: Universität im Rathaus 2, Veranstaltungen im akad. Jahr 1993/94, 9–27.
161. Agrippina und Köln. Der Griff einer Frau nach der Herrschaft, in: Universität im Rathaus 2, Veranstaltungen im akad. Jahr 1993/94, 51–59.
162. Statuendedikanten und Selbstdarstellung in römischen Städten, in: L'Afrique, la Gaule, la Religion à l'époque romaine. Mélanges à la mémoire de M. Le Glay, éd. Y. de Bohec, Brüssel 1994, 650–662.
163. Zum Konsulat in der Historia Augusta, in: Historiae Augustae Colloquium Genevense, a cura di G. Bonamente & F. Paschoud, Bari 1994, 109–120.
164. Eine prosopographische Datenbank oder die PIR in computergestützter Form, in: Datenbanken in der Alten Geschichte, hg. M. Fell & Chr. Schäfer & L. Wierschowski, St. Katharinen 1994, 82–90.
165. (mit A. Caballos & F. Fernández) Nuevas aportaciones al análisis del S.C. de Cn. Pisone patre, in: Homenaje al Profesor Presedo, ed. P. Sáez & S. Ordóñez, Sevilla 1994, 319–332.
166. Kaiserliches Handeln in italischen Städten, in: L'Italie d'Auguste à Dioclétien, Actes du colloque Rome 25–28 mars 1992, Rom 1994, 339–351.
167. Plebs und princeps nach dem Tod des Germanicus, in: Leaders and Masses in the Roman World. Studies in Honour of Zvi Yavetz, ed. I. Malkin & Z.W. Rubinsohn, Leiden u.a.1995, 1–10.
168. Prosopographica II, ZPE 106 (1995), 249–254.
169. „Tituli honorarii", curriculum vitae und Selbstdarstellung in der Hohen Kaiserzeit, in: Acta colloquii epigraphici Latini Helsingiae 3.-6. sept. 1991 habiti, Helsinki 1995 (Comm. hum. litt. 104), 211–237.
170. Augustus und Claudius in Perusia, Athenaeum 83 (1995), 83–90.
171. Provinz – Ihre Definition unter politisch-administrativem Aspekt, in: Was ist eigentlich Provinz? Zur Beschreibung eines Bewußtseins, Schriften des Archäologischen Instituts der Universität zu Köln, Köln 1995, 15–32.

172. Domus, in: Lexicon Topographicum Urbis Romae II, Rom 1995.
173. (mit M. Roxan) Two military diplomas, in: Römische Inschriften – Neufunde, Neulesungen und Neuinterpretationen, Festschrift für Hans Lieb zum 65. Geburtstag, hg. R. Frei-Stolba & M. A. Speidel, Basel 1995, 55–99.
174. Ein neues Militärdiplom für die misenische Flotte und Severus Alexanders Rechtsstellung im J. 221/222, ZPE 108 (1995), 15–34.
175. Graffiti an Pilgerorten im spätrömischen Reich, Akten des XII. Internat. Kongresses für Christliche Archäologie, Bonn 22.–28. September 1991, Teil 1, Münster 1995, 206–222.
176. Trajan – władca doskonały, Wiedza i Zycie (1995), 12–16 (übers. v. Alfred Twardecki).
177. 'Urbs Salvia' e le sue più illustri famiglie in età romana, Picus Suppl. 5 (1995), 49–82.
178. Accusa, in: Processo a Tiberio. L'affaire Gneo Pisone, Neapel 1995, 15–23.
179. Artikel in: Der Neue Pauly, Enzyklopädie der Antike 1, Stuttgart 1996.
180. Cittadini e amministrazione statale nell'Umbria in età imperiale, in: Assisi e gli Umbri nell'antichità, Atti del Convegno Internazionale Assisi 18–21 dicembre 1991, hg. G. Bonamente & F. Coarelli, Assisi 1996, 283–300.
181. Senatorische Familien der Kaiserzeit in der Provinz Sizilien, ZPE 113 (1996), 109–128.
182. Zu lateinischen Inschriften aus Caesarea in Iudaea/Syria Palaestina, ZPE 113 (1996), 129–143.
183. P. Celerius, procurator Asiae, und Tac., ann. 13,1, in: Splendidissima Civitas, Études d'histoire Romaine en Hommage à François Jacques, hg. A. Chastagnol & S. Demougin & C. Lepelley, Paris 1996, 67–78.
184. (mit J. Nollé) Der Brief des Asinius Rufus an die Magistrate von Sardeis. Zum Marktrechtsprivileg für die Gemeinde der Arillenoi, Chiron 26 (1996), 267–273.
185. I sistemi di trasmissione delle comunicazioni d'ufficio in età altoimperiale, in: Epigrafia e territorio, politica e società. Temi di antichità romane, IV. Serie, a cura di M. Pani, Bari 1996, 331–352.
186. Rang oder Alter: öffentliche Ehrungen in Volubilis, in: Festschrift für Jenö Fitz, Székesfehérvár 1996, 67–69.
187. Horti, in: Lexicon Topographicum Urbis Romae III, 1997.
188. Rome and the Outside World. Senatorial Families and the World They Lived in, in: The Roman Family in Italy: Status, Sentiment, Space, hg. B. Rawson & P. Weaver, Oxford 1997, 73–99.
189. Lateinische Epigraphik, in: Einleitung in die lateinische Philologie, hg. F. Graf, Stuttgart 1997, 92–111.
190. Italica, die bätischen Städte und ihr Beitrag zur römischen Reichsaristokratie, in: Italica MMCC. Actas de las Jornadas del 2.200 Aniversario de la Fundación de Itálica, Sevilla 8–11 noviembre 1994, ed. A. Caballos & P. León, Sevilla 1997, 67–85.
191. Der Euergetismus im Funktionszusammenhang der kaiserzeitlichen Städte, in: Actes du Xe Congrès International d'Épigraphie Grecque et Latine, Nîmes, 4–9 octobre 1992, éd. M. Christol & O. Masson, Paris 1997, 306–331.
192. (mit M. Roxan) A Diploma of Moesia Inferior: 125 Iun. 1, ZPE 116 (1997), 193–203.

193. Mord im Kaiserhaus? Ein politischer Prozeß im Rom des Jahres 20 n. Chr., Jahrbuch des Historischen Kollegs 1995/6, München 1997, 99–132.
194. Cum dignitate otium. Senatorial domus in Imperial Rome, SCI 16 (1997), 162–190.
195. Zu kleinasiatischen Inschriften (Ephesos; Museum Bursa), ZPE 117 (1997), 107–116.
196. Senatoren und senatorischer Grundbesitz auf Sizilien, in: Catania antica. Atti del Convegno della S.I.S.A.C., Catania 23–24 Maggio 1992, a cura di B. Gentili, Rom 1994 [1997], 231–256.
197. Antoninus Pius als Stifter eines Aquädukts für die Colonia Claudia Ara Agrippinensium?, Kölner Jahrbuch 28 (1995 [1997]), 631–634.
198. Artikel in: Der Neue Pauly, Enzyklopädie der Antike 2, Stuttgart 1997.
199. Artikel in: Der Neue Pauly. Enzyklopädie der Antike 3, Stuttgart 1997.
200. Die Täuschung der Öffentlichkeit: Der Prozeß gegen Cnaeus Calpurnius Piso im Jahre 20 n. Chr., in: Große Prozesse der römischen Antike, hg. U. Manthe & J. v. Ungern-Sternberg, München 1997, 129–210.
201. Probleme der Konsularfasten, ZPE 118 (1997), 275–280.
202. Fünf ‚Ehreninschriften' auf Bronze aus Spanien, Chiron 27 (1997), 195–207.
203. (mit E. Paunov) Ein neues Militärdiplom für die Auxiliartruppen von Germania inferior aus dem J. 127, Chiron 27 (1997), 335–354.
204. (mit H. Cotton) Ein Ehrenbogen für Septimius Severus und seine Familie in Jerusalem, in: Donum Amicitiae, Studies in Ancient History publ. on occasion of the 75th Anniversary of Foundation of the Department of Ancient History of the Jagiellonian University, ed. E. Dąbrowa, Krakau 1997 (Elektrum 1), 11–20.
205. Traian, in: Römische Kaiser, hg. M. Clauss, München 1997, 110–124.
206. (mit H. Cotton) Ein Staatsmonopol und seine Folgen – Plinius, Naturalis historia 12, 123 und der Preis für Balsam, RhM 140 (1997), 153–161.
207. (mit A. Caballos & F. Fernández) Il Senatus consultum de Cn. Pisone Patre, in: Hispania Romana. Da Terra di Conquista a Provincia dell'Imperio, hg. J. Arce & S. Ensoli & E. La Rocca, Milano 1997, 215–221.
208. Frontin, in: Metzler Lexikon Antiker Autoren, Stuttgart 1997, 267–268.
209. Artikel in: Der Neue Pauly. Enzyklopädie der Antike 4, Stuttgart 1998.
210. Artikel in: Der Neue Pauly. Enzyklopädie der Antike 5, Stuttgart 1998.
211. Mysteriöser Tod im Kaiserhaus, Damals 30/2 (1998), 35–41.
212. Grabmonumente und sozialer Status in Rom und Umgebung, in: Bestattungssitte und kulturelle Identität. Grabanlagen und Grabbeigaben der frühen römischen Kaiserzeit in Italien und den Nord-West-Provinzen, hg. P. Fasold et al., Köln 1998, 29–40.
213. (mit M. Roxan) Zwei Entlassungsurkunden – tabulae honestae missionis – für Soldaten der römischen Auxilien, Arch. Korrespondenzblatt 28 (1998), 95–112.
214. Inschriften auf Holz. Ein unterschätztes Phänomen der epigraphischen Kultur Roms, in: Imperium Romanum. Studien zu Geschichte und Rezeption, Festschrift für Karl Christ zum 75. Geburtstag, hg. P. Kneissl & V. Losemann, Stuttgart 1998, 203–217.

215. M. Cornelius Fronto, Lehrer Marc Aurels, consul suffectus im J. 142, RhM 141 (1998), 193–196.
216. Anfänge des Kaisertums in Rom: Wie der Augustus zum römischen Kaiser wurde, Damals 11 (1998), 12–19.
217. Die Täuschung der Öffentlichkeit – Der Prozeß gegen Cnaeus Calpurnius Piso im Jahre 20 n. Chr., Forschung in Köln 2 (1998), 49–58.
218. (mit D. Boschung) Ein Bildnis der Mutter Traians? Zum Kolossalkopf der sogenannten Agrippina Minor vom Traiansforum, Archäol. Anzeiger 3 (1998), 473–481.
219. Documenti amministrativi: Pubblicazione e mezzo di autorappresentazione, in: Epigrafia Romana in Area Adriatica, Actes de la IXe rencontre franco-italienne sur l'épigraphie du monde Romain, Macerata 1995, a cura di G. Paci, Pisa/Roma 1998 (= Administrative Dokumente: Publikation und Mittel der Selbstdarstellung, in: Die Verwaltung des römischen Reiches in der Hohen Kaiserzeit. Ausgewählte und erweiterte Beiträge, Bd. 2, hg. R. Frei-Stolba & M.A. Speidel, Basel 1998, 359–382).
220. (mit F. J. Navarro) Das Ehrenmonument der Colonia Carthago für L. Minicius Natalis Quadronius Verus in seiner Heimatstat Barcino, ZPE 123 (1998), 237–248.
221. M. Lucretius Iulianus, procurator Augustorum. Zur Funktion und sozialen Wertschätzung von Provinzialprokuratoren, in: Homenaje a José M. Blázquez, vol. 5, hg. J. Mangas & J. Alvar, Madrid 1998 (ARYS 2), 105–131.
222. Ein Prokuratorenpaar von Syria Palaestina in P. Berol. 21652, ZPE 123 (1998), 249–255.
223. Artikel in: Der Neue Pauly. Enzyklopädie der Antike 6, Stuttgart 1999.
224. Artikel in: Der Neue Pauly. Enzyklopädie der Antike 7, Stuttgart 1999.
225. Zu Inschriften von Prokuratoren, ZPE 124 (1999), 228–241.
226. Kaiserliche Imperatorenakklamation und ornamenta triumphalia, ZPE 124 (1999), 223–227.
227. „Ehrenvoll entlassen." Eine tabula honestae missionis für einen Bonner Veteranen aus dem Jahre 230 n. Chr., Rhein. Landesmuseum Heft 1 (1999), 12–17.
228. Elite und Leitbilder in der römischen Kaiserzeit, in: Leitbilder der Spätantike – Eliten und Leitbilder, hg. J. Dummer & M. Vielberg, Stuttgart 1999, 31–55.
229. Sextus Lucilius Bassus, der Eroberer von Herodium, in einer Bauinschrift von Abu Gosh, SCI 18 (1999), 109–120.
230. (mit M. Roxan) Ein Militärdiplom für Truppen der Provinz Dacia Porolissensis aus dem Jahr 164 n. Chr., Xantener Berichte 8 (1999), 347–352.
231. Iunius Rufinus, proconsul Asiae unter Marc Aurel, und seine Familie, in: Steine und Wege. Festschrift für Dieter Knibbe zum 65. Geburtstag, hg. P. Scherrer & H. Taeuber & H. Thür, Sonderschriften des Österreichischen Archäologischen Institutes 32, Wien 1999, 299–302.
232. (mit G. Foerster) Ein Triumphbogen für Hadrian im Tal von Beth Shean bei Tel Shalem, JRA 12 (1999), 294–313.
233. Miscellanea Epigraphica, ZPE 127 (1999), 193–204.
234. Prosopographica III, ZPE 127 (1999), 205–210.

235. (mit H. Cotton) Ein Statthalter von Syria Palaestina unter Marc Aurel und Lucius Verus in einer Bauinschrift aus Jericho, ZPE 127 (1999), 211–215.
236. (mit H. M. Cotton & L. Di Segni & B. Isaac) Corpus Inscriptionum Iudaeae / Palaestinae, ZPE 127 (1999), 307–308.
237. Zur Einleitung. Römische Provinzialadministration und die Erkenntnismöglichkeiten der epigraphischen Überlieferung, in: Lokale Autonomie und römische Ordnungsmacht in den kaiserzeitlichen Provinzen vom 1. bis 3. Jahrhundert, hg. W. Eck, München 1999 (Schriften des Historischen Kollegs: Kolloquien 42), 1–15.
238. The Bar Kokhba Revolt: The Roman Point of View, JRS 89 (1999), 76–89.
239. Rom und die Provinz Iudaea / Syria Palaestina: Der Beitrag der Epigraphik, in: Jüdische Geschichte in hellenistisch-römischer Zeit. Wege der Forschung: Vom alten zum neuen Schürer, hg. A. Oppenheimer, München 1999, 237–263.
240. Die Stellung Italiens in Traians Reichspolitik, in: Traian in Germanien – Traian im Reich. Bericht des dritten Saalburg-Kolloquiums, hg. E. Schallmeyer, Bad Homburg 1999 (Saalburg-Schriften 5), 11–16.
241. Flavius Iuncus, Bürger von Flavia Neapolis und kaiserlicher Prokurator, Gedenkschrift zu Ehren von U. Vogel-Weidemann, 1999 (Acta Classica 42), 67–75.
242. Der angebliche Krieg des Aelius Caesar in Pannonien und die ornamenta triumphalia des Haterius Nepos, in: Von der Entstehung Roms bis zur Auflösung des Römerreiches, hg. L. Borhy, Budapest 1999 (Dissertationes Pannonicae, Ser. III, vol. 4), 28–31.
243. Öffentlichkeit, Monument und Inschrift, in: XI Congresso Internazionale di Epigrafia Greca e Latina, Roma, 18–24 settembre 1997, a cura di S. Panciera, Rom 1999, II 55–75.
244. Ordo equitum Romanorum, ordo libertorum: Freigelassene und ihre Nachkommen im römischen Ritterstand, in: L'ordre équestre, Histoire d'une aristrocratie, éd. S. Demougin & H. Devijver & M.-Th. Raepsaet-Charlier, Paris 1999, 5–29.
245. Aristokraten und Plebs. Die geographische, soziale und kulturelle Herkunft der Angehörigen des römischen Heeres in der Hohen Kaiserzeit, in: Das Militär als Träger römischer Kultur, hg. H. v. Hesberg & Th. Fischer, Köln 1999, 15–35.
246. Sepulcrum, in: Lexicon Topographicum Urbis Romae 5, Rom 1999, 289.
247. Artikel in: Der Neue Pauly. Enzyklopädie der Antike 8, Stuttgart 2000.
248. Artikel in: Der Neue Pauly. Enzyklopädie der Antike 9, Stuttgart 2000.
249. Monumente der Virtus. Kaiser und Heer im Spiegel epigraphischer Denkmäler, in: Kaiser, Heer und Gesellschaft in der römischen Kaiserzeit. Gedenkschrift für Eric Birley, hg. mit G. Alföldy & B. Dobson, Stuttgart 2000, 483–496.
250. Neue Deutung der Pilatusinschrift von Caesarea, Welt und Umwelt der Bibel 15 (2000), 63.
251. Ein Triumphbogen für Hadrian bei Tel Shalem, Welt und Umwelt der Bibel 15 (2000), 64.
252. Deceiving the Public – or: the Impartiality of Tacitus as Historian, The Mortimer and Raymond Sackler Institute of Advanced Studies, Tel Aviv University 2000, 1–13.

253. Der Bar Kochba Aufstand, der kaiserliche Fiscus und die Veteranenversorgung, SCI 19 (2000), 139–148.
254. Flavius Iosephus, nicht Iosephus Flavius, SCI 19 (2000), 281–283 (= On Josephus' Roman Name: Flavius Josephus, not Josephus Flavius, in: Flavius Josephus, Vita – Introduction, Hebrew Translation and Commentary, ed. D. R. Schwartz, Jerusalem 2006, app. II).
255. Marcus Agrippa, in: Große Gestalten der römischen Republik. Von Romulus zu Augustus, hg. K.-J. Hölkeskamp & E. Stein-Hölkeskamp, München 2000, 352–364.
256. M. Gavius Crispus Numisius Iunior als Prokonsul von Lycia-Pamphylia in einer Inschrift aus Perge, ZPE 131 (2000), 251–257.
257. Chap. 4: The Emperor and his Advisers, in: Cambridge Ancient History 11, Cambridge 2000, 195–213.
258. Chap.5: Emperor, Senate and Magistrates, in: Cambridge Ancient History 11, Cambridge 2000, 214–237.
259. Chap. 6: The Growth of Administrative Posts, in: Cambridge Ancient History 11, Cambridge 2000, 238–265.
260. Chap. 7: Provincial Administration and Finance, in: Cambridge Ancient History 11, Cambridge 2000, 266–292.
261. Vier mysteriöse Rasuren in Inschriften aus Gerasa: Zum ‚Schicksal' des Statthalters Haterius Nepos, in: ΕΠΙΓΡΑΦΙΑΙ. Miscellanea epigrafica in onore di Lidio Gasperini, vol. 1, a cura di G. Paci, Roma 2000, 347–362.
262. Die legio I Minervia. Militärische und zivile Aspekte ihrer Geschichte im 3. Jh. n. Chr., in: Les Légions romaines sous le Haute-Empire, Actes du Congrès de Lyon (17–19 septembre 1998), éd. Y. Le Bohec, Lyon 2000, 83–89.
263. Die Täuschung der Öffentlichkeit oder: Die ‚Unparteilichkeit' des Historikers Tacitus, Antike und Abendland 46 (2000), 190–206.
264. Latein als Sprache politischer Kommunikation in Städten der östlichen Provinzen, Chiron 30 (2000), 641–660.
265. Zur Neulesung der Iulian-Inschrift von Ma'ayen Barukh, Chiron 30 (2000), 857–859.
266. Köln in römischer Zeit, in: Reallexikon der Germanischen Altertumskunde 17, Berlin 2000, 88–92.
267. Das s.c. de Cn. Pisone patre. Ein Vorbericht, in: La commemorazione di Germanico nella documentazione epigrafica, Convegno Internazionale di Studi Cassino 21–24 ottobre, a cura di A. Fraschetti, Rom 2000, 9–32.
268. Bronzeinschriften von Ehrendenkmälern aus Rom. Zu dem neuen Militärdiplom von der unteren Sava, ZPE 133 (2000), 275–282.
269. Aconii, in: M. Bergmann, La villa di Chiragan; Il ritratto privato. In: Aurea Roma. Dalla città pagana alla città cristiana. Katalog der Ausstellung Rom 22.12.2000–20.04.2001, a cura di S. Ensoli & E. La Rocca, Rom 2000, 17–173.
270. Artikel in: Der Neue Pauly. Enzyklopädie der Antike 10, Stuttgart 2001.
271. Artikel in: Der Neue Pauly. Enzyklopädie der Antike 11, Stuttgart 2001.
272. (mit P. Weiß) Tusidius Campester, cos. suff. unter Antoninus Pius, und die Fasti Ostienses der Jahre 141/142 n. Chr., ZPE 134 (2001), 251–260.

273. (mit P. Weiß) Die Sonderregelungen für Soldatenkinder seit Antoninus Pius. Ein niederpannonisches Militärdiplom vom 11. Aug. 146, ZPE 135 (2001), 195–208.
274. Der Blick nach Rom. Die Affäre um den Tod des Germanicus und ihr Reflex in der Baetica, in: Carmona Romana. Actas del II Congreso de Historia de Carmona, Carmona 29 Septiembre a 2 de Octubre de 1999, hg. A. Caballos, Carmona 2001, 543–557. (in spanisch: 559–570) 2. Auflage, Carmona 2012, vol. 2, 751–773.
275. La mirada a Roma. Asuntos en torno a la muerte de Germánico y su repercusión en la Bética, in: Carmona Romana. Actas del II Congreso de Historia de Carmona, Carmona 29 Septiembre a 2 de Octubre de 1999, a cura di A. Caballos, Carmona 2001, 559–570. 2. Auflage, Carmona 2012, vol. 2, 775–791.
276. (mit H. Cotton) Governors and Their Personnel on Latin Inscriptions from Caesarea Maritima, in: The Israel Academy of Sciences and Humanities, Proceedings vol. , No. 7, Jerusalem 2001, 215–240.
277. Spezialisierung in der staatlichen Administration des Römischen Reiches in der Hohen Kaiserzeit, in: Administration, Prosopography and Appointment Policies in the Roman Empire. Proceedings of the First Workshop of the International Network: Impact of Empire (Roman Empire, 27 B.C.–A.D. 406), Leiden, 28.06.–01.07.2000, ed. L. de Blois, Amsterdam 2001, 1–23.
278. (mit Y. Tepper) A Dedication to Silvanus near the Camp of the legio VI Ferrata near Lajiun, SCI 20 (2001), 85–88.
279. (mit B. Zissu) A Nauclerus de oeco poreuticorum in a New Inscription from Ashkelon/Ascalon, SCI 20 (2001), 89–96.
280. Ein Spiegel der Macht. Lateinische Inschriften römischer Zeit in Iudaea / Syria Palaestina, ZDPV 117 (2001), 47–63 (= Reflection of Power, Latin Inscriptions in the Province of Judaea/Syria Palaestina).
281. Grabgröße und sozialer Status, in: Römischer Bestattungsbrauch und Beigabensitten in Rom, Norditalien und den Nordwestprovinzen von der späten Republik bis in die Kaiserzeit, Internat. Kolloquium, Rom 1.–3. April 1998, hg. M. Heinzelmann et al., Wiesbaden 2001 (Palilia 8), 197–201.
282. Die große Pliniusinschrift aus Comum: Funktion und Monument, in: Varia Epigraphica. Atti del Colloquio Internazionale di Epigrafia, Bertinoro, 8–10 giugno 2000, a cura di A. Bertinelli & A. Donati, Faenza 2001(Epigrafia e Antichità 17), 225–235.
283. Eine Senatorenfrau in Elaiussa Sebaste, Epigraphica Anatolica 33 (2001), 105–110.
284. Traian 98 – 117, in: ÎMPĂRAŢI ROMANI, hg. M. Clauss, Bukarest 2001, 125–140.
285. (mit Th. Lobüscher) Ein neuer Stadtplan der Colonia Ulpia Traiana Dacica Sarmizegetusa, ZPE 137 (2001), 263–269.
286. Roma Caput Mundi – the Eternal City as Monument and Idea: The Elite of the Empire in the Public Space of the Capital Rome, The Sixth Syme Memorial Lecture, Wellington 2001, 1–23.
287. Ich versteh' nur nicht, daß er keine Fußspuren hinterlassen hat, FAZ Nr. 301, 28.12.2001, 45.
288. Artikel in: Der Neue Pauly. Enzyklopädie der Antike 12/1, Stuttgart 2002.
289. Artikel in: Der Neue Pauly. Enzyklopädie der Antike 12/2, Stuttgart 2002.

290. Die Provinzen (Kap. 5), in: Die römischen Provinzen. Eine Einführung in ihre Archäologie, hg. Th. Fischer, Darmstadt 2001, 43–53.
291. Traian der Weg zum Kaisertum, in: Traian. Ein Kaiser der Superlative am Beginn einer Umbruchzeit?, hg. A. Nünnerich-Asmus, Mainz 2002, 7–20.
292. (mit H. Cotton) P. MURABBA'AT 114 und die Anwesenheit römischer Truppen in den Höhlen des Wadi Murabba'at nach dem Bar Kochba Aufstand, ZPE 138 (2002), 173–183.
293. (mit M. Buonocore) Teramo tra storia ed epigrafia, Rendiconti della Pontificia Accademia Romana di Archeologia 72 (1999/2000 [2002]), 221–256.
294. Prosopographische Bemerkungen zum Militärdiplom vom 20.12.202 n. Chr. Der Flottenpräfekt Aemilius Sullectinus und das Gentilnomen des Usurpators Regalianus, ZPE 139 (2002), 208–210.
295. (mit D. MacDonald & A. Pangerl) Neue Militärdiplome für Truppen in Italien: Legio II Adiutrix, Flotten und Prätorianer, ZPE 139 (2002), 195–207.
296. Cheating the Public – or: Tacitus Vindicated, SCI 21 (2002), 149–164.
297. Die iulisch-claudische Familie: Frauen neben Caligula, Claudius und Nero, in: Die Kaiserinnen Roms. Von Livia bis Theodora, hg. H. Temporini & Gräfin Vitzthum, München 2002, 103–163.
298. An Emperor is Made: Senatorial Politics and Trajan's Adoption by Nerva in 97, in: Philosophy and Power in the Graeco-Roman World: Essays in Honour of Miriam Griffin, ed. G. Clark & T. Rajak, Oxford 2002, 211–226.
299. Die Inschriften Judäas im 1. und frühen 2. Jh. n. Chr. als Zeugnisse der römischen Herrschaft, in: Zwischen den Reichen: Neues Testament und Römische Herrschaft. Vorträge auf der Ersten Konferenz der European Association for Biblical Studies, Utrecht 7.–9. Aug. 2000, hg. M. Labahn & J. Zangenberg, Tübingen 2002, 29–50.
300. Imperial Administration and Epigraphy: in Defence of Prosopography, in: Representations of Empire. Rome and the Mediterranean World, ed. A. K. Bowman & H. M. Cotton & M. Goodman & S. Price, Oxford 2002, 131–152.
301. Zum Zeitpunkt des Wechsels der tribunicia potestas des Philippus Arabs und anderer Kaiser, ZPE 140 (2002), 257–261.
302. Dedikation für Caracalla und Iulia Domna, Palmet 4, Sonderheft hg. M. Sayar, Istanbul 2002, 113–121 (türkisch), 123–130 (deutsch).
303. Ein Kölner in Rom? T. Flavius Constans als kaiserlicher Prätorianerpräfekt, in: Grabung – Forschung – Präsentation. Festschrift Gundolf Precht, hg. A. Rieche & H.-J. Schalles, & M. Zelle, Mainz 2002 (Xantener Berichte 12), 37–42.
304. Die Anfänge des römischen Köln. Logistisches Zentrum zur Unterwerfung Germaniens, Kölner Universitäts-Journal 2 (2002), 56–59.
305. Die Vernichtung der memoria Neros: Inschriften der neronischen Zeit aus Rom, in: Neronia VI, Rome à l'époque néronienne. Actes du VIe Colloque international de la SIEN [Société internationale d'études néroniennes], Rome, 19–23 mai 1999, éd. J.-M. Croisille & Y. Perrin, Collection Latomus 268, Bruxelles 2002, 285–295.
306. (mit D. MacDonald & A. Pangerl) Neue Militärdiplome mit Konsulndaten, Chiron 32 (2002), 401–426.

307. (mit D. MacDonald & A. Pangerl) Neue Diplome für das Heer der Provinz Syrien, Chiron 32 (2002), 427–448.
308. (mit P. Weiß) Hadrianische Konsuln: Neue Zeugnisse aus Militärdiplomen, Chiron 32 (2002), 449–489.
309. „Juden im römischen Köln", in: Ein Haus und Museum der Jüdischen Kultur in Köln – eine einzigartige Chance. Dokumentation des Symposiums vom 27. September 2002, hg. Ges. zur Förderung eines Hauses und Museums der Jüdischen Kultur e.V./Stadt Köln, Dezernat für Kunst und Kultur, Köln 2002, 44–46.
310. (mit H. Cotton) A New Inscription from Caesarea Maritima and the Local Elite of Caesarea Maritima, in: What Athens Has to Do with Jerusalem. Essays on Classical, Jewish, and Early Christian Art and Archaeology in Honor of Gideon Foerster, ed. L. Rutgers, Leuven 2002, 375–391.
311. L'empereur romain chef de l'armée. Le témoignage des diplômes militaires, Cahiers de Centre Gustave Glotz 13 (2002), 93–112.
312. (mit D. MacDonald & A. Pangerl) Neue Diplome für Auxiliartruppen in den dakischen Provinzen, AMN 38/I (2001 [2003]), 27–48.
313. The Language of Power: Latin Reflected in the Inscriptions of Judaea/Syria Palaestina, in: Semitic Papyrology in Context: A Climate of Creativity. Papers from a New York University conference marking the retirement of Baruch A. Levine, ed. L. H. Schiffman, Boston 2003, 125–144.
314. (mit A. Pangerl) Sex. Iulius Frontinus als Legat des niedergermanischen Heeres. Zu neuen Militärdiplomen in den germanischen Provinzen, ZPE 143 (2003), 205–219.
315. Eine Bürgerrechtskonstitution Vespasians aus dem Jahr 71 n. Chr. und die Aushebung von brittonischen Auxiliareinheiten, ZPE 143 (2003), 220–228.
316. Eine weitere Kopie der domitianischen Bürgerrechtskonstitution für die Truppen Syriens vom 7. Nov. 88, ZPE 143 (2003), 229–233.
317. Suffektkonsuln der Jahre 132–134 und Hadrians Rückkehr nach Rom im Jahr 132, ZPE 143 (2003), 234–242.
318. The Prosopographia Imperii Romani and the prosopographical method, in: Fifty Years of Prosopography. The Later Roman Empire, Byzantium and Beyond, ed. A. Cameron, Oxford 2003 (Proceedings of the British Academy 118), 11–22.
319. Hadrian, the Bar Kokhba Revolt, and the Epigraphic Transmission, Conference on the Bar Kokhba War November 11–13, 2001 Princeton, in: The Bar Kokhba War Reconsidered. New Perspectives on the Second Jewish Revolt against Rome, ed. P. Schäfer, Tübingen 2003, 153–170.
320. Der erste Kölner, der Geschichte machte: Bischof Maternus, Haus & Grund Bedburg Nr. 7, 2003, S. 6 (Forts. Nr. 8, 2003 S. 6 u.Nr. 9, 2003 S. 6).
321. (mit H. M. Cotton & B. Isaac) A Newly Discovered Governor of Judaea in a Military Diploma from 90 CE, Israel Museum Studies in Archaeology 2 (2003), 17–31.
322. (mit G. Paci & E. P. Serenelli) Per una nuova edizione dei Fasti Potentini, Picus 23 (2003), 51–108.

323. (mit H. M. Cotton) Eine Provinz entsteht: Alte und neue lateinische Inschriften in Iudaea unter Vespasian, in: The Roman Near East and Armenia, ed. E. Dabrowa, Krakau 2003 (Electrum 7), 25–37.
324. Der Kaiser als Herr des Heeres. Militärdiplome und kaiserliche Reichsregierung, in: Documenting the Roman Army, ed. J. Wilkes, London 2003 (BICS Supplement 81), 55–87.
325. (mit D. MacDonald & A. Pangerl) Die Krise des römischen Reiches unter Marc Aurel und ein Militärdiplom aus dem Jahr 177(?), Chiron 33 (2003), 365–377.
326. (mit A. Pangerl) Vater, Mutter, Schwestern, Brüder... Zu einer außergewöhnlichen Bürgerrechtsverleihung in einer Konstitution des Jahres 121 n. Chr., Chiron 33 (2003), 347–364.
327. Nähe und Ferne kaiserlicher Macht: das Beispiel Köln, in: The Representation and Perception of Roman Imperial Power. Proceedings of the Third Workshop of the International Network Impact of Empire (Roman Empire, c. 200 B.C.–A.D. 476), Netherlands Institute in Rome, March 20–23, 2002, ed. L. de Blois et al., Amsterdam 2003, 282–301.
328. Epigrafia Latina, in: Introduzione alla Filologia Latina, a cura di F. Graf, Roma 2003, 131–156.
329. Devotus numini maiestatique eorum. Repräsentation und Propagierung der Tetrarchie unter Diocletian, in: Medien in der Antike. Kommunikative Qualität und normative Wirkung, hg. H. v. Hesberg & W. Thiel, Köln 2003, 51–62.
330. Straßen und ihre Denkmäler, in: Siedlung und Verkehr im römischen Reich. Römerstraßen zwischen Herrschaftssicherung und Landschaftsprägung, Akten des Kolloquiums zu Ehren von Prof. H. E. Herzig vom 28. und 29. Juni 2001 in Bern, hg. R. Frei-Stolba, Bern 2004, 17–39.
331. (mit D. MacDonald & A. Pangerl) Neue Militärdiplome zur Geschichte der Provinz Germa-nia inferior, Kölner Jahrbuch 35 (2002 [2004]), 227–236.
332. (mit H. Cotton) Lateinische Inschriften aus der Ustinov Collection in Oslo und ein Opistograph mit der damnatio memoriae des Kaisers Probus, in: Orbis Antiquus. Studia in honorem Ioannis Pisonis, hg. C. Gazdac, Cluj-Napoca 2004, 48–57.
333. (mit D. MacDonald & A. Pangerl) Neue Militärdiplome für Truppen in Britannia, Pannonia superior, Pannonia inferior sowie in Thracia, REMA 1 (2004), 63–101.
334. (mit A. Pangerl) Ein Sequaner in einem Militärdiplom vom 27. Juli 108, REMA 1 (2004), 103–115.
335. (mit A. Pangerl) Neue Diplome für die Heere von Germania superior und Germania inferior, ZPE 148 (2004), 259–268.
336. Diplome, Konsuln und Statthalter: Fortschritte und Probleme der kaiserzeitlichen Prosopographie, Chiron 34 (2004), 25–44.
337. Lateinisch, Griechisch, Germanisch ... ? Wie sprach Rom mit seinen Untertanen? in: Roman rule and civic life: Local and regional perspectives. Proceedings of the Fourth Workshop of the International Network Impact of Empire (Roman Empire, c. 200 B.C.–A.D. 476), Leiden, June 25–28, 2003, ed. L. de Ligt et al., Amsterdam 2004, 3–19.

338. Imperator kak glava vojska. Voennye diplomy i imperatorskoe upravlenie, Russische Akademie der Wissenschaften, Moskau 2004 (Vestnik drevnej istorii 3), 28–57.
339. (mit D. MacDonald & A. Pangerl) Neue Diplome für die Auxiliartruppen von Unterpannonien und der dakischen Provinzen aus hadrianischer Zeit, AMN 39–40 (2002–2003 [2004]), 25–50.
340. (mit A. Pangerl) Eine Bürgerrechtskonstitution für zwei Veteranen des kappadokischen Heeres. Zur Häufigkeit von Bürgerrechtskonstitutionen für Auxiliarsoldaten, ZPE 150 (2004), 233–241.
341. Auf der Suche nach Personen und Persönlichkeiten: Cursus honorum und Biographie, in: Biographie und Prosopographie. Festschrift zum 65. Geburtstag von A. R. Birley, hg. K. Vössing, Stuttgart 2005, 53–72.
342. Postumus und das Grenzkastell Gelduba, in: Epigrafia di Confine – Confine dell'Epigrafia, Atti del Colloquio AIEGL, Borghesi 2003, a cura di M. G. Angeli Bertinelli & A. Donati, Faenza 2005, 140–153.
343. (mit H. Cotton) Roman Officials in Judaea and Arabia and Civil Jurisdiction, in: Law in the documents of the Judaean Desert, ed. R. Katzoff & D. Schaps, Leiden 2005, 23–44.
344. (mit A. Pangerl) Zwei Konstitutionen für die Truppen Niedermösiens vom 9. September 97, ZPE 151 (2005), 185–192.
345. Die Bedeutung von Köln und Bonn zur Römerzeit. in: Wirtschaftsregion Köln-Bonn, Verlagsbeilage der FAZ Nr. 102 vom 03.05.2005.
346. (mit A. Pangerl) Ein Diplom für einen Centurio der Classis Moesica aus dem Jahr 112 n. Chr., in: „Eine ganz normale Inschrift"... Vnd ähnLiches zVm GebVrtstag von Ekkehard Weber. Festschrift zum 30. April 2005, hg. F. Beutler & W. Hameter, Wien 2005 (Althistorisch-Epigraphische Studien 5), 247–254.
347. Der Senator und die Öffentlichkeit – oder: Wie beeindruckt man das Publikum? in: Senatores populi Romani. Realität und mediale Präsentation einer Führungsschicht, hg. W. Eck & M. Heil, Stuttgart 2005, 1–18.
348. (mit H. Cotton) Josephus' Roman Audience: Josephus and the Roman Elites, in: Flavius Josephus and Flavian Rome, ed. J. Edmondson & St. Mason & J. Rives, Oxford 2005, 38–52.
349. (mit A. Pangerl) Neue Konsulndaten in neuen Diplomen, ZPE 152 (2005), 229–262.
350. Die Entwicklung der Alten Geschichte in Deutschland seit dem 19. Jh. im kulturellen und politischen Kontext, in: Continuity and Change of the Humanism in the Modern Europe – Political Culture, Classical Studies and University, International Symposium, Kyoto March 2005, ed. T. Minamikawa & S. Koyama, Kyoto 2005, 43–64.
351. (mit A. Pangerl) Neue Militärdiplome für die Provinzen Syria und Iudaea/Syria Palaestina, SCI 24 (2005), 101–118.
352. (mit Y. Tepper) Ein Soldat der Legio VII Claudia in einer Grabinschrift aus Acco/Ptolemais, SCI 24 (2005), 119–123.

353. (mit H. v. Hesberg) Der Rundbau eines Dispensator Augusti und andere Grabmäler der frühen Kaiserzeit in Köln – Monumente und Inschriften, Kölner Jahrbuch 36 (2003 [2005]), 151–205.
354. Römisches Köln – Ubier, in: Köln-Lexikon, hg. J. Wilhelm, Köln 2005, 451–452.
355. 500 Jahre M&A im Römischen Reich, 3. Deutscher CFO-Summit, Financial Gates GmbH, Frankfurt 2005.
356. (mit A. Pangerl) Neue Militärdiplome für die Truppen der mauretanischen Provinzen, ZPE 153 (2005), 187–206.
357. Ehret den Kaiser. Bögen und Tore als Ehrenmonumente in der Provinz Iudaea, in: The Words of a Wise Man's Mouth are Gracious (Qoh 10, 12). Festschrift for G. Stemberger on the Occasion of his 65th Birthday, hg. M. Perani, Berlin 2005, 153–165.
358. (mit A. Pangerl) Traians Heer im Partherkrieg. Zu einem neuen Diplom aus dem Jahr 115, Chiron 35 (2005), 49–67.
359. (mit H. von Hesberg) Tische als Statuenträger, MDAI (R) 111 (2004 [2006]), 143–192.
360. (mit A. Pangerl) Die Konstitution für die classis Misenensis aus dem Jahr 160 und der Krieg gegen Bar Kochba unter Hadrian, ZPE 155 (2006), 239–252.
361. Prosopographische Klärungen zu Statthaltern von Syria Palaestina, ZPE 155 (2006), 253–256.
362. Augustus und die Großprovinz Germanien, KJb 37 (2004 [2006]), 11–22.
363. Der praefectus annonae: ein Superminister im Imperium Romanum? Heeresversorgung und praefectura annonae: nicht eine Großadministration, sondern zwei getrennte admini-strative Welten, Xantener Berichte 14 (2006), 49–57.
364. Der Kaiser und seine Ratgeber. Überlegungen zum inneren Zusammenhang von amici, comites und consiliarii am römischen Kaiserhof, in: Herrschaftsstrukturen und Herrschaftspraxis: Konzepte, Prinzipien und Strategien der Administration im römischen Kaiserreich, hg. A. Kolb, Berlin 2006, 67–77.
365. Sex. Iulius Frontinus, kaiserlicher Statthalter in Germanien, Schriftenreihe der Frontinus-Gesellschaft 27 (2006), 49–60.
366. (mit D. Boschung) Einführung, in: Die Tetrarchie: Ein neues Regierungssystem und seine mediale Präsentation, hg. D. Boschung & W. Eck, Wiesbaden 2006, 7–11.
367. Worte und Bilder. Das Herrschaftskonzept Diocletians im Spiegel öffentlicher Monumente, in: Die Tetrarchie: Ein neues Regierungssystem und seine mediale Präsentation, hg. D. Boschung & W. Eck, Wiesbaden 2006, 323–347.
368. Sozio-politische Macht und öffentliche Repräsentation: Der equester ordo, in: H-G. Pflaum, un historien du XXe siècle, éd. S. Demougin, Genf 2006, 485–502.
369. (mit A. Pangerl) Zur Herstellung der diplomata militaria: Tinte auf einem Diplom des Titus für Noricum, ZPE 157 (2006), 181–184.
370. (mit A. Pangerl) Eine Konstitution für die Truppen von Syria Palaestina aus dem Jahr 158, ZPE 157 (2006), 185–191.
371. Köln, in: Handbuch der historischen Stätten NRW, hg. M. Groten u.a., Stuttgart 32006, 563–568.

372. Rom und das jüdische Volk: Orte der Niederlagen und triumphale Erinnerungen, in: Erinnerungsorte der Antike, hg. K.-J. Hölkeskamp & E. Stein-Hölkeskamp, München 2006, 570–585.
373. Herrschaft und Kommunikation in antiken Gesellschaften: Das Beispiel Rom, in: Mediengesellschaft Antike? Information und Kommunikation vom Alten Ägypten bis Byzanz, hg. U. Peter & S. Seidlmayer, Berlin 2006, 11–33.
374. (mit A. Pangerl) Syria unter Domitian und Hadrian: Neue Diplome für die Auxiliartruppen der Provinz, Chiron 36 (2006), 205–247.
375. (mit H. Cotton) Governors and Their Personnel on Latin Inscriptions from Caesarea Maritima, Cathedra 122 (2006), 31–52.
376. Vorwort, PIR Bd. 7, Berlin 2006, V–VI.
377. Von Agrippina zu Colonia. Vom Überleben einer „Stadt" am Rande des untergehenden römischen Reiches, Geschichte und Region/Storia e regione 15 (2), 2006, 79–95.
378. Es war einmal ..., Magazin für Wirtschaft und Wissen, _key #12, 2007, 38–41.
379. (mit A. Pangerl) Eine Konstitution für die Hilfstruppen von Syria Palaestina vom 6. Febr. 158n. Chr., ZPE 159 (2007), 283–290.
380. Eine historische Zeitenwende: Kaiser Constantins Hinwendung zum Christentum und die gallischen Bischöfe, in: Konstantin der Große. Kaiser einer Epochenwende, hg. F. Schuller & H. Wolff, Lindenberg 2007, 69–94.
381. Die Militärdiplome im römischen Heer. ... und was sie über den Bar-Kochba-Aufstand erzählen, Welt und Umwelt der Bibel 3 (2007), 72–75.
382. Römer werden – als Römer herrschen. Bürgerrechtserwerb und Integration, in: Begleitbuch zur Ausstellung: Krieg und Frieden. Kelten – Römer – Germanen im Rheinischen Landesmuseum Bonn, hg. G. Uelsberg, Darmstadt 2007, 37–47.
383. (mit M. Gronke & H. von Hesberg) Die Stimme der Bauten – Schrift am Bau, in: Kosmos der Zeichen. Schriftbild und Bildformel in Antike und Mittelalter, hg. D. Boschung & H. Hellenkemper, Wiesbaden 2007, 211–234.
384. (mit R. Haensch) Die römische Armee im Osten zwischen Staatskult und lokalen religiösen Kulturen, in: Antike Religionsgeschichte in räumlicher Perspektive: Abschlußbericht zum Schwerpunktprogramm 1080 der DFG „Römische Reichsreligion und Provinzialreligion", hg. J. Rüpke, Tübingen 2007, 81–88.
385. Hadrian's Hard-Won Victory, BAR 33/5 (2007), 42–51.
386. Roms Wassermanagement im Osten. Staatliche Steuerung des öffentlichen Lebens in den römischen Provinzen?, in: Von der cura aquarum bis zur EU-Wasserrahmenrichtline – Fünf Jahre DWhG, hg. Ch. Ohlig im Auftrag der DWhG, Siegburg 2007 (Schriften der DWhG 11), 47–58.
387. Der Rhein als Lebensader der Städte des römischen Germaniens, in: Von der cura aquarum bis zur EU-Wasserrahmenrichtline – Fünf Jahre DWhG, hg. Ch. Ohlig im Auftrag der DWhG, Siegburg 2007 (Schriften der DWhG 11), 109–126.
388. Die Inschrift: Fragment einer Kultur, in: Acta XII Congressus Internationalis Epigraphiae Graecae et Latinae, Barcelona 2007, 449–460.
389. Abschlussrede des Kongresses, in: Acta XII Congressus Internationalis Epigraphiae Graecae et Latinae, Barcelona 2007, 1535–1536.

390. Krise oder Nichtkrise – das ist hier die Frage. Köln und sein Territorium in der 2. Hälfte des 3. Jahrhunderts, in: Crises and the Roman Empire. Proceedings of the Seventh Workshop of the International Network Impact of Empire (Nijmegen, June 20–24, 2006), hg. O. Hekster & G. de Kleijn & D. Slootjes, Leiden 2007, 23–43.
391. Votivaltäre in den Matronenheiligtümern in Niedergermanien: Ihre Aussagefähigkeit für die Formen der „Kommunikation zwischen Menschen und Göttern", in: Kult und Kommunikation. Medien in Heiligtümern der Antike, hg. Chr. Frevel & H. von Hesberg, Wiesbaden 2007, 415–433.
392. Die politisch-administrative Struktur der kleinasiatischen Provinzen während der hohen Kaiserzeit, in: Tra Oriente e Occidente. Indigeni, Greci e Romani in Asia Minore. Atti del convegno internazionale, Cividale del Friuli, 28–30 settembre 2006, a cura di G. Urso, Pisa 2007, 189–207.
393. (mit A. Pangerl) Neue Diplome für die Auxiliartruppen in den mösischen Provinzen von Vespasian bis Hadrian, Dacia 50 (2006 [2007]), 93–104.
394. Die Veränderungen in Konstitutionen und Diplomen unter Antoninus Pius, in: Militärdiplome. Die Forschungsbeiträge der Berner Gespräche von 2004, hg. M. A. Speidel & H. Lieb, Stuttgart 2007, 87–104.
395. Das römische Köln. Wie deckt eine Provinzstadt ihren Bedarf? in: Supplying Rome and the Empire, ed. E. Papi, Portsmouth 2007 (JRA Supplement 69), 209–218.
396. Procurator, nicht curator operum publicorum. Zu einem ritterlichen Funktionsträger in AE 1917/18, 111, in: Res Bene Gestae. Ricerche di storia urbana su Roma antica in onore di Eva Margareta Steinby, a cura di A. Leone & D. Palombi & S. Walker, Rom 2007, 47–53.
397. Gestalten des römischen Köln, in: Personenlexikon Köln, hg. U. Soenius & J. Wilhelm, Köln 2007.
398. Köln im Übergang von der Antike zum Mittelalter, in: Engagierte Verwaltung für die Wissenschaft. Festschrift für Johannes Neyses, Kanzler der Universität zu Köln zum 60. Geburtstag, hg. P. Hanau & C. A. Lückerath & W. Schmitz & C. Zintzen, Köln 2007, 55–72 (= in: Geschichte in Köln 54 (2007), 7–26).
399. (mit A. Pangerl) Neue Diplome für die Hilfstruppen von Britannia, ZPE 162 (2007), 223–234 (= in: A Roman Miscellany. Essays in Honour of Anthony R. Birley on his Seventieth Birthday, ed. H.M. Schellenberg & V.-E. Hirschmann & A. Krieckhaus, Gdansk 2008, 17–30).
400. (mit A. Pangerl) Weitere Militärdiplome für die mauretanischen Provinzen, ZPE 162 (2007), 235–247.
401. (mit A. Pangerl) Ein Diplom für die Truppen von Dacia superior unter dem Kommando des Marcius Turbo im Jahr 119 n. Chr., Acta Musei Napocensis 41/42 (2004/5 [2007]), 61–67.
402. Befund und Realität. Zur Repräsentativität unserer epigraphischen Quellen in der römischen Kaiserzeit, Chiron 37 (2007), 49–64.
403. Die Ausstellung von Bürgerrechtskonstitutionen: Ein Blick in den Arbeitsalltag des römischen Kaisers, in: Amministrare un Impero. Roma e le sue province, hg. A. Baroni, Trento 2007, 89–108.

404. (mit A. Pangerl), Neue Diplome für Flotten in Italien, ZPE 163 (2007), 217–232.
405. (mit A. Pangerl) Eine Konstitution für die Truppen der Provinz Dalmatien unter Nerva, ZPE 163 (2007), 233–238.
406. (mit A. Pangerl) Titus Flavius Norbanus, praefectus praetorio Domitians, als Statthalter Rätiens in einem neuen Militärdiplom, ZPE 163 (2007), 239–251.
407. Zwei lateinische Grabinschriften, wohl aus Ostia und Rom, ZPE 163 (2007), 252–254.
408. (mit M. Bode & P. Rothenhöfer & N. Hanel & A. Hauptmann & K. Mezger) Roman Lead Ingots in Europe – a Key to Reconstruct Lead Trade and Lead Produktion in the Roman World? in: 2nd International Conference "Archaeometallurgy in Europe 2007", 17.–21 June 2007, Aquileia 2007.
409. Römische Grabinschriften als Rechtsquelle, in: Hermeneutik der Quellentexte zum römischen Recht, hg. M. Avenarius, Baden-Baden 2008, 67–93.
410. Augustus, in: Lives of the Caesars, hg. A. Barrett, Oxford 2008, 7–37.
411. (mit S. Mägele) Kolossalstatuen in Sagalassos. Marcus Lollius und seine politische Machtstellung im Osten als Begleiter des Gaius Caesar, in: Vom Euphrat bis zum Bosporus. Kleinasien in der Antike. Festschrift für Elmar Schwertheim zum 65. Geburtstag, hg. E. Winter, Bonn 2008, 177–186.
412. (mit H. İşkan-Işik & H. Engelmann) Der Leuchtturm von Patara und Sex. Marcius Priscus als Statthalter der Provinz Lycia von Nero bis Vespasian, ZPE 164 (2008), 91–121.
413. (mit A. Pangerl) Nochmals: „Vater, Mutter, Schwestern, Brüder....", ZPE 165 (2008), 213–218.
414. (mit A. Pangerl) Eine Konstitution für die Auxiliartruppen Syriens unter dem Statthalter Cornelius Nigrinus aus dem Jahr 93, ZPE 165 (2008), 219–226.
415. (mit A. Pangerl) Das erste Diplom für die Flotte von Britannien aus dem Jahr 93 n. Chr., ZPE 165 (2008), 227–231.
416. (mit A. Pangerl) Ein Diplom für einen Soldaten der classis Moesica vom 20. August 127 n. Chr., ZPE 165 (2008), 232–236.
417. (mit D. MacDonald & A. Pangerl), Ein weiteres Diplom aus der Konstitution des Antoninus Pius für die Truppen von Moesia superior vom 23. April 157, ZPE 165 (2008), 237–239.
418. Statues and Inscriptions in Iudaea/Syria Palaestina, in: The Sculptural Environment of the Roman Near East: Reflections on Culture, Ideology, and Power, ed. Y. Z. Eliav & E. A. Friedland & S. Herbert, Leuven 2008, 273–293.
419. (mit S. Panciera & D. Manacordia & C. Tedeschi) Il monumento iscritto come punto d'incontro tra epigrafia, archeologia, paleografia e storia, Scienze dell'Anitchità 13 [2006] (2008), 633–660.
420. (mit A. Pangerl) Zum administrativen Prozess bei der Ausstellung von Bürgerrechts-Konstitutionen. Neue Diplome für die Flotte von Misenum aus dem Jahr 119, in: Monumentum et instrumentum inscriptum. Beschriftete Objekte aus der Kaiserzeit und Spätantike als historische Zeugnisse, Festschrift für Peter Weiß zum 65. Geburtstag, hg. H. Börm & N. Ehrhardt, Stuttgart 2008, 85–101.

421. Syria – Iudaea – Kleinasien, in: Der grosse Ploetz, 35. Aufl., Göttingen 2008, 305–308. 318–325.
422. Vom See Regillus bis zum flumen Frigidus. Constantins Sieg an der Milvischen Brücke als Modell für den Heiligen Krieg?, in: Heilige Kriege. Religiöse Begründungen militärischer Gewaltanwendung: Judentum, Christentum und Islam im Vergleich, hg. K. Schreiner, München 2008, 71–91.
423. Die Verteilung des Mangels: Landwirtschaftliche Bewässerung in römischer Zeit in ariden Gebieten nach schriftlichen Quellen, in: Cura Aquarum in Jordanien. Beiträge des 13. Internationalen Symposiums zur Geschichte der Wasserwirtschaft und des Wasserbaus im Mediterranen Raum, Petra/Amman 31.03–09.04.2007, hg. Ch. Ohlig, Siegburg 2008, 227–238.
424. Die Gründung der Colonia Ulpia Traiana in ihrem politischen Kontext, in: Colonia Ulpia Traiana. Xanten und sein Umland in römischer Zeit, hg. M. Müller & H.J. Schalles & N. Zieling, Mainz 2008, 243–255.
425. Die Benennung von römischen Amtsträgern und politisch-militärisch-administrativen Funktionen bei Flavius Iosephus – Probleme der korrekten Identifizierung, ZPE 166 (2008), 218–226.
426. Die Bauinschrift der neronischen Thermen in Patara. Zur methodischen Auswertung einer partiell eradierten Inschrift, ZPE 166 (2008), 269–275.
427. (mit A. Pangerl) „Vater, Mutter, Schwestern, Brüder .. “: 3. Akt, ZPE 166 (2008), 276–284.
428. Verkehr und Verkehrsregeln in einer antiken Großstadt. Das Beispiel Rom, in: Stadtverkehr in der antiken Welt. Internationales Kolloquium zur 175-Jahrfeier des DAI Rom, 21.-24.04.2004, Palilia18, hg. D. Mertens, Wiesbaden 2008, 59–69.
429. (mit A. Pangerl), Moesia und seine Truppen. Neue Diplome für Moesia und Moesia superior, Chiron 38 (2008), 317–387.
430. (mit A. Pangerl & P. Weiß) Gesamtindex zu den Publikationen der neuen Diplome von Moesia, Moesia superior und Moesia Inferior, Chiron 38 (2008), 389–394.
431. Militärdiplome als Inschriften der Stadt Rom, in: Epigrafia 2006. Atti dell' XIV Rencontre sur l'épigraphie in onore di Silvio Panciera con altri contributi di colleghi, allievi e collaboratori, a cura di M. L. Caldelli & G. L. Gregori & S. Orlandi, Rom 2008, 1121–1134.
432. Diplomacy as Part of the Administrative Process in the Roman Empire, in: Diplomats and Diplomacy in the Roman World, ed. C. Eilers, Leiden 2009, 193–207.
433. Eine historische Zeitenwende: Kaiser Constantins Hinwendung zum Christentum und die gallischen Bischöfe, in: Die Religion des Imperium Romanum, hg. H. Cancik & J. Rüpke, Tübingen 2009, 313–328 (= in: Konstantin der Große. Kaiser einer Epochenwende, hg. F. Schuller & H. Wolff, Lindenberg 2007, 69–94).
434. Germanien – eine Provinz unter Augustus, in: Die römischen Provinzen. Begriff und Gründung. (Colloquium Cluj-Napoca, 28. September–1. Oktober 2006), hg. I. Piso, Cluj-Napoca 2008, 165–178.
435. Öffentlichkeit, Politik und Administration. Epigraphische Dokumente von Kaisern, Senat und Amtsträgern in Rom, in: Selbstdarstellung und Kommunikation.

Die Veröffentlichung staatlicher Urkunden auf Stein und Bronze in der Römischen Welt. Internationales Kolloquium an der Kommission für Alte Geschichte und Epigraphik in München (1.–3. Juli 2006), hg. R. Haensch, München 2009, 75–96.

436. Triumph und Katastrophe. Die römische Provinz Germanien und Varus' Scheitern, in: Antike Welt 3, 2009, 8–13.

437. „Gib die Legionen zurück", Damals 5, 2009, 16–21.

438. Das augusteische Germanien links und rechts des Rheins – eine römische Provinz, in: 2000 Jahre Varusschlacht. Imperium, hg. LWL-Römermuseum in Haltern am See, Stuttgart 2009, 188–195.

439. Die römischen Provinzen: Herrschaft und Verwaltungspraxis in der frühen Kaiserzeit, in: 2000 Jahre Varusschlacht. Imperium, hg. LWL-Römermuseum in Haltern am See, Stuttgart 2009, 142–148.

440. Das Imperium Romanum und die Provinzen am Rhein: Die Politische Situation im 3. Jahrhundert, in: 2000 Jahre Varusschlacht. Konflikt, hg. VARUSSCHLACHT im Osnabrücker Land GmbH & Museum und Park Kalkriese, Stuttgart 2009, 184–191.

441. (mit D. Koßmann) Votivaltäre in den Matronenheiligtümern in Niedergermanien. Ein Reflex der städtischen und ländlichen Gesellschaften einer römischen Provinzstadt, in: Religion auf dem Lande. Entstehung und Veränderung von Sakrallandschaften unter römischer Herrschaft, hg. Ch. Auffahrt, Stuttgart 2009, 73–102.

442. Revision lateinischer Inschriften aus Jerusalem, ZPE 169 (2009), 213–229.

443. There are No cursus honorum Inscriptions. The Function of the cursus honorum in Epigraphic Communication, in: SCI 28 (2009), 79 ff. = in: Monument und Inschrift, hg. W. Ameling & J. Heinrichs, Berlin 2010, 383 ff.

444. Kommunikation durch Herrschaftszeichen: Römische Amtsträger in den Provinzen, in: Ritual Dynamics and Religous Change in the Roman empire. Proceedings of the Eights Workshop of the International Network Impact of the Empire, hg. O. Hekster & S. Schmidt-Hofner & Chr. Witschel, Leiden 2009, 213–237

445. Gefahr für Rom aus dem Norden? Der Bataveraufstand von 69/70 n. Chr., Antike Welt 4 (2009), 74–76.

446. (mit P. Weiß) Eine Konstitution für die Truppen Iudaeas aus dem Jahr 87, ZPE 170 (2009), 201–202.

447. Rekrutierung für das römische Heer in den Provinzen Kleinasiens: Das Zeugnis der Militärdiplome, in: Ancient History, Numismatics and Epigraphy in the Mediterranean World. Studies in Memory of Clemens E. Bosch and Sabahat Atlan and in Honour of Nezahat Baydur, hg. O. Tekin, Istanbul 2009, 137–142.

448. Epigraphische Texte auf Bronze aus dem Osten des Imperium Romanum. Zwei neue Inschriftenfragmente aus Sagalassos in Pisidien, in: Homenaje al Dr. Armin U. Stylow, Anejos de Archivo Español de Arqueología 47, 2008, 113–119.

449. (mit A. Pangerl) Neue Diplome für die dakischen Provinzen, AMN 43–44/I (2008), 185–210.

450. (mit H. von Hesberg) Reliefs, Skulpturen und Inschriften aus dem Theater von Apollonia (Albanien), Römische Mitteilungen 114 (2008), 31–97.

451. Frühes Christentum in Köln, in: Das Baptisterium am Dom – Kölns erster Taufort, hg. U. Krings & R. Will, Köln 2009, 11–21.
452. Vorwort, in: Köln in der Zeit des Nationalsozialismus 1933–1945, hg. H. Matzerath, Köln 2009 (Geschichte der Stadt Köln 12), XVII–XX.
453. (mit R. Ivanov) C. Iulius Victor, senatorischer Legat von Moesia inferior unter Valerian und Gallienus und das Kastell Sostra-Siosta, ZPE 170 (2009), 191–200.
454. Grußwort, in: Hermann Dessau (1856–1931). Zum 150. Geburtstag des Berliner Althistorikers und Epigrpahikers, hg. M. G. Schmidt, Berlin 2009, VII–VIII.
455. Presence, role and significance of Latin in the epigraphy and culture of the Roman Near East, in: From Hellenism to Islam: Cultural and Linguistic Change in the Roman Near East, hg. H. M. Cotton et al., Cambridge 2009, 15–42.
456. (mit H. Cotton) An Imperial Arch in the Colonia Aelia Capitolina: A Fragment of a Latin Inscription in the Islamic Museum of the Haram as-Sharif, in: Israel's Land. Papers Presented to Israel Shatzman on his Jubilee, hg. J. Geiger & H. M. Cotton & G. D. Stiebel, Jerusalem 2009, 97*–118*.
457. (mit P. Eich) Ein neues römisches bronzenes signaculum aus Yavneh-Yam (Israel), ZPE 171 (2009), 253–260.
458. (mit A. Pangerl) Ein Diplom für die Auxiliartruppen von Pannonia inferior vom 5. September 152 n. Chr., ZPE 171 (2009), 221–230.
459. Vespasian und die senatorische Führungsschicht des Reiches, in: La Lex de Imperio Vespasiani e la Roma dei Flavi (Atti del Convegno, 20–22 novembre 2008), hg. L. Capogrossi Colognesi & E. Tassi Scandone, Rom 2009, 231–258.
460. (mit H. Cotton) Inscriptions from the Financial Procurator's Praetorium in Caesarea, in: Man Near a Roman Arch. Studies presented to Prof. Yoram Tsafrir, hg. L. Di Segni & Y. Hirshfeld & J. Patrich & R. Talgam, Jerusalem 2009, 98*–114*.
461. Consules, consules iterum und consules tertium – Prosopographie und Politik, in: 'Partiti' e fazioni nel'esperienza politica romana, hg. G. Zecchini, Milano 2009, 155–181.
462. (mit A. Pangerl) Moesia und seine Truppen II. Neue Diplome für Moesia und Moesia inferior und Moesia superior, Chiron 39 (2009), 507–589.
463. Friedenssicherung und Krieg in der römischen Kaiserzeit. Wie ergänzt man das römische Heer?, in: Die Verwaltung der kaiserzeitlichen römischen Armee. Studien für Hartmut Wolff, hg. A. Eich, Stuttgart 2009, 87–110.
464. Milites et pagani. Die Stellung der Soldaten in der römischen Gesellschaft, in: Homo, caput, persona. La costruzione giuridica dell'identità nell'esperienza romana, hg. A. Corbino & M. Humbert & G. Negri, Pavia 2010, 597–630.
465. Das Buchprojekt „Die Geschichte der Stadt Köln" nach der Katastrophe, in: Gedächtnisort. Das Historische Archiv der Stadt Köln, hg. B. Schmidt-Czaia & U. S. Soénius, Köln 2010, 132–150.
466. Eine Rasur auf einer Statuenbasis aus Jerusalem. Nachtrag zu CIL III 6641 = 12080a und ZPE 169 (2009), 215–216, in: ZPE 173 (2010), 219–221.
467. (mit A. Pangerl) Ein weiteres Diplom der Konstitution Vespasians für die Truppen Mösiens vom 7. Februar 78 n. Chr. ZPE 173 (2010), 237–243.

468. (mit A. Pangerl) Eine neue Bürgerrechtskonstitution für die Truppen von Pannonia inferior aus dem Jahr 162 mit einem neuen Konsulnpaar, ZPE 173 (2010), 223–236.
469. The Administrative Reforms of Augustus: Pragmatism or Systematic Planning, in: Augustus, ed. J. Edmondson, Edinburgh 2010 (Readings on the Ancient World series), 229–249.
470. Politik und Recht in den Bürgerrechtskonstitutionen der römischen Kaiserzeit, in: SCI 29 (2010), 33–50.
471. A Second Constitution for the Auxiliary Troops in Iudaea in 86 AD, SCI 29 (2010), 21–31.
472. Prosopography and Roman Studies, in: Oxford Handbook of Roman Studies, hg. A. Barchiesi & W. Scheidel, Oxford 2010, 147–159.
473. Zu alten und neuen Inschriften aus Caesarea Maritima. Vorarbeiten für den 2. Bd. des CIIP Vorarbeiten für das CIIP, ZPE 174 (2010), 169–184.
474. Ein Altar aus Caesarea Maritima und ein neues Dokument für den nordsyrischen Gott Turmasgade, ZPE 174 (2010), 185–188.
475. (mit R. Ivanov) Zwei Votivinschriften aus Ratiaria in der Provinz Moesia superior, ZPE 174 (2010), 201–205.
476. (mit P. Holder und A. Pangerl), A Diploma for the Army of Britain in 132 and Hadrian's return to Rome from the East, ZPE 174 (2010), 189–200.
477. (mit A. Akerraz & E. Papi) Le iscrizioni. Ein Diplom für die Truppen von Mauretania Tingitana vom Jahr 104 n. Chr., in: Sidi Ali Ben Ahmed – Thamusida 1. Les contextes / I contesti, a cura di A. Akerraz & E. Papi, Roma 2009, 273–300.
478. Ämter und Verwaltungsstrukturen in Selbstverwaltungseinheiten der frühen römischen Kaiserzeit, in: Neutestamentliche Ämtermodelle im Kontext, hg. Th. Schmeller & M. Ebner & R. Hoppe, Freiburg 2010, 9–33.
479. The Inscription, in: *Nahal Haggit: A Roman and Mamluk Farmstead in the Southern Carmel*, IAA Report No. 43, hg. J. Seligman, 2010, 213–216.
480. Hansgerd Hellenkemper. Archäologische Forschungen in Orient und Okzident, in: Zwischen Orient und Okzident – Festschrift für Hansgerd Hellenkemper, hg. F. Naumann-Steckner & B. Päffgen & R. Thomas, Köln 2010 (Kölner Jahrbuch 43), 13–17.
481. Epigraphik und Archäologie – zwei symbiotische Wissenschaften, in: Geschichte der Archäologie, hg. J. M. Beyer, Mainz 2010, 174–182.
482. (mit A. Pangerl) Beobachtungen zu den diplomata militaria für die Provinz Germania inferior, in: Zwischen Orient und Okzident – Festschrift für Hansgerd Hellenkemper, hg. F. Naumann-Steckner & B. Päffgen & R. Thomas, Köln 2010 (Kölner Jahrbuch 43), 181–195.
483. I distretti alpini alla luce delle iscrizioni. A proposito degli Atti del Convegno Internationale Epigrafia delle Alpi, Studi Trentini di Scienze Storiche 89/1 (2010), 5–22.
484. (mit Christel Veen) Epigraphische Bronzefragmente aus Nijmegen, ZPE 175 (2010), 241–246.
485. (mit A. Pangerl) Sex. Iulius Severus, cos. suff. 127, und seine Militärdiplome, ZPE 175 (2010), 247–257.

486. Emperor and Senatorial Aristocracy in Competition for Public Space, in: The Emperor and Rome: Space, Representation, Ritual, eds. B. C. Ewald & C. F. Noreña, Cambridge 2010, 89–210.
487. (mit H. Cotton) Preface, in: Corpus Inscriptionum Iudaeae/Palestinae. A multi-lingual corpus of the inscriptions from Alexander to Muhammad, vol. 1/1: Jerusalem, eds. H. M. Cotton & L. di Segni & W. Eck & B. Isaac & A. Kushnir-Stein & H. Misgav & J. Price & I.Roll & A.Yardeni with the assistance of M. Heimbach & N. Schneider, Berlin 2010, I–XXVII.
488. Weihungen an Iupiter Optimus Maximus Heliopolitanus, Venus und Mercur in Beirut und in Obergaliläa, Chiron 40 (2010), 175–185.
489. (mit H. v. Hesberg) Das sogenannte Monument der Agonotheten in Apollonia (Albanien) – oder das Bouleuterion von Apollonia, Röm. Mitt. (2010), 256–287.
490. (mit A. Pangerl) Diplome für das Heer in Dakien, ZPE 176 (2011), 221–233.
491. (mit A. Pangerl) Drei Konstitutionen im Jahr 123 für Truppen von Dacia Porolissensis unter dem Präsidialprokurator Livius Gratus, ZPE 176 (2011), 234–242.
492. (mit A. Pangerl) Diplome für Prätorianersoldaten aus der Herrschaftszeit der Philippi, ZPE 176 (2011), 243–261.
493. (mit A. Pangerl) Neue Diplome für die pannonischen Provinzen, Tyche 25 (2010), 257–288.
494. Die Donau als Ziel römischer Politik: Augustus und die Eroberung des Balkans, in: Roma e le province del Danubio, a cura di L. Zerbini, Soveria Mannelli 2010, 19–33.
495. P. Quinctilius Varus – seine senatorische Laufbahn und sein Handeln in Germanien: Normalität oder aristokratische Unfähigkeit?, in: IMPERIUM – Varus und seine Zeit. Beiträge zum internationalen Kolloquium des LWL-Römermuseums am 28. und 29. April 2008 in Münster, hg. R. Aßkamp & T. Esch, Münster 2010 (Veröffentlichungen der Altertumskommission für Westfalen 18), 13–28.
496. Die antiken Skulpturen in Newby Hall sowie in anderen Sammlungen in in Yorkshire, hg. D. Boschung & H. von Hesberg, Wiesbaden 2007 (Monumenta Artis Romanae XXXV), 140–142. 143–144. 145–152.
497. Neue Zeugnisse zu zwei bekannten kaiserlichen Bürgerrechtskonstitutionen, ZPE 177 (2011), 263–271
498. (zusammen mit A. Pangerl) Verdienste um Kaiser und Reich? Zu einem Diplom aus der Regierungszeit Nervas mit dem Statthalter Iulius C[andidus Marius Celsus], ZPE 177 (2011), 259–262.
499. Longitudo pedes XXXII – latitudo pedes XXXII. Zu einer rätselhaften Inschrift aus Caesarea Martima, ZPE 177 (2011), 272–274.
500. Mehrsprachigkeit in der Reichsaristokratie Roms, in: Historische Mehrsprachigkeit, hg. D. Boschung & C.M. Riehl, Aachen 2011, 87–103.
501. Lexikon der Sklaverei: Ehrungen, Epigraphik, Familia aquaria, Familia Caesaris, Statilii Tauri, Verwaltung, Hof, Volusii Saturnini, Vater des Claudius Etruscus, CD-Rom, Stuttgart 2011.
502. Septimius Severus und die Soldaten Das Problem der Soldatenehe und ein neues Auxiliardiplom, in: in omni historia curiosus. Studien zur Geschichte von der Antike

bis zur Neuzeit. Festschrift für Helmuth Schneider zum 65. Geburtstag, hg. B. Onken & D. Rohde, Wiesbaden 2011, 63–77.

503. (mit H. Cotton) The Impact of the Bar Kokhba Revolt on Rome: Another Military Diploma from AD 160 from Syria Palaestina, Michmanim 23 (2011), 7–22 (Hebr.).

504. Augusto – la Germania – Varo – Tiberio. Il fallimento di una storia romana di successi, Rivista storica Italiana 123 (2011), 5–25.

505. Professionalität als Element der politisch-administrativen und militärischen Führung. Ein Vergleich zwischen der Hohen Kaiserzeit und dem 4. Jh. n. Chr., in: Der wiederkehrende Leviathan: Staatlichkeit und Staatswerdung in Spätantike und Früher Neuzeit, hg. P. Eich & S. Schmidt-Hofner & Chr. Wieland, Heidelberg 2011, 97–115.

506. Das Leben der Iulia Agrippina Augusta, in: Agrippina als Göttin des Glücks, hg. F. Naumann-Steckner, Köln 2011, 6–14 und: Agrippina – Glück für Köln?, ibid. 44–49.

507. (zusammen mit H. Cotton) Preface, in: Corpus Inscriptionum Iudaeae/Palaestinae. vol. 2: Caesarea and the Middle Coast: 1121–2160, ed. by W. Ameling & H. M. Cotton & W. Eck & B. Isaac & A. Kushnir-Stein & H. Misgav & J. Price & A. Yardeni in collab. with M. Heimbach & D. Koßmann & N. Schneider, Naomi, Berlin 2011, V–VIII.

508. Köln im Übergang von der Antike zum Mittelalter, Haus und Grund 10 (2011), 20; 11 (2011), 20; 12 (2011), 20.

509. (mit A. Pangerl) Ein Senatsbeschluss aus tiberischer Zeit? in: Scritti di Storia per Mario Pani, a cura di S. Cagnazzi et al., Bari 2011, 143–150.

510. Colonia zwischen römischem Reich und fränkischer Herrschaft: Neue Einsichten, in: When did Antiquity end?, ed. R. Attoui, Oxford 2011, 1–13.

511. Griechisch und Latein: Die Bedeutung der beiden Herrschaftssprachen in Palaestina von Alexander bis zum Ende der römischen Herrschaft, Proceedings of the 17th International Congress of Classical Archaeology, Rome 22–26 sept 2008, Bolletino di Archeologia Online (2011), 1–6.

512. Agrippina die Jüngere (15–59). Die Koloniegründung in der Gemeinde der Ubier im Jahr 50 n. Chr., in: Das Rheinland – Wiege Europas, hg. K. Gierden, Köln 2011, 19–47.

513. Zwei Diplome für Rätien und Thrakien, ZPE 178 (2011), 247–251.

514. Lucius Flavius Silva, Bürger von Urbs Salvia und Eroberer von Masada (zu Picus 26 (2006), 45 ff.), Picus 31 (2011), 45–53.

515. Die römischen Repräsentanten in Judaea: Provokateure oder Vertreter der römischen Macht? in: The Jewish Revolt against Rome. Interdisciplinary Perspectives, ed. M. Popović, Leiden 2011, 45–68.

516. Caesarea Maritima – eine römische Stadt? in: Zwischen Antike und Moderne. Festschrift für J. Malitz zum 65. Geburtstag, hg. A. Hartmann & G. Weber, Speyer 2012, 233–244.

517. (mit A. Pangerl) Ein Diplom für die Truppen Judäas aus dem Jahr 87 und die Frage nach der Gleichförmigkeit römischer Militäradministration, SCI 31 (2012), 53–64.

518. (mit A. Pangerl), L. Minicius Natalis in einem weiteren Militärdiplom für Pannonia superior, ZPE 180 (2012), 287–294.
519. (mit A. Pangerl) Ein weiteres Diplom aus der Konstitution für die Truppen von Moesia inferior vom 14. August 99 n. Chr., ZPE 180 (2012), 295–301.
520. (zusammen mit P. Breternitz) Die Überlieferung von Inschriften im Werk von Hans Dernschwam. Epigraphischer Anhang, in: Ein Fugger-Kaufmann im Osmanischen Reich, hg. H. Hattenhauer & U. Bake, Frankfurt 2012, 379–411.
521. Teilhabe an der Macht: Kaiserliche Freigelassene in der Gesellschaft des Imperium Romanum, in: Reden an der Universität Trier. 14. Ausoniuspreis-Verleihung 2011, Trier 2012, 19–42.
522. (mit A. Pangerl) Ein Diplom für die ravennatische Flotte unter dem Präfekten Aurelius Elpidephorus aus dem Jahr 221 n. Chr, AMN 45/46 (2008/2009 [2011]), 191–203.
523. (mit A. Pangerl) Eine Konstitution für die Truppen von Dacia superior aus dem Jahr 142 mit der Sonderformel für Kinder von Auxiliaren, ZPE 18 (2012), 173–182.
524. M. Ulpius Marcellus als praefectus classis Ravennatis in einem Diplom des Jahres 119 n. Chr., ZPE 181 (2012), 202–206.
525. The Jewish Community in Cologne from Roman Time to the Early Middle Age, in: Judaea-Palaestina, Babylon and Rome: Jews in Antiquity, ed. B. Isaac & Y. Shahar, Tübingen 2012, 249–259.
526. Römische Landgüter im Umland einer Stadt: das Beispiel Köln, in: Römisches Landleben, hg. H. Birley & V. Rupp, Stuttgart 2012, 60–62.
527. Das Gallische Sonderreich. Eine Einführung zum Stand der Forschung, in: Die Krise des 3. Jahrhunderts n. Chr. und das Gallische Sonderreich, hg. Th. Fischer, Wiesbaden 2012, 63–83.
528. The Political State of the Roman Empire, in: A Companion to Marcus Aurelius, ed. M. van Ackeren, Oxford 2012, 95–109.
529. Administration and Jurisdiction, in: in: A Companion to Marcus Aurelius, ed. M. van Ackeren, Oxford 2012, 185–199.
530. Preface und verschiedene Einträge in: Corpus Inscriptionum Iudaeae/Palestinae. A multi-lingual corpus of the inscriptions from Alexander to Muhammad, vol. 1/2: Jerusalem, ed. H. M. Cotton & L. di Segni & W. Eck & B. Isaac & A. Kushnir-Stein & H. Misgav & J. Price & I. Roll & A. Yardeni, with the assistance of M. Heimbach & N. Schneider, Berlin 2012.
531. Das multilinguale Corpus Inscriptionum Iudaeae/Palaestinae (= CIIP), Early Christianity 3 (2012), 267–273.
532. Der Bar Kochba-Aufstand der Jahre 132–136 und seine Folgen für die Provinz Judaea/Syria Palaestina, in: Iudaea socia – Iudaea capta, Atti del convegno internazionale Cividale del Friuli, 22–24 settembre 2011, a cura di P. Urso, Pisa 2012 (I Convegni della Fondazione Niccolò Canussio 13), 249–265.
533. Eine Konstitution für das Heer von Germania superior mit der praeterea-Formel zum Bürgerrecht der Soldatenkinder aus dem Jahr 142, ZPE 183 (2012), 179–184.
534. (zusammen mit R. Boehm) Eine „Bauinschrift" mit dem Namen des Commodus aus Askalon, ZPE 183 (2012), 241–244.

535. Diplomata militaria für Prätorianer, vor und seit Septimius Severus. Eine Bestandsaufnahme und ein Erklärungsversuch, Athenaeum 100 (2012), 321–336.
536. Zwei neue Diplome für die Provinz Syria aus domitianischer und hadrianischer Zeit, ZPE 183 (2012), 234–240.
537. El consulado como elemento socialmente vertebrador de la sociedad aristocrática romana durante el imperio, in: Del municipio a la corte. La renovación de las elites romanas, hg. A. Caballos Rufino, Sevilla 2012, 59–76.
538. Die Seuche unter Mark Aurel: ihre Auswirkungen auf das Heer, in: L'impatto della "Peste Antonina", a cura di E. Lo Cascio, Bari 2012, 63–78.
539. Die augusteische legio XIX und das oppidum Ubiorum, in: Zeittunnel. 2000 Jahre Köln im Spiegel der U-Bahn-Archäologie, hg. M. Trier & Fr. Naumann-Steckner, Köln 2012, 20–21.
540. Géza Alföldy, in: Geschichte der Altertumswissenschaft, Der Neue Pauly Suppl. 6, Stuttgart-Weimar 2012, 18–22.
541. Roma come centro dell'amministrazione in: Terme di Diocleziano. La collezione epigrafica, a cura di R. Friggeri & M.-G. Granino Ceccere & G. L. Gregori, Milano 2012, 424–455.
542. Senatorisches Leben jenseits von Politik, Militär und Administration: die öffentliche Repräsentation der intellektuellen Seite der Führungsschicht, in: Selbstbetrachtungen und Selbstdarstellungen. Der Philosoph Marc Aurel im interdisziplinären Licht, hg. M. van Ackeren & J. Opsomer, Wiesbaden 2012, 169–186.
543. Tod in Raphia. Kulturtransfer aus Pannonien nach Syria Palaestina, ZPE 184 (2012), 117–125.
544. Iulius Tarius Titianus als Statthalter von Syria Palaestina in der Herrschaftszeit Elagabals in Inschriften aus Caesarea Maritima und Hippos, Gephyra 9 (2012), 69–73.
545. Der Anschluß der kleinasiatischen Provinzen an Vespasian und ihre Restrukturierung unter den Flaviern, in: Vespasiano e l'impero dei Flavi, Atti del Convegno, Roma, Palazzo Massimo, 18–20 novembre 2009, a cura di L. Capogrossi Colognesi & E. Tassi Scandone, Roma 2012, 27–44.
546. Géza Alföldy: Lo storico dell' impero e delle sue élites, in: Autori vari, Eredità di un maestro. Géza Alföldy, storico del mondo Romano. Reflessioni. Roma, 7. giugno 2012, Roma 2013 (Opuscula Epigraphica 15), 43–51.
547. Herrschaft durch Administration? Die Veränderung in der administrativen Organisation des Imperium Romanum unter Augustus, in: Des reformes augustéennes. Études réunies par Y. Rivière, Rom 2012, 151–169.
548. Zur Datierung des spätesten Fragments der Fasti feriarum Latinarum, ZPE 185 (2013), 248–250.
549. Konsuln des Jahres 117 in Militärdiplomen Traians mit tribunicia potestas XX, ZPE 185, (2013), 235–238.
550. Q. Aburnius, Konsul unter Hadrian, in drei fragmentarischen Diplomen, ZPE 185 (2013), 239–247.

551. Ein Edikt Hadrians zugunsten der Prätorianer auf einer fragmentarischen Bronzetafel, in: Mediterraneo antico 16, 2013, 39–47.
552. Beiträge in: Die Antikensammlungen von Hever Castle, Cliveden, Bignor Park und Knole, hg. St. Dimas & C. Reinsberg & H. v. Hesberg, Wiesbaden 2013, 82 f. 225 ff.
553. Das Leben römisch gestalten. Ein Stadtgesetz für das Municipium Troesmis aus den Jahren 177–180 n. Chr., in: Integration in Rome and in the Roman World, hg. St. Benoist & G. de Kleijn, Leiden 2014 (Impact of empire 17), 75–88.
554. (mit A. Pangerl) Neue Diplome mit den Namen von Konsuln und Statthaltern, ZPE 187 (2013), 273–294.
555. Frauen als Teil der kaiserzeitlichen Gesellschaft: Ihr Reflex in Inschriften Roms und der italischen Städte, in: Women and the Roman City in the Latin West, ed. E. Hemelrijk & G. Woolf, Leiden 2013, 47–64.
556. La loi municipale de Troesmis: données juridiques et politiques d'une inscription récemment découverte, Revue historique du droit français et étranger 91 (2013), 199–213.
557. Wie römisch war das caput Iudaeae, die Colonia Prima Flavia Caesariensis? in: Envisioning Judaism: Studies in Honor of Peter Schäfer on the Occasion of his Seventieth Birthday, ed. R. Boustan et al., vol. 1, Tübingen 2013, 91–105.
558. Die Gestalt Frontins in ihrer politischen und sozialen Umwelt, in: Wasserversorgung im antiken Rom: Sextus Iulius Frontinus, curator aquarum, 2. Auflage, hg. Frontinus Gesellschaft, München 2013, 111–134.
559. Organisation und Administration der Wasserversorgung Roms, in: Wasserversorgung im antiken Rom: Sextus Iulius Frontinus, curator aquarum, 2. Auflage, hg. Frontinus Gesellschaft, München 2013, 135–150.
560. Vorwort zu: Studia Epigraphica in memoriam Géza Alföldy, hg. W. Eck & B. Fehér & P. Kovács, Bonn 2013, VII–VIII.
561. Die Fasti consulares der Regierungszeit des Antoninus Pius. Eine Bestandsaufnahme seit Géza Alföldys Konsulat und Senatorenstand, in: Studia Epigraphica in memoriam Géza Alföldy, hg. W. Eck & B. Fehér & P. Kovács, Bonn 2013, 69–90.
562. Mommsens epigraphische Arbeit und sein Staatsrecht, in: Theodor Mommsen und die Bedeutung des Römischen Rechts, hg. I. Fargnoli & St.Rebenich, Berlin 2013, 49–63.
563. Comprendere contesti: Il nuovo multilingue Corpus Inscriptionum Iudaeae / Palaestinae, Rationes Rerum 1 (2013), 17–38.
564. Roms Germanenpolitik vom 1. bis 3. Jahrhundert n. Chr.: Von der Dominanz zur Schwä-che, in: Westgermanische Bodenfunde. Akten des Kolloquiums anlässlich des 100. Geburtstages von Rafael von Uslar am 5. und 6. Dezember 2008, hg. G. Rasbach, Bonn 2013, 21–30.
565. Die Dedikation des Apollo Klarios Tempels unter Proculus, legatus Augusti pro praetore Lyciae-Pamphyliae unter Antoninus Pius, in: Exempli gratia. Sagalassos, Marc Waelkens and Interdisciplinary Archaeology, hg. J. Poblome, Leuven 2013, 43–49.
566. Der Gründer der Stadt Köln: Augustus, Haus und Grund 11 (2013), 12.

567. (mit A. Pangerl) Zwei Diplome für die Truppen der Provinz Thracia, darunter das früheste unter Kaiser Domitian, ZPE 188 (2014), 250–254.
568. (mit A. Pangerl) Eine Konstitution des Antoninus Pius für die Auxilien in Syrien aus dem Jahr 144, ZPE 188 (2014), 255–260.
569. (mit A. Pangerl) Eine Konstitution für das Herr von Moesia inferior vom 1. Juni 125 in fünf Diplomen, ZPE 188 (2014), 245–249.
570. Die kaiserliche Bürgerrechtspolitik im Spiegel der Militärdiplome – ein Thema Hartmut Wolffs, Passauer Jahrbuch: Beiträge zur Geschichte, Geographie und Kultur Ostbaierns 55 (2013), 9–24.
571. Geschichte und Ideologie der Tetrarchie, in: L'enigma degli Tetrarchi, Quaderni della Procura 2013 (2013), 18–29.
572. Unterwegs im Auftrag des Kaisers. Römische Funktionsträger auf Reisen, in: Straßen von der Frühgeschichte bis in die Moderne. Verkehrswege – Kulturträger – Lebensraum, hg. Th. Fischer & H. G. Horn, Wiesbaden 2013, 95–108.
573. (mit A. Pangerl) Eine dritte Konstitution Traians für das Heer in Britannien vom 20. Februar 98, ZPE 189 (2014), 233–241.
574. (mit A. Pangerl & P. Weiß) Edikt Hadrians für Prätorianer mit unsicherem römischen Bürgerrecht, ZPE 189 (2014), 241–253.
575. Die Entwicklung des Bischofsamtes in den ersten drei Jahrhunderten: Strukturelle Ähnlichkeiten oder Vorbilder bei Priesterämtern der paganen Welt? in: Sacerdos. Figure del sacro nella società romana. Atti Canussio 2012, a cura di P. Urso, 2014, 343–356.
576. „Praesentia Caesaris" in der Provinz Judäa/Syria Palästina, in: Rome, Judaea and its Neighbors. Special Issue in Honor of Hannah M. Cotton, ed. W. Eck & R. Feig Vishnia & R. Zelnick-Abramovitz, Jerusalem 2014 (Scripta Classica Israelica 33), 17–32.
577. Ein praefectus Aquen(sium), kein praefectus aqu(a)e in CIL XIII 7279 aus Mainz Kastel, Nassauische Annalen 125 (2014), 21–28.
578. Politik und Administration am Rhein – Römische Politik vom Tod des Augustus bis zum Ende seiner Herrschaft, in: 14 AD. Römische Herrschaft am Rhein, hg. M. Trier & F. Naumann-Steckner, Köln 2014, 10–28.
579. Augustus und die Angehörigen der julisch-claudischen Familie, in: 14 AD. Römische Herrschaft am Rhein, hg. M. Trier & F. Naumann-Steckner, Köln 2014, 30 und weitere Seiten.
580. Sergius Paulus, der Liebhaber der Philosophie in Lucians Peregrinus Proteus, RhM 157 (2014), 221–224.
581. Das Heer und die Infrastruktur von Städten in der römischen Kaiserzeit – das Beispiel Iudaea/SyriaPalaestina, in: Cura Aquarum in Israel II. Water in Antiquity. Proceedings of the 15th International Conference on the History of Water Management and Hydraulic Engineering in the Mediterranean Region. Israel 14–20 October 2012, ed. Ch. Ohlig & T. Tsuk, Siegburg 2014, 207–214.
582. „Wehe, ich werde ein Gott." Die kultische Verehrung des römischen Herrschers, AW 4 (2014), 34–42.

583. Augustus: Gestalter der Welt - Eroberer Germaniens, Archäologie in Deutschland H4 (2014), 18–21.
584. (mit A. Pangerl) Ein Diplom für einen proreta der classis Pannonica, vielleicht aus dem Jahr 98, ZPE 191 (2014), 261–265.
585. (mit A. Pangerl & P. Weiß) Ein drittes Exemplar des Edikts Hadrians zugunsten von Prätorianern vom Jahr 119 n. Chr., ZPE 191 (2014), 266–268.
586. (mit A. Pangerl) Zwei neue Diplome für die Truppen von Dacia superior und Dacia Porolissensis, ZPE 191 (2014), 269–277.
587. Begrüßungsrede beim Epigraphikkongress in Berlin: in: ÖFFENTLICHKEIT – MONUMENT – TEXT. XIV Congressus Internationalis Epigraphiae Graecae et Latinae Akten, hg. W. Eck & P. Funke, Berlin 2014, 1–6.
588. Der Stolz des municipium Troesmensium: das Stadtgesetz, in: ÖFFENTLICHKEIT – MONUMENT – TEXT. XIV Congressus Internationalis Epigraphiae Graecae et Latinae Akten, hg. W. Eck & P. Funke, Berlin 2014, 708–710.
589. Milites et pagani. La posizione dei soldati nella società romana, Rationes Rerum 3 (2014), 11–54.
590. (mit A. Pangerl) Das vierte Diplom für die Provinz Galatia et Cappadocia, ausgestellt im Jahr 99, ZPE 192 (2014), 238–246.
591. (mit A. Pangerl) Neue Diplome für die Truppen von Moesia superior und inferior, ZPE 192 (2014), 215–237.
592. Diplome für Soldaten der Italischen Flotten – zwischen Vespasian und Severus Alexander, in: HONESTA MISSIONE. Festschrift für Barbara Pferdehirt, hg. Römisch-Germanisches Zentralmuseum, Mainz 2014, 327–343.
593. Vorwort zu: Für Köln. Leben für die Stadt. Gedenkschrift für Hanns Schaefer, hg. W. Eck, Köln 2014, 7–10.
594. Augustus und Agrippa. Die Gründer der Stadt Köln, in: Für Köln. Leben für die Stadt. Gedenkschrift für Hanns Schaefer, hg. W. Eck, Köln 2014, 11–21.
595. Divus Augustus: Das Fortwirken seiner Politik im Imperium Romanum, in: Augustus. Herrscher an der Zeitenwende, hg. M. Horster & F. Schuller, Regensburg 2014, 170–185, 204–205.
596. Properzio e l'aristocrazia augustea, in: Properzio e l'età augustea. Cultura, Storia, Arte. Proceedings of the nineteenth International Conference on Propertius. Assisi-Perugia 25–27 May 2012, a cura di G. Bonamente, Turnhout 2014, 1–14.
597. Existente und fehlende Quellen: Die Konstitution Konstantins zur jüdischen Gemeinde in Köln, in: Im Licht der Menorah. Jüdisches Leben in der römischen Provinz, hg. R. Gross et al., Frankfurt 2014, 83–91.
598. Public Documents on Bronze: A Phenomenon of the Roman West? in: Ancient Documents and their Contexts. First North American Congress of Greek and Latin Epigraphy (2011), hg. J. Bodel & A. Scafuro, Leiden 2014, 127–151.
599. Statuenehrungen als Zeugnis für den Einfluss römischer Amtsträger im Leben einer Provinz, in: Aspects of Ancient Institutions and Geography. Studies in Honor of Richard J. A. Talbert, ed. L.L. Brice & D. Slootjes, Leiden 2014, 145–160.

600. Zur Bedeutung von Gesetz(en) und Recht für die Identität Roms und seiner Bürger, in: Identität und Gesetz. Prozesse jüdischer und christlicher Identitätsbildung im Rahmen der Antike, hg. E. Bons, Neukirchen-Vlyn 2014, 29–40.
601. Epigrafia e ordine senatorio: Trent'anni dopo, in: Epigrafia e ordine senatorio, 30 anni dopo, a cura di M.L. Caldelli & G.L. Gregori, Rom 2014, 11–22.
602. Augustus – Der Gründer der Stadt Köln, in: köln-süd. stadtMagazin (Dez. 2014/ Jan. 2015), 4–6.
603. Das römische Heer und die kleinasiatischen Provinzen während der Hohen Kaiserzeit, Kolloquium Wien November 2010: Der Beitrag Kleinasiens zur Kultur- und Geistesgeschichte der griechisch-römischen Antike, hg. J. Fischer, Wien 2014, 87–98.
604. (mit A. Pangerl) Inschriften auf metallenen militärischen Gebrachsgegenständen: Non solum ... sed etiam. Fs. für Thomas Fischer zum 65. Geburtstag, hg. P. Henrich et al., Rahden 2015, 113–126.
605. Ergänzung zu W. Eck, „Ein Edikt Hadrians auf einer fragmentarischen Bronzetafel mit einem Edikt zugunsten der Prätorianer", Med.Ant. 16/1 (2013).
606. Sklaven und Freigelassene von Römern in Iudaea und den angrenzenden Provinzen, Novum Testamentum 55 (2013), 1–21.
607. Ehrenstatuen als Mittel der öffentlichen Kommunikation in Städten der Provinz Iudaea/Syria Palaestina, in: Religion und Politik, hg. E. Dąbrowa, Krakau 2014 (Electrum 20), 107–115.
608. Römische Amtsträger und die Entwicklung des Herrscherkultes in den Provinzen des Imperium Romanum in der frühen Kaiserzeit, in: L'Augusteum di Narona, a cura di G. Zecchini, Rom 2015, 145–158.
609. Traians Herrschaftsbeginn in Germania inferior und seine Städtepolitik in dieser Provinz, in: Trajan und seine Städte, Colloquium Cluj-Napoca, 29. September – 2. Oktober 2013, hg. I. Piso, Cluj-Napoca 2014, 101–109.
610. Epigraphische Vorarbeiten zu Bd. IV des CIIP, ZPE 193 (2014), 261–271.
611. (mit N. Mugnai & A. Pangerl) Ein Diplom für einen Flottensoldaten aus Titiopolis in Cilicia, ZPE 193 (2015), 249–252.
612. (mit A. Pangerl) Eine zweite Kopie der Konstitution für die Truppen Syriens vom 19. März 144 und ein Diplom für die equites singulares vom selben Datum, ZPE 193 (2015), 253–260.
613. Die Amtsträger: Instrumente in den Händen des Princeps und Begrenzung der Autokratie. Traditioneller Cursus und kaiserliche Ernennung, in: Il princeps romano: autocrate o magistrato? Fattori giuridici e fattori sociali del potere imperiale da Augusto a Commodo, a cura di J.-L. Ferrary & J. Scheid, Pavia 2015, 613–640.
614. Das kaiserliche Heereskommando und die Rolle des Heeres in der Administration des Reiches, in: Il princeps romano: autocrate o magistrato? Fattori giuridici e fattori sociali del potere imperiale da Augusto a Commodo, a cura di J.-L. Ferrary & J. Scheid, Pavia 2015, 659–678.
615. (mit A. Pangerl) Die Konstitution des Commodus für das Heer von Pannonia inferior, publiziert im August des Jahres 193, in: Menschen und Orte der Antike. Fest-

schrift für Helmut Halfmann zum 65. Geburtstag, hg. S. Panzram & W. Riess & Chr. Schäfer, Rhaden 2015, 281–286.

616. Grabmonumente als Reflex von sozialem Status und Prestige? in: Social Status and Prestige in the Graeco-Roman World, ed. A. Kuhn, Stuttgart 2015, 165–188.
617. Eine Weihung an Iuppiter Optimus Maximus Dolichenus durch einen Veteranen der legio XVI Flavia Firma, ZPE 194 (2015), 219–222.
618. Fünf Bürgerrechtskonstitutionen für die Auxiliareinheiten von Moesia superior aus traianisch-hadrianischer Zeit, ZPE 194 (2015), 223–240.
619. Augusto e la Germania: ovvero come nasce una provincia, Storicamente (2015), http://storicamente.org/eck_augusto_germania.
620. Infrastruktur am Rhein. Römisches Militär und die provinziale Administration am Rhein, in: Ich, Germanicus. Feldherr, Priester, Superstar, hg. St. Burmeister & J. Rotmann, Darmstadt 2015, 24–28.
621. Tod des Germanicus. Trauerhysterie und der Prozess gegen Piso, in: Ich, Germanicus. Feldherr, Priester, Superstar, hg. St. Burmeister & J. Rotmann, Darmstadt 2015, 74–78.
622. (mit H. Cotton) The Greek Inscriptions from the Shrine, in: Caesarea Maritima, vol. 1. Herod's Circus and Related Buildings, Part 2: The Finds, hg. Y. Porath, Jerusalem 2015, 197–201.
623. Honorary statues as a means of public communication in Judaea / Syria Palaestina, SCI 34 (2015), 19–26.
624. Senatoren und Ritter aus den Städten Italiens nördlich des Po: der Weg der Integration, TRANS PADVM ... VSQUE AD ALPES. Roma tra il Po e le Alpi: dalla romanizzazione alla romanità, Atti del Convegno Venezia 13–15 maggio 2014, a cura di G. Cresci Marrone, Roma 2015, 130–139.
625. (mit A. Pangerl) Eine Konstitution für die Truppen von Dacia inferior vom 16. Juni 123 unter dem Präsidialprokurator Cocceius Naso – und weitere diplomata militaria, ZPE 195 (2015), 231–242.
626. (mit P. Holder & A. Pangerl & P. Weiß) Ein überraschendes Phänomen: Neue Zeugen in zwei Diplomen für die Truppen von Moesia inferior vom 11. Oktober 146, ZPE 195 (2015), 222–230.
627. Vorwort, in: Prosopographia Imperii Romani saec. I. II. III., Pars VIII fasc. 2, hg. W. Eck & M. Heil & J. Heinrichs, Berlin 2015.
628. Neue Militärdiplome für Auxiliartruppen verschiedener Provinzen, ZPE 196 (2015), 199–210.
629. (mit A. Pangerl) Bürgerrechtskonstitutionen für die equites singulares Augusti aus dem 2. und 3. Jh., ZPE 196 (2015), 211–222.
630. Ein Auxiliar aus dem Stamm der Raeti unter Antoninus Pius, ZPE 196 (2015), 223–227.
631. Akkulturation durch Recht: Die lex municipalis Troesmensium, in: Culti e religiosità nelle province danubiane. Atti del II Convegno Internazionale Ferrara 20–22 Novembre 2013, a cura di L. Zerbini, Bologna 2015, 9–18.

632. Allein oder in Begleitung? Statthalter und ihre Familien in den Provinzen des Imperium romanum, in: Agrippina, Kaiserin aus Köln, hg. M. Trier & F. Naumann-Steckner, Köln 2015, 30–33.
633. Agrippina die Jüngere, die Namengeberin Kölns, in: Agrippina, Kaiserin aus Köln, hg. M. Trier & F. Naumann-Steckner, Köln 2015, 34–39.
634. (mit D. Koßmann), Inschriften im Tunnel des Qanat Fir'aun, in: Wasser für die Dekapolis. Römische Fernwasserleitung in Syrien und Jordanien, hg. M. Doering, 2015, 249–256.
635. Zu Militärinschriften im römischen Iudaea. Epigraphische Vorarbeiten zum CIIP, ZPE 197 (2016), 231–240.
636. Diplomfragmente aus Carnuntum und aus Abusina/Eining, in: ZPE 197 (2016), 217–227.
637. (mit A. Pangerl) Ein Diplom für die Hilfstruppen der Provinz Arabia, ausgestellt unter Hadrian wohl im Jahr 126, ZPE 197 (2016), 227–231.
638. Die römischen Amtsträger und die sozialen Gruppen im Imperium Romanum: Der Reflex in der epigraphischen Dokumentation, in: Official Epistolography and the Language(s) of Power, ed. St. Procházka & L. Reinfandt & S. Tost, Wien 2015, 185–199.
639. Autonomie und Subsidiarität: Die Wasserversorgung im Imperium Romanum, in: Neue Beiträge zur Hydrotechnik in der Antike, hg. Chr. Ohlig, Siegburg 2016, 195–209.
640. Vorwort zu: H. Stehkämper & C. Dietmar, Köln im Hochmittelalter. 1074/75–1288. Entstehung und Aufstieg der bürgerschaftlichen Stadt, Köln 2016 (Geschichte der Stadt Köln 3), 1–4.
641. Colonia Agrippinensium, in: Encyclopedia of Ancient History, London 2013, 1655–1657.
642. (mit D. Koßmann) Ein Legionssoldat in einer Inschrift aus Nazareth und die Präsenz der legio IV Flavia Felix in den östlichen Provinzen, Scripta Judaica Cracoviensia 13 (2015), 31–40.
643. Herrschaft, Widerstand, Gehorsam: Rom und das Judentum in Iudaea/Palaestina, in: „...betreffend die bürgerlichen Verhältnisse der Juden...". Jüdische Lebenswelten. Von der Antike bis zur Gegenwart, hg. E. Baltrusch & U. Puschner, Frankfurt 2016, 31–52.
644. Herodes und die augusteische Politik im östlichen Mittelmeer, in: Herodes. König von Judäa, hg. J. K. Zangenberg, Darmstadt 2016, 16–30.
645. Trauerhysterie der Römer nach dem Tod des Germanicus, Eigentum aktuell 4 (2016), 20.
646. Der Prozess gegen den Senator Calpurnius Piso, den angeblichen Mörder des Germanicus, Eigentum aktuell 5 (2016), 20.
647. Sarapis und die legio VI Ferrata. Die Weihung einer Sarapisbüste für das Wohl des Kaisers, ZPE 198 (2016), 211–217.
648. (mit D. Koßmann) Emmaus Nikopolis: Die städtische Münzprägung unter Elagabal und angebliche Inschriften für diesen Kaiser, ZPE 198 (2016), 223–238.

649. (mit A. Pangerl) Ein Diplom mit der Sonderformel für den Einschluss von Kindern aus der Zeit des Pius, ZPE 198 (2016), 239–244.
650. (mit N. Mugnai) A new military diploma for the troops of Moesia inferior (19 January 136), ZPE 198 (2016), 218–222
651. The Emperor, the Law and Imperial Administration, in: Oxford Handbook of Roman Law, ed. P. du Plessis & C. Ando & K. Tuori, Oxford 2016, 98–110.
652. (mit A. Pangerl) Eine Konstitution für das Heer von Syria Palaestina aus der Mitte der antoninischen Herrschaftszeit mit einem Auxiliarpräfekten Cn. Domitius Corbulo, SCI 35 (2016), 85–95.
653. (mit A. Pangerl) Eine Konstitution aus dem Jahr 152(?) für niedermösische und britannische Truppen, abgeordnet nach Mauretania Tingitana, mit einer Appendix von Paul Holder, ZPE 199 (2016), 187–201.
654. (mit A. Pangerl) Eine Bürgerrechtskonstitution Traians aus dem Mai 111 n.Chr. für eine unbekannte Provinz, ZPE 199 (2016), 184–186.
655. (mit A. Pangerl) Das früheste Zeugnis für die Stationierung der cohors XIII urbana in Africa: 11. Juni 79 n.Chr., ZPE 199 (2016), 176–184.
656. Zwei fragmentarische Inschriften für Senatoren aus Andalusien, ZPE 199 (2016), 202–207.
657. Soldaten und Veteranen des römischen Heeres in Iudaea/Syria Palaestina und ihre inschriftlichen Zeugnisse, in: "Let the Wise Listen and add to Their Learning" (Prov 1:5). Festschrift for Günter Stemberger on the Occasion of his 75th Birthday, ed. C. Cordoni & G. Langer, Berlin 2016, 127–140.
658. Herrschaftssicherung und Expansion: Das römische Heer unter Augustus, in: Studi su Augusto. In occasione del XX centenario della morte, a cura di G. Negri & A. Valvo, Turin 2016, 77–94.
659. Die römische Armee und der Ausbau der heißen Bäder von Hammat Gader, in: When West Met East. The Encounter of Greece and Rome with the Jews, Egyptians, and Others. Studies Presented to Ranon Katzoff in Honor of his 75th Birthday, ed. D. M. Schaps & U. Yiftach & D. Dueck, Trieste 2016, 117–130.
660. Der Senat und der Herrscherkult, in: Kaiserkult in den Provinzen des Römischen Reiches – Organisation, Kommunikation und Repräsentation, Akten der Tagung in Zürich 25.–27.09. 2014, hg. A. Kolb & M. Vitale, Berlin 2016, 37–56.
661. Die augusteische Ehegesetzgebung und ihre Zielsetzung. Die lex Iulia de maritandis ordinibus, die lex Papia Poppaea und ein commentarius des Jahres 5 n.Chr. als Grundlage der lex Papia Poppaea, in: Immortalis Augustus. Presenze, riusi e ricorrenze. A duemila anni dalla morte di Augusto, Maia 68 (2016), 282–299.
662. Res gestae – Die Königin der Inschriften, in: Der Erste. Augustus und der Beginn einer neuen Epoche, hg. J. Baltrusch & Chr. Wendt, Darmstadt 2016, 17–30.
663. Die Teilnahme von Juden am politisch-administrativem Leben der Selbstverwaltungsgemeinden im Westen des römischen Reiches und der Konstantinische Erlass von 321 für die CCAA (= Köln), in: 'Religio licita?': Rom und die Juden, hg. G. K. Hasselhoff & M. Strothmann, Berlin 2016 (Studia Judaica. Forschungen zur Wissenschaft des Judentums, 84), 203–221.

664. Fragmente eines neuen Stadtgesetzes – der lex coloniae Ulpiae Traianae Ratiariae, Athenaeum 104 (2016), 538–544.
665. Zur tribunicia potestas von Kaiser Decius und seinen Söhnen, Chiron 46 (2016), 489–503
666. Die lex Troesmensium: ein Stadtgesetz für ein municipium civium Romanorum. Publikation der erhaltenen Kapitel und Kommentar, ZPE 200 (2016), 565–606.
667. (mit D. Koßmann) Schmuck für die Polis. Die Basis für die Statue eines δᾳδοῦχος aus Eleutheropolis in Syria Palaestina, ZPE 200 (2016), 282–286.
668. Überlegungen zum prosopographischen Arbeiten und zu Voraussetzungen einer prosopographischen Datenbank speziell für Ägypten, Aegyptus 95 (2015), 119–134.
669. Vorwort zum vol. 200 der ZPE, ZPE 200 (2016), 1.
670. Die Lex municipalis Troesmensium: Ihr rechtlicher und politisch-sozialer Kontext, in: Troesmis – A changing landscape. Romans and the Others in the Lower Danube Region in the First Century BC – Third Century AD. Proceedings of an International Colloquium Tulcea, 7th–10th of October 2015, ed. C.-G. Alexandrescu, Cluj-Napoca 2016, 33–46.
671. Ordo senatorius und Mobilität: Auswirkungen und Konsequenzen im Imperium Romanum, in: The impact of mobility and migration in the Roman Empire, ed. E. LoCascio & L.E. Tacoma, Leiden 2016 (Impact of Empire 12), 100–115.
672. Prosopographische Nichtidentitäten: M. Cornelius Nigrinus Curiatius Maternus, Curiatius Maternus und Maternus – drei verschiedene Personen aus der Zeit der Flavier, Politica Antica 6 (2016), 99–110.
673. Eine Laufbahninschrift aus Sicca Veneria und die Stadtpräfektur des Cornelius Repentinus, in: Voce concordi. Scritti per Claudio Zaccaria, a cura di F. Mainardis, Trieste 2017, 271–278.
674. Quaestor, nicht legatus provinciae Achaiae. Zu einer Inschrift des Q. Vilius Quadratus aus Korinth, ZPE 201 (2017), 253–257.
675. Wie erreicht man sein „Publikum"? Die Kaiser in der Kommunikation mit den Bewohnern des römischen Reiches, in: Portraits. 500 Years of Roman Coin Portraits, ed. A. Pangerl, 2017, 271–275.
676. (mit A. Pangerl) Neue Diplomata militaria aus Zeit von Hadrian und Antoninus Pius, AMN 52 (2015), 73–84.
677. (mit A. Pangerl) Fragment eines Militärdiploms aus der Zeit Neros, vielleicht aus dem Jahr 59(?), AMN 52 (2015), 69–72
678. Geschriebene Kommunikation: 200 Jahre kaiserliche Politik im Spiegel der Bürgerrechtskonstitutionen, in: Epigrafia e politica. Il contributo della documentazione epigrafica allo studio delle dinamiche politiche nel mondo romano, a cura di S. Segenni & M. Bellomo, Mailand 2017, 7–26.
679. Die Entwicklung der Auxiliareinheiten als Teil des römischen Heeres in der frühen und hohen Kaiserzeit, in: Les auxiliaires de l'armée romaine. Des alliés aux fédérés, actes du sixième Congrès de Lyon – 23 – 25 octobre 2014, éd. C. Wolff & Patrice Faure, Lyon 2016, 111–126.

680. Die Städte des Reiches und ihr kaiserlicher „Euerget“: Antoninus Pius' Politik gegenüber den Städten des Imperiums, in: Jenseits des Narrativs. Antoninus Pius in den nicht-literarischen Quellen, hg. P. Mittag & Ch. Michels, Stuttgart 2017, 204–217.
681. Traian – Bild und Realität einer großen Herrscherpersönlichkeit, in: Columna Traiani, Kongress Wien Mai 2013, hg. F. Mitthof & G. Schörner, Wien 2016, 1–10.
682. Gewinn und Verlust: Augustus und seine Familie und ihr Kampf um das rechtsrheinische Germanien, in: Triumph ohne Sieg. Roms Ende in Germanien, hg. R. Aßkamp & K. Jansen, Darmstadt 2017, 10–21.
683. Troesmis und seine lex municipalis. Publikation der erhaltenen Kapitel und Kommentar, in: Troesmis I. Die Forschungen von 2010–2014, hg. C.-G. Alexandrescu & C. Gugl & B. Kainrath, Cluj-Napoca 2016, 483–514.
684. Ein Zeichen von senatorischer Identität: Statuenehrungen für Kaiser in lateinischen Inschriften aus Messene, ZPE 202 (2017), 255–262.
685. Annäherung an eine Frau: DOMINA TE AMO ALIAS DERIDO, Rhein. Museum 160 (2017), 109–112.
686. Das multiethnische und multilinguale Imperium Romanum: Gab es eine römische Identität? in: Konstruktionen individueller und kollektiver Identität (II), hg. E. Bons & K. Finsterbusch, Göttingen 2017, 155–176.
687. (mit A. Pangerl) Tullius Varro als Statthalter in Moesia superior in einer Konstitution des Jahres 135, ZPE 203 (2017), 227–235.
688. Tradition and progress. The Roman World seen through Inscriptions in the Digital Age, Digital and Traditional Epigraphy in Context. Proceedings of the Second EAGLE International Conference, 2017, 13–36.
689. Wasserbauten in den spanischen Provinzen Roms. Staatliche, städtische oder private Verantwortung für die Infrastruktur? in: Wasserversorgung in Toledo und Wissensübermittlung von der Antike ins Mittelalter, hg. Th. G. Schattner & F. Valdés Fernández, Berlin 2017, 315–322.
690. Miscellanea epigraphica II, ZPE 204 (2017), 229–240.
691. Die PIR im Spiegel der beteiligten Personen: Geschichte eines Langzeitunternehmens an der Berliner Akademie 141 Jahre nach dessen Beginn, in: Prosopographie des Römischen Kaiserreichs – Ertrag und Perspektiven. Kolloquium aus Anlass der Vollendung der Prosopographia Imperii Romani, hg. W. Eck & M. Heil, Berlin 2017, 1–94.
692. Senatus consulta in lateinischen Inschriften aus den Provinzen, Quaderni Lupinesi 7 (2017), 31–55.
693. Position and Authority of the Provincial Legate and the Financial Procurator in Judaea, 70–136 AD, in: Jews and Christians in the First and Second Centuries: The Interbellum 70–132 CE, ed. J. Schwartz & P. J. Tomson, Leiden 2017, 93–105.
694. Verrat an Rom. Köln als Zentrum des Gallischen Sonderreiches, 260–274 n.Chr., in Haus und Grund 41/10 (2017), 20; 41/11 (2017), 20.
695. Si vis pacem, para bellum. Adriano y su análisis de las maniobras en Lambaesis, DESPERTA FERRO 13 (2017), 12–17.

696. Das Heer als Machtfaktor im Ordnungsgefüge des augusteischen Prinzipats, in: Augusto. La costruzione del principato (Roma, 4–5 dicembre 214. Atti dei Convegni Lincei 309), Roma 2017, 239–255.
697. Einladung zum Fest in der Stadt, in: Urbanitas – Urbane Qualitäten, Die antike Stadt als kulturelle Selbstverwirklichung. Kolloquium 19.–21. Dezember 2012 in München, hg. A. W. Busch & J. Griesbach & J. Lipps, Mainz 2017, 53–66.
698. (mit A. Pangerl) Zu den Konsulnfasten der Zeit des Antoninus Pius. Konsequenzen aus einem neuen Militärdiplom, Social History, Religion and Prosopography. Studia Europea Gnesnensia 16 (2017), 91–101.
699. Rechtsunsicherheit heilen: Hadrian und seine Prätorianer am Beginn seiner Regierung, in: ΔΕΣΜΟΙ ΦΙΛΙΑΣ. Studies in Ancient History in Honour of F. Javier Fernández Nieto, ed. J. C. Bermejo Barrera & M. García Sánchez, Barcelona 2017, 137–144.
700. Sextus Iulius Frontinus – seine Gestalt in den nichtliterarischen Quellen, in: Schriften der Deutschen Wasserhistorischen Gesellschaft 27/2 (2017), 509–522
701. Cura Aquarum in Greece, Schriften der Deutschen Wasserhistorischen Gesellschaft 27/2 (2017), 509–522.
702. Die Wirksamkeit des römischen Rechts im Imperium Romanum und seinen Gesellschaften, in: Diritto romano e economia. Due modi di pensare e organizzare il mondo (nei primi tre secoli dell'Impero), a cura di E. Lo Cascio, Pavia 2018, 674–708.
703. Die Administration der Wasserver- und -entsorgung in einer städtischen Gemeinde, in: Minturnae, hg. H. Manderscheid, Palilia, Rom 2017, 235–238.
704. Lexikon der Sklaverei Bd. 1: Claudius Eruscus 580–581; Ehrungen 774–776, Epigraphik 807–810, Familia aquaria 906–908, Familia Caesaris 907–908, Stuttgart 2017.
705. Lexikon der Sklaverei Bd. 2: Hof 1439–1443, Narcissus 2018–2019, Prosopographie 2349–2351, Statilii Tauri 2919–2921, Verwaltung 3200–3206, Volusii Saturnini 3224–3226, Stuttgart 2017.
706. Soldaten aus den Donauprovinzen in der Prätorianergarde. Zum Erdbeben in Syrien aus dem Jahr 115 und zum Edikt Hadrians aus dem Jahr 119, ZPE 206 (2018), 199–201.
707. (mit A. Pangerl) Ein Diplom für einen Auxiliarsoldaten aus dem kleinasiatischen Galatien, ZPE 206 (2018), 202–203.
708. Basilicae und ihre epigraphischen Texte: Kommunikation nach außen und innen, ZPE 206 (2018), 3–19.
709. (mit A. Pangerl) Neue Diplome aus der Zeit Hadrians für die beiden mösischen Provinzen, ZPE 207 (2018), 219–232
710. (mit A. Pangerl) Eine Konstitution des Pius für die classis Ravennas aus dem Jahr 144, ZPE 207 (2018), 232–234.
711. S(enatus) c(onsulto) in einer Weihung für Nero in Cichester in Britannien? Zu RIB 92, ZPE 207 (2018), 235–238.
712. Datierung nach Konsuln und IIviri in einem Text aus Casinum, ZPE 207 (2018), 239–241
713. Korrekturen zu stadtrömischen Inschriften, ZPE 206 (2018), 242–246

714. In memoriam Silvio Panciera, in: Corpus Inscriptionum Latinarum VI 8, 1: *Inscriptiones urbis Romae Latinae,* hg. S. Panciera, Berlin 2018, V–VI.
715. Die Neuorganisation der Provinzen und Italiens unter Diokletian, in: Diocleziano e la frontiera giuridica dell'impero, a cura di W. Eck & S. Puliatti, Pavia 2018, 513–553.
716. Die Dedikation einer Statue Plinius d. J. durch die Vercellenses: Zu CIL V 5667, AMN 54/I (2017), 189–196.
717. Consilium coercendi intra terminos imperii: Motivationswandel in der augusteischen Expansionspolitik? in: Augusto dopo il bimillenario. Un bilancio, a cura di S. Segenni, Milano 2018, 128–137.
718. Die Siedlung Lamiggiga in Numidia und die legio III Augusta. Zu CIL VIII 4376, ZPE 208 (2018), 251–255.
719. Zur Datierung der Weihung an Apollo Harpocras in CIL VI 31 = 39813, ZPE 208 (2018), 245–247.
720. Eine Konstitution für abgeordnete Truppen aus vier Provinzen aus dem Jahr 152, ZPE 208 (2018), 229–236.
721. Das letzte Diplom für einen Auxiliarsoldaten aus dem Jahr 206 n.Chr. – der Text der Innenseite, ZPE 208 (2018), 237–244.
722. Marianus, vice agens proconsulis Achaiae, im Dexippus Vindobonensis, ZPE 208 (2018), 248–250.
723. Rom – Megalopolis und Zentrum der Reichsadministration, in: Die Verwaltung der Stadt Rom in der Hohen Kaiserzeit, hg. K. Wojciech & P. Eich, Leiden 2018, 21–26.

III. Rezensionen

1. Prosopographia imperii Romani IV 3 und V 1, Berlin 1966/1970, Zephyrus 21/22 (1970/71), 373–377.
2. A. Dobo, Die Verwaltung der römischen Provinz Pannonien von Augustus bis Diocletianus, Amsterdam 1968, BJb 171 (1971), 743–750.
3. P. Kneissl, Die Siegestitulatur der römischen Kaiser, Göttingen 1969, Gnomon 44 (1972), 171–176.
4. Prosopography of the Later Roman Empire I, Cambridge 1971, Zephyrus 23 (1972/73), 325–336.
5. T. B. Wiseman, New Men in the Roman Senate, London 1971, Gnomon 46 (1974), 43–50.
6. M. T. W. Arnheim, The Senatorial Aristocracy of the Later Roman Empire, Oxford 1972, Gnomon 46 (1974), 673–681.
7. B. Thomae (= B.E. Thomasson), Laterculi praesidum, vol. 2 fasc.1, Lund 1972, Gymnasium 81 (1974), 134–136.
8. W. Langhammer, Die rechtliche und soziale Stellung der Magistratus municipales und der Decuriones, Wiesbaden 1973, Gymnasium 83 (1976), 105–109.
9. M. Hainzmann, Untersuchungen zur Geschichte und Verwaltung der stadtrömischen Was-serleitungen, Wien 1975, Gnomon 50 (1978), 383–387.

10. M. Corbier, L'Aerarium Saturni et l'Aerarium militare, Rom 1974, Gnomon 58 (1978), 763–767.
11. P. J. Sijpesteijn, The Familiy of the Tiberii Iulii Theones, Amsterdam 1976, Gnomon 51 (1979), 610–612.
12. J. Nicols, Vespasian and the Partes Flavianae, Wiesbaden 1978, HZ 229 (1979), 650–651.
13. D. Nellen, Viri litterati. Gebildetes Beamtentum und spätrömisches Reich im Westen zwischen 284 und 395 n. Chr., Bochum 1977, HZ 229 (1979), 652–653.
14. L. Moretti, *Inscriptiones Graecae urbis Romae*, 3 Bde., Rom 1968–1979, Gnomon 52 (1980), 273–276.
15. B. Thomae (= B.E. Thomasson), Laterculi praesidum, vol. 2 fasc.2, Lund 1978, Gymnasium 87 (1980), 123–124.
16. H. Bengtson, Die Flavier, München 1979, Gnomon 53 (1981), 343–347.
17. H.-G. Pflaum, Les fastes de la province de Narbonnaise, Paris 1978, Gnomon 53 (1981), 493–495.
18. F. K. Dörner, Tituli Asiae Minoris IV 1, Wien 1978, BJb 181 (1981), 662–664.
19. A. Birley, Fasti of Roman Britain, Oxford 1981, Gnomon 54 (1982), 636–642.
20. P. Herrmann, Tituli Asiae Minoris V 1, Wien 1981, BJb 183 (1983), 853–857.
21. A. Palma, Le "curae" pubbliche, Neapel 1980, ZSS 100 (1983), 779–781.
22. W. Dahlheim, Geschichte der römischen Kaiserzeit, München 1984, HZ 241 (1985), 389–390.
23. A. Mandouze, Prosopographie chrétienne du Bas-Empire, 1: Prosopographie de l'Afrique chrétienne, Paris 1982, Gnomon 57 (1985), 719–725.
24. H.-G. Pflaum, Les carrières équestres Suppl., Paris 1982, Gnomon 57 (1985), 252–256.
25. R. T. A. Talbert, The Senate of Imperial Rome, Princeton 1984, Gnomon 57 (1985), 624–631.
26. M. J. Vermaseren, Corpus cultus Cybelae Attidisque (CCCA). V. Aegyptus, Africa, Hispa-nia, Gallia et Britannia, Leiden 1986, BJb 189 (1989), 647–651.
27. J. Ferguson: A Prosopography to the Poems of Juvenal, Brüssel 1987, Gnomon 63 (1991), 553–554.
28. P. Herrmann, Tituli Asiae minoris V 2, Wien 1989, BJb 191 (1991), 820–824.
29. R. Syme, Roman Papers VI/VII, Oxford 1991, JRS 84 (1994), 226–227.
30. B. Thomae (= B. E. Thomasson), Laterculi praesidum, Arlöv 1990, HZ 260 (1995), 185–186.
31. J. Bennett, Trajan, Optimus Princeps. A Life and Times, SCI 17 (1998), 231–234.
32. Einsamer niemand als Augustus. Jochen Bleickens kühler Blick in ein kaltes Herz, Rez. zu J. Bleicken, Augustus. Eine Biographie. Berlin 1998, FAZ (11.01.1999).
33. H. A. Pohlsander, The emperor Constantine, London and New York 1996, SCI 18 (1999), 201–203.
34. D. Shotter, Nero, London und New York 1997, SCI 18 (1999), 200–201.
35. E. Höbenreich, Annona. Juristische Aspekte der stadtrömischen Lebensmittelversorgung im Prinzipat. Grazer Rechts- u. Staatswissenschaftliche Studien 55, Graz 1997, HZ 271 (2000), 419–420.

36. D. Henning, Periclitans res publica, Stuttgart 1999, FAZ Nr. 162 (15.03.2000), 47.
37. C. M. Lehmann & K. G. Holum, The Greek and Latin Inscriptions of Caesarea Maritima, American Schools of Oriental Research. The Joint Expedition to Caesarea Maritima. Ex-cavation Reports Series Nr. V, Boston 2000, Topoi 10 (2000), 527–547.
38. Urerlebnis der fremden Herrschaft. Ernst Baltruschs Juden im Römerreich, Rez. zu E. Baltrusch, Die Juden und das Römische Reich. Geschichte einer konfliktreichen Beziehung, Darmstadt 2002, FAZ Nr. 66 (19.03.2002), 30.
39. R. C. Gregg & D. Urman, Jews, Pagans and Christians in the Golan Heights. Greek and Other Inscriptions of the Roman and Byzantine Eras, South Florida Studies in the History of Judaism no. 140, Atlanta, Georgia 1996, SCI 21 (2002), 327–330.
40. Lapidare Beweise sind nun getilgt. Rez. zu R. Syme, „Römische Revolution". Machtkämpfe im antiken Rom, grundlegend revidierte u. vollständige Neuausgabe, hg. Chr. Selzer & U. Walter, Stuttgart 2003, FAZ Nr. 64 (17.03.2003), 39.
41. Kaiser der versiegten Quellen. Pedro Barceló sucht nach einem Rahmen für Constantius II. Rez. zu P. Barceló, Constantius II. und seine Zeit. Die Anfänge des Staatskirchentums, Stuttgart 2004, FAZ Nr. 121 (26.05.2004), 36.
42. Militärisches und ziviles Alltagsleben am Hadrianswall, Rez. zu A. K. Bowman & J. D. Thomas, The Vindolanda Writing-tablets (Tabulae Vindolandenses) vol. 3, London 2003, JRA 18 (2005), 664–668.
43. D. R. Edwards (Hrsg.), Religion and Society in Roman Palestine. Old Questions, New Approaches, New York/London 2004, HZ 282 (2006), 175–176.
44. A. Tortoriello, I fasti consolari degli anni di Claudio, (= Atti della Accademia nazionale dei Lincei, classe di scienze morali, storiche e filologiche, Memorie Serie IX, vol. 17 fasc. 3), Rom 2004, 393-691, ZSS 123 (2006), 395–398.
45. J. Munk Højte, Roman Imperial Statue Bases from Augustus to Commodus, Aarhus 2005, Klio 89 (2007), 524–528.
46. B. Pferdehirt, Römische Militärdiplome und Entlassungsurkunden in der Sammlung des Römisch-Germansichen Zentralmuseums, Teil I und II, Mainz 2004, Bonner Jahrbücher 206 (2006 [2009]), 349–355.
47. G. A. Lehmann & R. Wiegels (Hrsg.), Römische Präsenz und Herrschaft im Germanien der augusteischen Zeit. Der Fundplatz von Kalkriese im Kontext neuerer Forschungen und Ausgrabungsbefunde. Beiträge zu der Tagung des Fachs Alte Geschichte der Universität Osnabrück und der Kommission ‚Imperium und Barbaricum' der Göttinger Akademie der Wissenschaften in Osnabrück vom 10. bis 12. Juni 2004, Göttingen 2007, HZ 290 (2010), 441–442.
48. Y. E. Meimaris & K. I. Kritikakou-Nikolaropoulou, Inscriptions from Palaestina Tertia. vol. 1b. The Greek Inscriptions from Ghor Es-Safi (Byzantine Zoora) (Supple-ment), Khirbet Qazone and Feinan. (Melethmata 57.) Athens/Paris 2008, HZ 290 (2010), 449–450.
49. K. Tausend, Im Inneren Germaniens. Beziehungen zwischen den germanischen Stämmen vom 1. Jh. v. Chr. bis zum 2. Jh. n. Chr., mit Beiträgen von Günter Stangl und Sabine Tausend (Geographica Historica 25), Stuttgart 2009, Athenaeum 99 (2011), 620–622.

50. N. Gauthier & E. Marin & F. Prévot (dir.), Salona IV. Inscriptions de Salone chrétienne. IVe-VIIe siècles, vol. 1 et 2. Rome --Split (École française de Rome, Musée archéologique de Split) 2010, Francia 2012–3, Mittelalter – Moyen Âge (500–1500); URL: http://www.perspectivia.net/content/publikationen/francia/francia-recensio/2012-3/MA/gauthier_eck.
51. The Greek and Latin Inscriptions of Ankara (Ancyra). vol. 1. From Augustus to the end of the third century AD, hg. Stephen Mitchell und David French, Vestigia vol. 62, München 2012, BJ 212 (2012), 470–477.
52. F. Mercogliano, Pisone e i suoi complici. Ricerche sulla «cognitio senatus», Pubblicazioni della Facoltà di Giurisprudenza dell'Università di Camerino 50, Napoli 2009, Gnomon 85 (2013), 755–756.
53. J. Sipilä, The Reorganisation of Provincial Territories in Light of the Imperial Decision-making Process: Later Roman Arabia and Tres Palaestinae as Case Studies, Helsinki 2009, JRA 26 (2013), 925–929.
54. H. Krüssel & J. Gens: Das Poblicius-Denkmal: Köln in augusteischer Zeit. Mainz: Verlag Mainz 2017, H/SOZ/KULT 2017.

Register

Antike Autoren

Quellen

Inschriften

Papyri

Literarische Texte